线性离散周期系统的鲁棒控制

吕灵灵　著

科　学　出　版　社
北　京

内 容 简 介

本书讨论线性离散周期系统的鲁棒分析和设计问题，内容包括相关的理论基础、设计算法和应用。本书是作者近年来在线性离散周期系统的鲁棒控制领域研究与实践工作的总结与提炼。全书共 9 章。第 1 章阐述线性离散周期系统的研究背景、研究进展及存在的问题。第 2 章侧重于线性离散周期系统的基本理论。第 3 章重点介绍和线性离散周期系统相关的一些矩阵方程的求解方法，包括耦合矩阵方程、周期 Sylvester 矩阵方程、周期调节矩阵方程的数值迭代解法和参数化解法。第 4、5、6 章分别具体设计线性离散周期系统的极点配置算法，即周期状态反馈、周期输出反馈、周期动态反馈下的参数化极点配置算法和鲁棒极点配置算法。第 7 章考虑鲁棒观测器的设计问题和基于观测器的控制器设计问题。第 8 章研究利用周期状态反馈控制律对系统进行模型匹配的问题。第 9 章以卫星姿态控制为例说明所述鲁棒控制算法在工程实践中的应用。

本书可供从事控制理论与应用相关专业领域研究和开发工作的科技人员参考，也可作为高等学校相关专业高年级本科生和研究生的参考书。

图书在版编目(CIP)数据

线性离散周期系统的鲁棒控制/吕灵灵著.—北京：科学出版社，2017.3
ISBN 978-7-03-052228-3

Ⅰ. ①线… Ⅱ. ①吕… Ⅲ. ①线性系统-离散系统-鲁棒控制 Ⅳ. ①TP273

中国版本图书馆CIP数据核字(2017)第054814号

责任编辑：陈构洪 赵微微 / 责任校对：郭瑞芝
责任印制：徐晓晨 / 封面设计：铭轩堂

科学出版社出版
北京东黄城根北街 16 号
邮政编码：100717
http://www.sciencep.com

北京九州迅驰传媒文化有限公司 印刷
科学出版社发行 各地新华书店经销
*
2017 年 3 月第 一 版 开本：720 × 1000 1/16
2018 年 1 月第二次印刷 印张：14 1/4
字数：270 000

定价：96.00 元

(如有印装质量问题，我社负责调换)

作 者 简 介

吕灵灵，女，1983 年 1 月生，河南偃师人。2010 年 4 月获得哈尔滨工业大学工学博士学位。现就职于华北水利水电大学电力学院，副教授，硕士生导师，华北水利水电大学创新培育团队带头人。2013 年入选河南省优秀青年骨干教师，2016 年入选河南省高校科技创新人才支持计划和华北水利水电大学教学名师培育对象。致力于周期系统、鲁棒控制和智能电网等领域的研究。自 2013 年以来，主持国家自然科学基金 4 项及其他层次项目若干项。参加过国家自然科学基金重大创新群体、国家自然科学基金重点项目、教育部长江学者创新团队项目以及国家 863 项目等多个项目。在 *SIAM Journal on Control and Optimization*、*Journal of Global Optimization* 等国内外学术期刊上发表学术论文 30 余篇。

前　言

作为连接线性时不变系统和时变系统的桥梁，线性周期时变系统是一类非常重要的系统。一般来说，线性周期系统的来源可以大致分为三类：第一类是来源于非线性系统的线性化，而非线性系统比线性系统能够更加真实地反映现实世界；第二类来源于一些本质上属于周期时变的系统，如数字取样系统、多级速度系统、滤波器组和取样反馈控制系统；最后一类来源于线性时不变系统采用周期控制律得到的闭环系统，因为在时不变控制律失效的情况下，周期控制律往往能够胜任，而且线性时不变系统采用周期控制律往往能够使系统的性能得到改善。近几十年来，随着电子计算机的迅猛发展，很多连续周期系统在实际应用时需要离散化处理，这就使得线性离散周期系统得到了更多的关注。但是由于线性离散周期系统本身固有的时变特性，它的讨论和研究远不及线性时不变系统完善和深刻，成果也远不及时不变系统丰富，许多问题有待于进一步研究。在这种研究需求的推动下，作者团队进入并专注于该领域的研究，深入挖掘实际问题的内在机理并开展理论与方法研究，并将理论研究成果应用于实践问题的解决。本书即为这些年来相关领域研究工作的总结与提炼。

在本书的写作中，作者致力于将理论与实践结合并注重解决实际问题。在研究中，侧重于理论分析，并同时通过仿真手段，利用实际应用系统模型对提出来的新方法进行检验。所以我们的总体研究方案为“理论研究”+“仿真研究”。在对相关矩阵方程的求解问题研究中，分别给出了解析解和迭代解的求解算法两种方案。第一种方案是通过一些矩阵分析方法和代数技巧，将一组周期时变矩阵方程转化为一个普通的时不变矩阵方程，并给出待求解的未知周期矩阵和该时不变矩阵方程的解集之间的数学关系。第二种方案拟采用基于梯度的搜索算法来求解约束矩阵具有时变维数的周期矩阵方程。采用的参数化设计和递推迭代设计相结合的研究方法，既便于离线设计控制器，又便于在线设计控制器，可以满足多样化的设计需求。在对线性离散周期的控制器设计问题的研究中，利用周期系统单值性矩阵的性质，运用矩阵分析工具，找到周期系统矩阵和一类特殊的时不变矩阵方程之间的联系，然后求解这类特殊的矩阵方程，并对方程的解进行分析和推导，以显式参数化的形式给出实现参数化控制的一组周期状态反馈增益。对于该类系统的鲁棒控制器设计问题，通过扰动分析的方法，运用大量的不等式技巧来给出一个能够刻画系统特征值对于潜在扰动的灵敏度指标。然后根据这个灵敏度指标，提出一个鲁棒性能指标，结合一般控制问题的参数化解，将相应的鲁棒控制问题转化为一个约束优化问题，进一步使用 MATLAB 优化工具箱进行求解。所提出的控制器设计算法简单有效，具有良好的时间复杂度和空间复杂度。

全书共 9 章。第 1 章阐述了线性离散周期系统的研究背景，在系统归纳和评述相关研究成果的基础上，综述了相关问题的研究进展及存在的问题。第 2 章介绍了线性离散周期系统领域的一些基本概念和经典理论。第 3 章重点介绍了和线性离散周期系统相关的一些矩阵方程的求解方法，涉及的方程包括耦合矩阵方程、周期 Sylvester 矩阵方程、周期调节矩阵方程等。该章分别给出了便于在线计算的数值迭代解法和便于离线计算，并能提供充分设计自由度的参数化解析解法。第 4 章考虑了通过周期状态反馈对线性离散周期系统进行极点配置的问题，给出了参数化和鲁棒极点配置算法。第 5 章和第 6 章分别研究了通过周期输出反馈和周期动态补偿器的方式进行极点配置的问题，设计了参数化形式的解析控制器和鲁棒控制器。第 7 章以周期观测器设计为主线，研究了鲁棒观测器的设计问题和基于观测器的控制器设计问题。第 8 章研究了利用周期状态反馈控制律对系统进行模型匹配的问题，介绍了线性离散时不变系统和线性离散周期系统在周期状态反馈控制律下实现模型匹配的控制器设计算法。基于磁控卫星的滚动和偏航通道的动力学模型是一个线性周期系统的事实，第 9 章将本书前述控制算法应用到卫星姿态控制，阐述了鲁棒控制算法在工程实践中的应用。

在该领域过去多年的研究中，作者得到了尊敬的导师段广仁教授和师兄吴爱国教授、周彬教授等的指导和帮助。在本书的写作过程中，作者的研究生岳金明、张哲和韩超飞为此付出了辛勤的汗水；同时，华北水利水电大学电力学院的领导和同事为本书的写作创造了条件并给予关心，在此一并向他们致以诚挚的谢意。感谢我的父母、爱人和女儿，他们在我多年的教学和科研工作中给予了许多理解和支持，感谢他们在生活中的陪伴和体谅。

国家自然科学基金(11501200，U1604148)、河南省创新型科技团队(C20140038)对本书的研究工作提供了持续的支持，并对本书的出版给予了资助，科学出版社对本书出版给予了全方位的帮助，谨借此机会表达深切的谢意。

作者尽管做出最大努力，但因学术水平有限，书中可能存在不足或疏漏之处。敬请广大读者不吝赐教，作者将不胜感激。

吕灵灵

2016 年 10 月于华北水利水电大学

目　录

第1章　绪　　论

1.1　线性离散周期系统的研究对象

作为连接线性时不变系统和线性时变系统乃至一般的非线性系统的桥梁，线性离散周期时变(linear discrete periodic varying，LDPV)系统无论在理论上还是在实践上都发挥着重要的作用。LDPV 系统适用于绝大多数的具有周期属性的模型。在工程实践中，很多机械系统在周期策略驱动下的动态行为，都可以建模为“小扰动”下的线性周期系统。目前，LDPV 系统的各种不同控制策略已经广泛应用于卫星姿态控制[1, 2]、硬盘驱动伺服系统[3]、风力涡轮机[4]、汽车发动机[5]等。尤其值得一提的是，研究线性离散周期系统的一个重要的动机在于信号处理领域。通过多级速度数字采样得到的系统往往能建模成线性离散周期系统。而多级速度滤波器与滤波器组被广泛应用于天线系统、通信系统、图像压缩系统、语音处理和保密系统以及数字音频领域[6, 7]。在理论层面，除了被用于分析线性和非线性问题，有不少学者还发现对于一些定常反馈控制律不能控制的系统，周期控制律往往能够胜任，而且对线性时不变系统采用周期控制律可以提高闭环系统的鲁棒性。正是由于诸多应用需求的出现和不断增长，促使 LDPV 系统不断发展，国内外对该领域的研究也日益活跃。

下面是两个实际的例子。首先看一个卫星姿态控制问题[1]。

例 1.1　利用磁偶极矩和地磁场的相互作用原理，卫星绕地球轨道运动的姿态稳定性常常通过安装在卫星上的磁力矩器来实现。由于地磁场在轨道上周期变化，所以卫星的动力学方程是一个线性周期系统。在不考虑干扰力矩的情况下，滚动/偏航轴的动力学方程可以用下面的状态方程表示：

$$\dot{\boldsymbol{x}}(t)=\boldsymbol{A}\boldsymbol{x}(t)+\boldsymbol{B}(t)m$$

式中，m 是磁力矩器产生的磁偶极矩在星体坐标系中俯仰轴方向上的坐标，

$$\boldsymbol{x}=\begin{bmatrix}\phi\\ \varphi\\ \dot{\phi}\\ \dot{\varphi}\end{bmatrix},\quad \boldsymbol{A}=\begin{bmatrix}0&0&1&0\\0&0&0&1\\a_{31}&0&0&a_{34}\\0&a_{42}&a_{43}&0\end{bmatrix},\quad \boldsymbol{B}(t)=b_{\mathrm{m}}\begin{bmatrix}0\\0\\2\sin\omega_0 t/I_1\\-\cos\omega_0 t/I_3\end{bmatrix}$$

其中，ϕ 和 φ 分别代表滚动角和偏航角；ω_0 是轨道角速率；b_m 是磁场强度；I_1、I_2、I_3 是卫星相对于星体坐标系主轴的转动惯量；a_{31}、a_{34}、a_{42}、a_{43} 是由 ω_0 和 I_1、I_2、I_3 决定的常数。

再看一个直升机传动系统的振动衰减问题[8]。

例 1.2 直升机的传动系统由复杂的齿轮组成，它的振动是典型的周期振动问题，其振动衰减研究是非常有意义的。振动的衰减可通过主动控制方法来解决。这一问题可由下述线性周期系统模型来描述：

$$\begin{bmatrix} \boldsymbol{M} & 0 \\ 0 & \boldsymbol{K}(t) \end{bmatrix}\begin{bmatrix} \dot{x}_1 \\ \dot{x}_2 \end{bmatrix}=\begin{bmatrix} \boldsymbol{D} & \boldsymbol{K}(t) \\ -\boldsymbol{K}(t) & 0 \end{bmatrix}\begin{bmatrix} x_1 \\ x_2 \end{bmatrix}+\begin{bmatrix} \boldsymbol{f} \\ 0 \end{bmatrix}u$$

$$\boldsymbol{y}=\begin{bmatrix} 0 & 0 \\ 0 & I \end{bmatrix}\begin{bmatrix} x_1 \\ x_2 \end{bmatrix}+\begin{bmatrix} d_1 \\ d_2 \end{bmatrix}u$$

式中，$\boldsymbol{K}(\cdot)$ 表示系统的刚度矩阵，具有周期性；$\boldsymbol{D}$ 表示系统的阻尼矩阵；$\boldsymbol{M}$ 表示系统的质量矩阵；$\boldsymbol{f}$ 表示系统施加的主动力矩阵；d_i 表示对系统的干扰；u 表示主动施加力；$\boldsymbol{x}$ 表示系统的状态变量；$\boldsymbol{y}$ 表示测量系统的位移。

线性时不变系统的很多结论在时变系统中往往并不成立。因此，一般的时变系统不得不独立对待。为一种类型的系统设计的技术一般情况下不能推广应用到其他类型的系统。但是，线性周期系统是一个例外，因为它们具有相似的属性，形成了统一的一类系统。而且，Floquet-Lyapunov 理论展示了线性连续周期系统和线性时不变系统之间的相似性；提升系统理论则展示了线性离散周期系统和线性时不变系统的相似性。因此，利用线性时不变系统丰富的成果来研究线性周期系统是可以期待的。

线性离散周期系统的应用可以大致分为三类：一类是来源于非线性系统的线性化，因为线性周期系统往往被看作连接线性时不变系统和一般的非线性系统的桥梁，而后者能够更加真实地反映现实世界；第二类来源于一些本质上属于周期时变的系统，如数字取样系统、多级速度系统、滤波器组和取样反馈控制系统；第三类来源于线性时不变系统采用周期控制律得到的闭环系统。

(1) 虽然对非线性系统的控制有很多手段，但是将其在某些平衡点轨迹附近线性化是一个基本的技巧，而且得到了广泛的应用。连续非线性系统离散化后一般具有如下形式：

$$\begin{cases} \boldsymbol{x}(k+1)=f(\boldsymbol{x}(k),\boldsymbol{u}(k),k) \\ \boldsymbol{y}(k)=g(\boldsymbol{x}(k),\boldsymbol{u}(k),k) \end{cases} \tag{1-1}$$

假设非线性系统(1-1)的状态处于某一给定的标称解 $\boldsymbol{x}_{\text{nom}}(k)$ 的邻域中，且函数 f 和 g 都是关于 $\boldsymbol{x}_{\text{nom}}(k)$ 和标称输入 $\boldsymbol{u}_{\text{nom}}(k)$ 可微的。那么，该非线性系统可以通过下面的一阶泰勒展开来进行线性逼近：

$$\begin{cases}\Delta\boldsymbol{x}(k+1)=\dfrac{\partial f}{\partial \boldsymbol{x}}(\boldsymbol{x}_{\text{nom}}(k),\boldsymbol{u}_{\text{nom}}(k))\Delta\boldsymbol{x}(k)+\dfrac{\partial f}{\partial \boldsymbol{u}}(\boldsymbol{x}_{\text{nom}}(k),\boldsymbol{u}_{\text{nom}}(k))\Delta\boldsymbol{x}(k)\\ \Delta\boldsymbol{y}(k)=\dfrac{\partial g}{\partial \boldsymbol{x}}(\boldsymbol{x}_{\text{nom}}(k),\boldsymbol{u}_{\text{nom}}(k))\Delta\boldsymbol{x}(k)+\dfrac{\partial g}{\partial \boldsymbol{u}}(\boldsymbol{x}_{\text{nom}}(k),\boldsymbol{u}_{\text{nom}}(k))\Delta\boldsymbol{x}(k)\end{cases} \tag{1-2}$$

逼近系统是线性时不变的当且仅当逼近轨迹恰好是稳定的。如果它是不稳定的，但是以一种周期的方式变化，线性化后的逼近系统将是一个线性周期时变系统。一般来说，逼近系统是一个线性时变系统，它可以被当作线性周期系统的极端例子来对待，也就是相当于一个周期趋于无穷大的线性周期系统。

(2)除了被用于分析非线性问题，线性周期系统也适用于大部分具有周期属性的模型，如季节现象和有节奏的生物运动。但是很大一部分研究这类系统的动机来源于多级速度数据采样。在信号处理领域，多级速度数字滤波器和滤波器组可以应用于通信、语音处理、图像压缩、天线系统、模拟语音保密系统和数字音频工业[6,7]。在控制理论中，多级速度取样广泛应用于多级速度反馈系统(multirate feedback system)，文献里也称其为取样数字控制系统(sampled-data control system)。

多级速度数字取样过程的基本元件是抽取器和插补器。图 1-1 展示了两者的方框图。

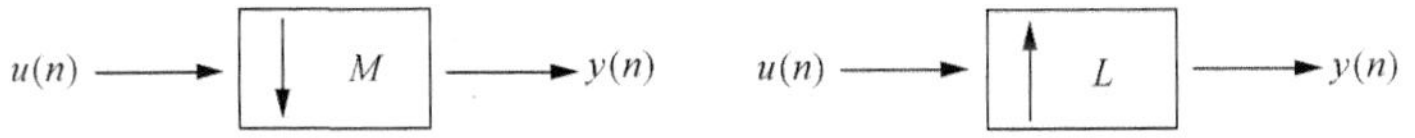

(a) M层抽取器　　　　(b) L层插补器

图 1-1　抽取器和插补器方框图

M 层抽取器可以由下列输入输出关系刻画：

$$y_{\text{D}}(n)=u(Mn) \tag{1-3}$$

该关系表明时刻 n 的输出等于时刻 Mn 的输入。因此，仅仅取样数等于 M 或者是 M 的倍数的输入取样被保持了。L 层插补器可以由如下输入输出关系刻画：

$$y_{\text{I}}(n)=\begin{cases}u\left(\dfrac{n}{L}\right), & n\text{是}L\text{的整数倍}\\ 0, & \text{其他}\end{cases} \tag{1-4}$$

也就是说，通过在 $x(n)$ 的两次相邻取样之间插入 $L-1$ 个零值取样来获得输出

$y_{\mathrm{I}}(n)$。

容易看出抽取器和插补器都是简单的时变系统，一般来说，他们都不是周期的。但是，当一个抽取器和一个插补器以相同的取样速度串联，甚至被其他取样器或者滤波器分离开，它们总体形成一个线性周期时变系统。这是正交镜式滤波器组和具有周期时变取样速度的取样数字控制系统的基础规则。

(3)对于如下形式的线性离散时不变系统：

$$\boldsymbol{x}(t+1)=\boldsymbol{A}\boldsymbol{x}(t)+\boldsymbol{B}\boldsymbol{u}(t) \tag{1-5}$$

施加周期控制律 $\boldsymbol{u}(t)=\boldsymbol{K}(t)\boldsymbol{x}(t)$，其中 $\boldsymbol{K}(t+T)=\boldsymbol{K}(t)$，则可以得到

$$\boldsymbol{x}(t+1)=(\boldsymbol{A}+\boldsymbol{B}\boldsymbol{K}(t))\boldsymbol{x}(t) \tag{1-6}$$

显然这个闭环系统是一个以 T 为周期的时变系统。有不少学者发现对于一些定常反馈控制律不能控制的系统，周期控制律往往能够胜任，而且对线性时不变系统采用周期控制律可以提高闭环系统的鲁棒性。因此，这也是线性离散周期系统的重要应用之一。

1.2 线性离散周期系统的发展

具有周期系数的常微分方程具有较长的研究历史，最早可以追溯到 19 世纪 30 年代。到了 19 世纪下半叶，系统与控制理论的发展以及数字控制和信号处理取得的巨大成就为线性连续和离散周期系统的研究注入了新的动力。这个时期出现了许多理论成果，如概括性的书籍[9-11]和综述性的文献[12]等。随后线性周期系统在工程应用方面的研究也有了很多进展，尤其是在航空航天领域[13-15]、工业过程的计算机控制[16]和通信系统[17]。

一般而言，LDPV 系统的状态空间模型可表示为

$$\begin{cases}\boldsymbol{x}(t+1)=\boldsymbol{A}(t)\boldsymbol{x}(t)+\boldsymbol{B}(t)\boldsymbol{u}(t)\\ \boldsymbol{y}(t)=\boldsymbol{C}(t)\boldsymbol{x}(t)+\boldsymbol{D}(t)\boldsymbol{u}(t)\end{cases} \tag{1-7}$$

式中，$t\in\mathbf{Z}$，$\boldsymbol{x}(t)\in\mathbf{R}^n$ 为状态变量；$\boldsymbol{y}(t)\in\mathbf{R}^m$ 为输出变量；$\boldsymbol{u}(t)\in\mathbf{R}^r$ 为输入变量；$\boldsymbol{A}(t)$、$\boldsymbol{B}(t)$、$\boldsymbol{C}(t)$、$\boldsymbol{D}(t)$ 都是实矩阵，且以 T 为周期。下面将对 LDPV 系统在一些主要领域的研究进展进行分别讨论。

1.2.1　系统分析

1.2.1.1　时不变重构

LDPV 系统由于其自身的线性周期特性，很容易和线性离散时不变系统联系起来。人们对系统的状态变量以及输入、输出变量按照某种规律进行重新排列和组合，就会形成一个线性时不变系统，而原来系统的一些特性也往往会反映在新生成的时不变系统中。因此，时不变重构是研究 LDPV 系统的一个非常重要的工具，很多理论结果是基于两类提升技巧，通过提升将周期系统中的控制问题转化为一个等价的高维时不变系统的相应问题。提升方法导致的结果或是处理 T（T 是系统周期）个矩阵的乘积矩阵，或是处理一个具有稀疏和大结构的标准系统。提升的数学本质是通过特普利茨算子将原状态空间 l_2 等距同构到一个新的空间上。

时间提升重构或许是最经典的一类时不变重构，它将一个周期上的输入输出信号打包成一个新的放大的信号，而状态信号则是每隔一个周期取样一次。这种思想最早起始于对多级速度反馈系统的研究。文献[18]在对多级速度反馈系统的输入输出关系的分析中，利用等价的单级速度系统重新表示了这类系统。1959 年，Jury 等[19]利用周期时变取样分析了取样数字控制系统。随后，Rriedland 发现多级速度系统属于一般的离散周期时变系统[20]。基于前人的成果，Meyer 等于 1975 年将多级速度和周期时变数字滤波器统一起来用线性时不变系统描述[21]。一般地，人们称 Meyer 等构建的提升系统为标准提升时不变系统。自此以后，时间提升重构在 LDPV 系统的分析和设计中常常被用到，比如在周期零点的定义、能达性和能观性等结构属性、极点配置、优化控制器的设计中均能找到它的影子。

Park 等[22]和 Flamm[23]提出了 LDPV 系统的另外一种时不变表示，即循环时不变重构。循环操作是随时间推移，每次挑选一个周期的信号取样，而该取样信号是以一个增广向量的形式来表示的。将这种操作应用到周期动态系统的外部变量，得到一个时不变的动态过程。在这种表示里，重构的线性时不变模型保持了原始周期系统的步长。循环重构算法相对于标准提升算法的优势在于原始离散周期系统的因果律被保留在重构后的线性时不变系统中，而且二者的步长是一致的。缺点是它不仅放大了输入空间和输出空间的维数，而且放大了状态的维数。循环重构算法也得到了广泛的应用，人们在检验周期系统中的一些重要概念的合理性时，往往会对比标准提升重构和循环提升重构各自所得结果是否一致，如周期系统的零点、极点、L_2 范数、L_∞ 范数等都被证明是有意义的。此外，LDPV 系统的模型匹配问题也是循环重构算法的一个重要用武之地[24]。

以上两类重构都是基于状态空间描述的，文献[25]从周期系统的输入输出描述角度出发，首先提出了周期传递函数的概念，并在此基础上给出了周期系统的频域响应。该文还从输入输出角度讨论了四类重构：时间提升重构、循环提升重构、频率重构、傅里叶重构，并通过解析形式阐明了几种重构之间的相互关系。由于该文是从周期传递函数方面来论述的，人们对于线性周期系统的时不变重构的频域解释有了更深刻的认识。这在传统的状态空间描述占主导地位的情形下构成了一个新的亮点。

1.2.1.2 系统的结构属性

系统的结构属性可分为能控性、能观性、能达性和能重构性。能控性研究系统在外在控制作用下从任意非零状态达到零状态的可能性。能达性的概念类似于能控性，反映了系统在外在控制作用下能从零状态达到状态空间中任意非零状态的一种性能。对于连续性的线性定常系统，能达性和能控性是完全等价的，两者的判别条件也相同。只有在研究离散系统和线性时变系统时，能达性和能控性的区别才变得有意义，而且一般它们的判别条件也是不相同的。并非所有状态变量都是可测量或有物理意义的，因此提出能否通过可测量的输出量获得系统的状态量，这便是系统的能观性问题；能否通过未来的观测输出量估计系统的当前状态量，这便是系统的能重构性问题。在周期系统的框架下，这些属性也得到了充分的研究。

文献[26]根据这几个结构属性对系统进行了标准分解。通过寻找结构子空间的相互关系来确立离散系统的对偶原理，然后推导了标准分解存在的充分条件，并给出了一个基于能达性和能重构性的标准分解。对于离散周期系统而言，能达性和能控性指标不再是固定的，而是依赖于时间 t 的，文献[27]对这个问题进行了探讨，并指出时刻 t 和区间 $(t-\mu_{\rm rt}T,t)$ 有共同的能达子空间，和时间区间 $(t, t+\mu_{\rm ct}T)$ 有共同的能控子空间。

文献[12]对能达性和能观性推导了一个非常简单易行的秩判据，给出了 t 时刻 k 步能达和能观测的充分必要条件。

在文献中，能达性 Grammian 矩阵和能观性 Grammian 矩阵的概念也得到了充分的关注。文献[27]和文献[28]利用 Grammian 矩阵的概念讨论了能控性和能重构性，并据此定义了相应的能控子空间、不可控子空间、能重构子空间、不可重构子空间。进而，根据系统的不可控部分是否是稳定的，将系统分为可稳的和不可稳的；根据系统的不可重构部分是否是稳定的，将系统分为可检测的和不可检测的。

1.2.1.3 稳定性分析

稳定性是一切动态系统所要解决的首要问题。在离散周期系统中，稳定性分析和综合得到了充分的研究，取得了丰硕的成果。系统(1-7)的稳定性取决于它的单值性矩阵 $\boldsymbol{\Phi}_A(t)=\boldsymbol{A}(t+T-1)\boldsymbol{A}(t+T-2)\cdots\boldsymbol{A}(t)$ 的所有极点是否位于单位圆内。文献[26]中称这些极点为系统的特征乘子(characteristic multiplier)，并证明了它们与时间 t 无关。

在稳定性分析中，一个最重要的方法自然是 Lyapunov 方法。文献[29]分别对连续和离散周期系统给出了周期 Lyapunov 不等式与周期 Riccati 方程，据此推导了线性周期系统稳定的充分必要条件。文献[30]给出了 Lyapunov 引理的周期时变系统版本。基于该引理，并假设系统完全能观测，将系统的渐近稳定性归结为与其相应的周期 Lyapunov 方程的正定解的存在性。将能观性假设放松到系统能检测，得到一个扩展版本的引理。在这个扩展的引理中，系统的稳定性取决于周期 Lyapunov 方程的周期半正定解的存在性。文献[31]利用一个周期差分 Riccati 矩阵方程的解刻画了 LDPV 系统输出稳定的充分必要条件。

1.2.1.4 零点

对于线性时不变系统，零点的重要性广为人知。很多学者都讨论过并定义了各种零点，如不变零点、传输零点、输入和输出解耦零点，并给出了不同零点概念之间的区别和联系，如文献[32]~文献[35]等。在线性周期系统领域，对零点也进行了广泛深入的探讨，很多学者都做出了较大的贡献，如 Bolzern、Grasselli 和 Longhi 等。

文献[36]考虑了单输入单输出(single input single output，SISO)线性离散周期系统的零点，将该类系统的零点与其提升线性时不变(linear time invariant，LTI)系统的零点联系起来。该文通过一个性质对零点进行刻画，该性质是 LTI 传函块属性在周期系统中的延伸，同时也是对周期系统的零点定义是否合理的验证。文献[37]研究了 LDPV 系统的传输零点、不变零点和结构零点，阐明了各自的含义，解释了相互之间的关系。该文证明了不变零点与结构零点是相同的，且非零不变零点和非零传输零点是独立于时间的。在推导过程中利用了系统的结构属性，因此这些结果也可以看作是 LDPV 系统在几何理论方面的进一步深化。文献[38]将输入和输出解耦零点的概念推广到了线性离散周期系统，并对不变零点和传输零点引入了一种全新的、更简单的描述，介绍了它们的结构指标的周期有序集。该文证明了这几种类型的非零零点的结构指标有序集是不依赖时间的，但是零不变零点、零传输零点、零输入和零输出解耦零点的结构指标有序集是随时间变化的，该文进一步指出，不能通过周期反馈来改变不变零点的有序集。在时不变系统中，不变零点具有如下的属性：对于任何一个零点，都存在一个适当的初始状态和一个指数类型的输入函数使得输出恒等于零。文献[12]指出离散周期系统的零点也具有类似的黏附属性：对于每一个不变零点，都可以选择一个初始状态和一个周期输入函数使得系统的输出为零。该初始状态和作为输入的指数周期信号都可以根据其提升系统的初始状态和输入构造出来。文献[39]考虑了更为广泛的一类线性周期系统的零点。对于状态空间维数也随时间周期系统变化的系统，同样将零点定义为其提升 LTI 系统的零点。通过一种数值可靠的反向算法对提升 LTI 系统的广义特征结构进行了计算。该方法可同时计算系统的零点、解耦零点、极点和与其对应的 LTI 系统传函的左右零子空间。

1.2.1.5　系统实现和模型降阶

在现有的关于 LDPV 系统的理论成果中，占绝对优势的是对具有定常状态维数的系统的研究。对于状态维数可变的 LDPV 系统，理论成果虽然不多，但在最小系统实现和极点配置方面，也取得了显著的成果。在这部分，主要总结一下模型降阶和系统实现方面的成果。对于周期为 T 的 LDPV 系统，文献[40]研究了如何根据一个传函矩阵构造系统的状态空间表述形式。该文定义了 LDPV 系统的最小实现、准最小实现以及一致 T 实现，以充要条件刻画了这些实现，并提供了相应的算法。该方法可以应用到具有时变维数的 LDPV 系统的实现问题。文献[41]讨论了 LDPV 系统和其提升 LTI 系统在能达性和能观性等主要结构属性方面的关系，指出当且仅当系统是完全能达且完全能观时，该系统是最小的。进一步，该文还研究了两个最小 LDPV 系统的相似问题，给出了充要条件。文献[42]研究了状态(输出)维数时变情形下的 LDPV 系统的最小实现问题，提出了两种数值可靠的计算方法：其中一种可归结为平方根类型，具有较高的精确度，可得到系统的平衡最小实现；第二种方法针对具有较差结构的原始 LDPV 系统，计算最小实现时具有较强的计算优势。在这两种方法中，周期 Lyapunov 矩阵方程非负定解的求解是核心。文献[43]采用正交分解的方法讨论了如何得到一个传函矩阵的最小状态空间描述，即 LDPV 系统的最小实现问题。该文的特色之处在于利用所提出的方法所得到的周期系统的状态维数是可以随时间变化的，从而更具一般性。此外，该方法的计算复杂度也不高。

文献[44]将 LTI 系统模型降阶的平衡截断方法延伸到 LDPV 系统中，提出了两个数值可靠的算法来进行模型降阶，并阐明了降阶后所得到的模型是稳定的。该文算法的核心之处在于对周期 Grammian 矩阵进行 Cholesky 分解。文献[45]区别于前述模型降阶方法，并非着手于周期系统的状态空间实现本身，而是通过对其提升 LTI 系统实施平衡截断技术，来实现模型降阶。该方法的优点是，当 LDPV 系统的状态维数较高，周期长度适中，输入/输出维数较小时，得到的误差上界会非常小。

1.2.2 系统综合

1.2.2.1 镇定

镇定综合领域的研究成果非常丰富。能达性 Grammian 矩阵法是一种具有较长历史且很有理论意义的方法。针对 LTI 系统，文献[46]和文献[47]等都进行了深入的讨论。文献[48]和文献[49]对线性时变系统进行过相关的讨论。文献[50]指出在周期系统中，镇定策略不仅有传统的逐点滚动方案，还有逐段滚动镇定方案。在此基础上，文献[51]针对线性连续和离散周期系统，设计出了一种时域的逐段滚动镇定方法，在假设系统能控而不需要系统可逆的情况下，通过能达性 Grammian 矩阵，构造了系统的控制增益。和经典的逐点滚动镇定策略相比，该方法拥有更小的时间复杂度。

通过周期 Lyapunov 方程或者 Riccati 方程的解来构造镇定控制器也是一个常用的方法。文献[52]求解了周期离散 Riccati 方程，推导了周期半正定解存在和唯一的充要条件。基于这些理论，研究了周期预测控制问题，设计了迭代线性化算法。文献[53]采用周期 Schur 分解求解了一对周期差分 Lyapunov 方程，进而将目标函数与梯度都用这对方程的解表示出来，通过梯度搜索优化算法，设计了周期输出反馈优化控制器。文献[54]考虑了执行器饱和的线性离散周期系统的半全局镇定问题。在系统的开环特征乘子全部位于闭单位圆内的假设下，基于求解一个参数化离散周期 Lyapunov 方程，提出了一种低增益状态反馈设计方法。

近些年，线性矩阵不等式(linear matrix inequality，LMI)技术的迅速发展，在 LDPV 系统领域也得到了广泛的应用。文献[55]采用线性矩阵不等式工具，同时研究了状态反馈和输出反馈镇定的条件和设计方法。在周期状态反馈中，提出的镇定所要满足 LMI 条件是一个充要条件；在周期输出反馈中，提出的 LMI 条件仅仅是充分的。进而，根据这些条件，综合了范数有界不确定周期系统的镇定控制器。文献[56]考虑了具有区间参数不确定性的离散周期系统的反馈控制问题，分别给出了基于 LMI 的渐近稳定条件和反馈镇定条件，并进一步研究了 L_2 增益问题。文献[57]考虑了输入饱和的线性离散周期系统的稳定性和镇定问题，构建了一个饱和依赖的周期 Lyapunov 函数，以 LMIs 的形式给出了系统局部稳定和全局稳定的充分条件，并以此来降低设计保守性和设计控制器。

1.2.2.2 极点配置

在 LDPV 系统中，时刻 τ 的极点被定义为该时刻的提升时不变系统的极点。文献[12]和文献[28]分别从不同角度说明了非零极点是不会随时刻 τ 的改变而改变的，即非零极点是不依赖时间的。和线性时不变系统相似，极点是否位于开单位圆内，直接决定了线性离散周期系统的稳定性。因此，极点配置问题得到了广泛的研究，涌现出了多种设计方法.

文献[58]将文献[59]用来处理LTI系统极点配置的方法推广到线性离散周期系统中。该方法可以同时处理状态或输入空间维数随时间变化的情况，并进一步根据所设计的周期状态反馈律中的自由度，设计了鲁棒控制器。文献[60]利用酉变换提出了一种数值可靠算法，解决了周期状态反馈极点配置问题。该方法基于隐式特征分解，推导了系统矩阵的标准 Schur 型。通过依次更换极点来实现极点配置.在给定的系统完全能达的前提下，利用这种方法可以实现极点的任意配置。采用这种方法的好处是只用更换一个“不想要”的极点，保留“想要”的极点即可。因此，可以降低计算复杂度。文献[61]考虑了 LDPV 系统和 LTI 系统极点配置问题之间的联系，指出在系统能达的假设下，线性离散周期系统的极点配置问题可归结为 LTI 系统的极点配置问题，其中状态维数保持不变，输入维数放大了 T 倍（T 为线性离散周期系统的周期长度）。文献[62]利用扰动分析的方法，阐明了存在周期输出反馈律能够对系统进行极点配置，并通过求解一组代数方程，给出了输出反馈增益的计算方法。但是，该方法不能配置零极点。文献[63]考虑了 LDPV 系统的鲁棒极点配置问题。首先将问题转化为周期 Sylvester 方程的求解问题，然后根据该问题解的多样性，采用和 LTI 系统相同的鲁棒性能指标，设计了周期鲁棒控制器。该方法虽然提供了较大的设计自由度，但是对自由参数的选择有能观测性的要求。进一步，该方法要求系统欲配置的极点即闭环极点和开环系统的极点完全不相同，此外，该方法也不能配置零极点。

文献[64]提出了一种新的周期状态反馈极点配置算法，该方法弥补了上述算法的缺点，能够将系统的极点配置到复平面上任意想要的位置，给出了能够实现极点配置的状态反馈控制器的参数化表达，而且对自由参数的选择没有限制。该文进一步考虑了鲁棒极点配置问题，利用周期系统的特性，推导了系统极点对潜在扰动的灵敏度指标，设计了鲁棒控制器。此外，文献[65]考虑了鲁棒周期动态补偿器设计问题，利用闭环系统单值性矩阵的特殊性，经过适当的处理，以参数化形式给出了离散时间线性周期系统极点配置问题的动态补偿器，实现了完全的自由度。进一步该文将鲁棒设计问题转化为了一个带约束的优化问题，通过对优化问题的求解，最终获得了理想的鲁棒控制器。

1.2.2.3　H_2 和 H_∞ 控制

学者们对于 H_2 和 H_∞ 范数的研究较早，给出了有效的计算方法[28,66,67]，但是对于设计 H_2 和 H_∞ 控制器的问题，直到 2000 年以后才取得了一些成果。这些设计方法几乎都是以线性矩阵不等式作为工具的。

文献[68]定义了 LDPV 系统的 H_2 范数，以 LMI 的形式给出了 H_2 控制问题的充要条件，并综合了一个周期反馈控制器。文献[69]研究了多胞不确定性 LDPV 系统的鲁棒 H_2 控制问题，引入了松弛变量，利用参数依赖的周期 Lyapunov 函数，归纳出鲁棒 H_2 控制的一个充分条件。该方法的优点在于系统设计的保守性较低。

文献[70]研究了 LDPV 系统的鲁棒 H_2 控制问题，通过对 LMI 条件，进行降维处理，很大程度上降低了计算量，进而降低了系统设计中的保守性。

文献[71]研究了多胞不确定性 LDPV 系统的鲁棒控制问题，提供了一个动态控制器的结构框架，并以 LMI 的形式构造了镇定控制器，进一步推导了鲁棒周期 H_2 和 H_∞ 控制器的存在条件。在该方法中，设计出来的控制器的周期是灵活可变的，通过增加周期长度，可以使得设计保守性降低并优化控制性能。

1.2.2.4 故障检测

和 LDPV 系统的其他研究领域相比，人们对故障检测的关注较晚，研究成果也基本上都出现在 2000 年以后。

文献[72]研究了 LDPV 系统的故障检测问题，通过对其提升 LTI 系统的传函矩阵设计有限脉冲响应零化子，使得系统对干扰输入具有较强的鲁棒性，从而实现干扰抑制。进一步，LDPV 系统在不同取样点处残差的加权阵可以通过这个零化子获得。

文献[73]也考虑了 LDPV 系统的故障检测问题，给出了一种数值可靠的计算最小阶零化子的算法。该方法没有对系统进行时不变提升处理，而是通过对一个周期矩阵对进行正交变换，化成一个类似周期 Kronecker 型，从而可以得到故障检测滤波器的一个周期实现。

文献[74]同时考虑了鲁棒干扰抑制和故障检测，提出了一种优化方法。该文将 LTI 系统的比值型性能指标延伸到 LDPV 系统，将设计周期残差生成器问题归结为一个优化问题，其主要工作量在于对一个周期 Riccati 矩阵方程的求解。

同样考虑了 LDVP 系统的故障检测问题，文献[75]以设计周期残差生成器为目标，使得周期残差信号和外在干扰完全解耦。该文首先设计了一个具有周期奇偶向量的周期残差生成器，然后建立了该周期奇偶向量与基于观测器的周期残差生成器之间的关系。该文指出基于观测器的周期解耦残差生成器完全可以从一个完全解耦的周期奇偶向量中得到。

文献[76]运用主元分析方法提出了线性离散周期系统的传感器故障诊断和孤立方案，其中心思想是将线性离散周期系统建模成多模型主元分析，其模型数等于周期长度。通过将观测到的系统动态和期望的系统动态做比较，检测出故障传感器，并通过可变的重构方法孤立出故障的传感器。

在系统综合中，除了上述几个研究成果比较集中的领域外，学者们还在 LDPV 系统的最优控制、LQG 问题以及模型预测控制等其他方面取得了一些成绩，如文献[53]和文献[77]等。

1.2.3 存在的问题和发展趋势

综上所述，经过几十年的发展，线性离散周期系统虽然在系统分析、综合方面取得了一些成就，仍存在如下几个方面的问题。

(1) 和成熟的线性时不变系统理论相比，LDPV 系统中还有一些很重要的基础问题需要进一步研究，如能控能观标准型的计算、关联的传递函数矩阵零点的计算以及谱分解等。这里需要特别指出的是，尽管在连续周期系统中 Floquet 理论的应用非常广泛，但是在 LDPV 系统中 Floquet 理论并不成熟[78-80]。现有的成果仅仅是弄清楚了离散 Floquet 变换存在的充分必要条件以及系统矩阵非奇异时推导出离散 Floquet 变换的方法。因此，离散 Floquet 理论并没有在系统综合中得到应有的关注。

(2) LDPV 系统的约束控制存在挑战。对于周期系统的约束控制问题，仅有文献对 SISO 周期离散系统的局部镇定问题进行过讨论，还有最近 Zhou 等利用周期参量 Lyapunov 方程的解，在控制器受限的情况下解决了半全局镇定问题。但尚有一些其他问题如全局镇定、鲁棒镇定等有待进一步研究。由于周期系统本质上是时变系统，受约束的系统本质上是非线性系统，而对这两类系统的研究缺乏有效的数学工具，导致了很多基础性的问题还没有人研究，如不变集的精确刻画、渐近零能控区域的精确刻画方法等。

(3) 广义线性离散周期系统的研究成果较少。相对于非奇异离散周期系统而言，人们对广义周期系统的关注较晚。研究广义周期系统的主要工具是将系统矩阵对应的增广周期矩阵对化简成周期 Kronecker 型。近几年来，人们在系统的可解性、零极点的计算，以及能达性、能观性等系统分析方面有了初步进展，取得了一些成果，但是还存在一些迫切需要解决的问题，如故障诊断问题、周期模型匹配问题、H_2 和 H_∞ 优化问题等。

(4) 具有时变状态和输入维数的 LDPV 系统期待深入的研究。这类系统是由输入的不同步导致的，因此在工程实践建模中更具代表性。但是，和固定维数的 LDPV 系统相比，这类系统仅在系统实现、模型降阶、预测控制等方面取得了零星的研究成果。一些常见的综合问题，如镇定、H_2 控制、H_∞ 控制、故障诊断等都没有有效的计算方法。

综上所述，线性离散周期系统的研究虽然并不成熟，遇到的挑战也很多，但是随着理论研究的不断深入，线性时不变系统、时变系统以及连续周期系统的进一步发展，线性离散周期系统的理论必然会进一步完善，也必将在实践中发挥更大的作用。

1.3　本书的主要内容和安排

本书针对线性离散周期系统中极点配置和观测器设计两类基本问题，致力于给出参数化的设计方案。全书共 9 章，具体结构安排如下。

第 1 章阐述了线性离散周期系统的研究背景和研究对象，在系统归纳和评述相关研究成果的基础上，综述了相关问题的研究进展及存在的问题。

第 2 章提供了线性离散周期系统的基础理论。分别给出了线性离散周期系统的差分方程模型、输入输出模型、状态空间模型等系统描述方式；介绍了线性离散周期系统中的一个重要的基本概念——单值性矩阵，定义了线性离散周期系统的稳定性，并给出了一些基本的判据；阐述了线性离散周期系统的能达性、能控性、能观性、能重构性等系统的结构属性；给出了线性离散周期系统的时不变提升重构这一有力的系统分析和综合工具。

第 3 章重点介绍了和线性离散周期系统相关的一些矩阵方程的求解方法，包括耦合矩阵方程、周期 Sylvester 矩阵方程、周期调节矩阵方程的数值迭代解法和参数化解法。数值迭代解法便于在线计算，可以快速收敛到准确解，参数化解法可以给出满足方程的无数多解，便于离线计算，并提供了充分的自由度。这些方程在线性离散周期系统的分析和设计中发挥着极其重要的作用。

第 4 章考虑了线性离散周期系统状态反馈极点配置问题。通过对系统施加相同周期的状态反馈律，可以得到相应的闭环单值性矩阵。对该单值性矩阵进行一些代数处理，利用 Sylvester 矩阵方程可以递推地求解出参数化的周期状态反馈律。为了利用参数化周期状态反馈律中的自由度来实现鲁棒极点配置，推导出了一个鲁棒性能指标，用来刻画周期闭环系统单值性矩阵的特征值对于系统中扰动的灵敏度。最终，鲁棒极点配置问题被转化为一个静态约束优化问题，利用 Matlab 可以方便地求解。该章还给出了线性离散周期系统极点配置的参数化算法和鲁棒设计算法。

第 5 章研究了线性离散周期系统输出反馈极点配置问题。由于在许多实际问题中，系统的状态都是不能直接获取的，因而基于周期状态反馈的极点配置具有局限性。为此，讨论了利用周期输出反馈进行极点配置，给出了系统完全能达和完全能观条件下的周期输出反馈参数化设计算法和鲁棒设计算法。仿真算例的结果不仅表明了该方法的有效性，而且验证了利用周期输出反馈可以实现任意极点配置，并能提供相当多的自由度。而这一点在线性时不变系统中是不成立的。

第 6 章利用周期动态反馈来对线性离散周期系统进行极点配置。首先将周期动态补偿器的设计问题转化为一个增广周期系统的周期输出反馈控制器设计问题，然后采用周期输出反馈控制器设计的参数化方法，给出了参数化动态补偿器的设计方案。对于存在多个扰动变量的情形，提出了闭环周期系统极点对于扰动的灵敏度指标，并设计了鲁棒周期动态补偿器。

第 7 章以周期观测器设计为主线，考虑了鲁棒观测器的设计问题和基于观测器的控制器设计问题。首先介绍了周期鲁棒全维观测器的设计方法。然后给出了周期 Luenberger 观测器的充分必要条件，并利用逆向 Sylvester 矩阵方程的参数化解和一些代数推导，给出了周期 Luenberger 观测器的参数化设计算法。最后，指出了对于线性离散周期系统，基于观测器的控制器设计同样存在分离原理，并利用分离原理，给出了一个基于全维状态观测器的鲁棒控制器设计算法。

第 8 章研究了利用周期状态反馈律对系统进行模型匹配的问题。分别给出了线性离散时不变系统和线性离散周期系统在周期反馈律下实现模型匹配的控制器设计算法，仿真算例表明，通过这种方式，可以使得匹配误差达到零。

第 9 章将本书所提出的周期鲁棒极点配置方法应用到了卫星姿态控制中。由于受地磁场的作用，磁控卫星的滚动和偏航通道的动力学模型是一个线性周期系统。首先将其离散化，得到一个线性离散周期系统。针对该系统，设计了一个周期状态反馈控制律。采用零阶保持器对原来的线性连续周期系统进行仿真。结果表明利用周期控制器镇定滚动偏航姿态是非常有效的。

第 2 章　线性离散周期系统的基本理论

本章致力于给出线性离散周期系统中的一些基础理论，包括线性离散周期系统的模型，单值性矩阵的概念和线性离散周期系统稳定性的概念以及稳定性的基本判据，线性离散周期系统的结构属性，线性离散周期系统的时不变提升重构等内容。本章的部分内容参考了文献[81]和文献[82]。由于本章是介绍性质的，所以省略了很多技术细节和证明过程，感兴趣的读者可以查阅相关文献，以便得到更深刻的理解。

2.1　周 期 模 型

考虑输入为 $\boldsymbol{u}(t)$，输出为 $\boldsymbol{y}(t)$ 的动态系统。其中输入是由 m 个信号 $u_1(t),u_2(t),\cdots,u_m(t)$ 构成的向量，输出是由 p 个信号 $y_1(t),y_2(t),\cdots,y_p(t)$ 构成的向量。该类系统的一种最直接的数学表示是基于输入 $\boldsymbol{u}(t)$ 和输出 $\boldsymbol{y}(t)$ 的时域关系。对于连续时间的情形 $t\in\mathbf{R}$，周期模型有如下形式：

$$\frac{\mathrm{d}^r}{\mathrm{d}t^r}\boldsymbol{y}(t)=\boldsymbol{F}_1(t)\frac{\mathrm{d}^{r-1}}{\mathrm{d}t^{r-1}}\boldsymbol{y}(t)+\boldsymbol{F}_2(t)\frac{\mathrm{d}^{r-2}}{\mathrm{d}t^{r-2}}\boldsymbol{y}(t)+\cdots+\boldsymbol{F}_r(t)\boldsymbol{y}(t)$$

$$+\boldsymbol{G}_1(t)\frac{\mathrm{d}^{r-1}}{\mathrm{d}t^{r-1}}\boldsymbol{u}(t)+\boldsymbol{G}_2(t)\frac{\mathrm{d}^{r-2}}{\mathrm{d}t^{r-2}}\boldsymbol{u}(t)+\cdots+\boldsymbol{G}_s(t)\frac{\mathrm{d}^{r-s}}{\mathrm{d}t^{r-s}}\boldsymbol{u}(t)\qquad(2\text{-}1)$$

对于离散时间的情形 $t\in\mathbf{Z}$，周期模型具有如下形式：

$$\boldsymbol{y}(t+r)=\boldsymbol{F}_1(t)\boldsymbol{y}(t+r-1)+\boldsymbol{F}_2(t)\boldsymbol{y}(t+r-2)+\cdots+\boldsymbol{F}_r(t)\boldsymbol{y}(t)+$$

$$+\boldsymbol{G}_1(t)\boldsymbol{u}(t+r-1)+\boldsymbol{G}_2(t)\boldsymbol{u}(t+r-2)+\cdots+\boldsymbol{G}_s(t)\boldsymbol{u}(t+r-s)\qquad(2\text{-}2)$$

式中，$\boldsymbol{F}_i(\cdot)$ 和 $\boldsymbol{G}_j(\cdot)$ 是有适当维数的周期实矩阵，满足对任意 t，有

$$\boldsymbol{F}_i(t)=\boldsymbol{F}_i(t+T),\ \boldsymbol{G}_j(t)=\boldsymbol{G}_j(t+T)$$

满足这些方程的最小的 T 是系统周期。

一般来说，输入-输出模型(2-1)，模型(2-2)不仅在描述输入是控制变量的因果系统时有用，同时也能刻画具有隐藏周期性的随机信号。

在输入-输出框架下，另一个刻画是由脉冲响应概念提供的。脉冲响应矩阵，$\boldsymbol{h}(t,\tau)$，是一个 $p\times m$ 矩阵，关于两个时间指标 t,τ 的函数，以如下方式关联输入和输出变量：

$$\begin{cases} \boldsymbol{y}(t)=\int_0^t \boldsymbol{h}(t,\tau)\boldsymbol{u}(\tau)\mathrm{d}\tau\text{，连续时间} \\ \boldsymbol{y}(t)=\sum_{\tau=0}^{t} \boldsymbol{h}(t,\tau)\boldsymbol{u}(\tau)\text{，离散时间} \end{cases} \tag{2-3}$$

式中，核 $\boldsymbol{h}(t,\tau)$ 具有双周期的属性，也就是说 $\boldsymbol{h}(t+T,\tau+T)=\boldsymbol{h}(t,\tau)$。

然而，动态系统应用最广泛的数学描述还是状态空间模型，对离散时间情形，采用差分方程：

$$\begin{cases} \boldsymbol{x}(t+1)=\boldsymbol{A}(t)\boldsymbol{x}(t)+\boldsymbol{B}(t)\boldsymbol{u}(t) \\ \boldsymbol{y}(t)=\boldsymbol{C}(t)\boldsymbol{x}(t)+\boldsymbol{D}(t)\boldsymbol{u}(t) \end{cases} \tag{2-4}$$

这里，除了 $\boldsymbol{u}(t)$ 和 $\boldsymbol{y}(t)$，另外的变量出现了，也就是说，输入和输出之间通过中间变量，也就是状态向量 $\boldsymbol{x}(t)$，相互联系在一起。向量 $\boldsymbol{x}(t)$ 的元素数目 n 称为系统维数。矩阵 $\boldsymbol{A}(t)$ 称为动态矩阵。系统的周期性表现为

$$\boldsymbol{A}(t+T)=\boldsymbol{A}(t),\boldsymbol{B}(t+T)=\boldsymbol{B}(t),\boldsymbol{C}(t+T)=\boldsymbol{C}(t),\boldsymbol{D}(t+T)=\boldsymbol{D}(t)$$

满足这些周期条件的最小的整数 T 称为系统周期。

一般情况下，n 是常数，所以系统矩阵也有定常的维数。但是，对于一些特殊的情形，允许该整数是周期时变是非常必要的。相应地，矩阵 $\boldsymbol{A}(t),\boldsymbol{B}(t),\boldsymbol{C}(t)$ 也将具有时变维数。

一个非常有用的概念是状态转移矩阵，这个矩阵记为 $\boldsymbol{\Phi}_A(t,\tau)$，定义如下：

$$\boldsymbol{\Phi}_A(t,\tau)=\begin{cases} \boldsymbol{I}, & t=\tau \\ \boldsymbol{A}(t-1)\boldsymbol{A}(t-2)\cdots\boldsymbol{A}(\tau), & t>\tau \end{cases}$$

则系统(2-4)的解可以表示为

$$\boldsymbol{x}(t)=\boldsymbol{\Phi}_A(t,\tau)\boldsymbol{x}(\tau)+\sum_{j=\tau}^{t-1}\boldsymbol{\Phi}_A(t,j+1)\boldsymbol{B}(j)\boldsymbol{u}(j) \tag{2-5}$$

式(2-5)通常称为拉格朗日公式。

2.2　单值性矩阵和稳定性

2.2.1　单值性矩阵

考虑如下齐次方程：

$$\begin{cases} \dot{\boldsymbol{x}}(t)=\boldsymbol{A}(t)\boldsymbol{x}(t), & \text{连续时间} \\ \boldsymbol{x}(t+1)=\boldsymbol{A}(t)\boldsymbol{x}(t), & \text{离散时间} \end{cases}$$

从 τ 时刻的初始条件 $\boldsymbol{x}(\tau)$ 出发，可以得到如下解：

$$\boldsymbol{x}(t)=\boldsymbol{\Phi}_A(t,\tau)\boldsymbol{x}(\tau) \tag{2-6}$$

其中，对于连续时间模型，传递函数矩阵 $\boldsymbol{\Phi}_A(t,\tau)$ 是由微分方程

$$\dot{\boldsymbol{\Phi}}_A(t,\tau)=\boldsymbol{A}(t)\dot{\boldsymbol{\Phi}}_A(t,\tau),\ \dot{\boldsymbol{\Phi}}_A(\tau,\tau)=\boldsymbol{I}$$

的解给出的；对于离散时间模型，传递函数矩阵 $\boldsymbol{\Phi}_A(t,\tau)$ 则有如下形式：

$$\boldsymbol{\Phi}_A(t,\tau)=\begin{cases} \boldsymbol{I}, & t=\tau \\ \boldsymbol{A}(t-1)\boldsymbol{A}(t-2)\cdots\boldsymbol{A}(\tau), & t>\tau \end{cases} \tag{2-7}$$

显然，系统的周期性蕴含着传递函数矩阵 $\boldsymbol{\Phi}_A(t,\tau)$ 的双周期性，也就是说：

$$\boldsymbol{\Phi}_A(t+T,\tau+T)=\boldsymbol{\Phi}_A(t,\tau)$$

通常，称一个周期上的传递函数矩阵

$$\boldsymbol{\Psi}_A(t)=\boldsymbol{\Phi}_A(t+T,\tau)$$

为 τ 时刻的单值性矩阵。单值性矩阵 $\boldsymbol{\Psi}_A(t)$ 是周期的，也即，$\boldsymbol{\Psi}_A(t+T)=\boldsymbol{\Psi}_A(t)$，它给出了方程

$$\boldsymbol{x}(t+1)=\boldsymbol{A}(t)\boldsymbol{x}(t)$$

的 T-取样解。显然，对于任意正整数 k，有

$$\boldsymbol{x}(t+kT)=\boldsymbol{\Psi}_A^k(t)\boldsymbol{x}(t),\ t\in[0,T-1]$$

由于单值性矩阵在系统分析中发挥着重要的作用，下面将阐述它的主要性质。

2.2.1.1 单值性矩阵的特征多项式

单值性矩阵$\boldsymbol{\Psi}_A(t)$的特征多项式$p_c(\lambda)=\det[\lambda\boldsymbol{I}-\boldsymbol{\Psi}_A(t)]$是不依赖时间$t$的。

事实上，考虑单值性矩阵$\boldsymbol{\Psi}_A(\tau)$和$\boldsymbol{\Psi}_A(t)$，$\tau,t\in[0,T-1]$。这两个矩阵可以分解为

$$\boldsymbol{\Psi}_A(\tau)=\boldsymbol{FG},\boldsymbol{\Psi}_A(t)=\boldsymbol{GF} \tag{2-8}$$

式中，

$$\boldsymbol{F}=\begin{cases}\boldsymbol{\Phi}(\tau,t), & \tau\geqslant t\\ \boldsymbol{\Phi}(\tau+T,t), & \tau<t\end{cases},\quad \boldsymbol{G}=\begin{cases}\boldsymbol{\Phi}(t+T,\tau), & \tau\geqslant t\\ \boldsymbol{\Phi}(t,\tau), & \tau<t\end{cases} \tag{2-9}$$

对$\boldsymbol{G}$做奇异值分解，也即

$$\boldsymbol{G}=\boldsymbol{U\Sigma V}$$

式中，

$$\boldsymbol{\Sigma}=\begin{bmatrix}\boldsymbol{G}_1 & 0\\ 0 & 0\end{bmatrix},\quad \det\boldsymbol{G}_1\neq 0 \tag{2-10}$$

$\boldsymbol{U}$、$\boldsymbol{V}$是合适的正交矩阵。进一步，得到

$$\boldsymbol{VFGV}^{\mathrm{T}}=(\boldsymbol{VFU})\boldsymbol{\Sigma},\quad \boldsymbol{U}^{\mathrm{T}}\boldsymbol{GFU}=\boldsymbol{\Sigma}(\boldsymbol{VFU})$$

将矩阵$\boldsymbol{VFU}$做如下分块：

$$\boldsymbol{VFU}=\begin{bmatrix}\boldsymbol{F}_1 & \boldsymbol{F}_2\\ \boldsymbol{F}_3 & \boldsymbol{F}_4\end{bmatrix} \tag{2-11}$$

记子矩阵$\boldsymbol{G}_1$的维数为n_1，则容易得到

$$\det[\lambda\boldsymbol{I}_n-\boldsymbol{FG}]=\det[\lambda\boldsymbol{I}_n-\boldsymbol{VFGV}^{\mathrm{T}}]=\lambda^{n-n_1}\det[\lambda\boldsymbol{I}_{n_1}-\boldsymbol{F}_1\boldsymbol{G}_1]$$
$$\det[\lambda\boldsymbol{I}_n-\boldsymbol{GF}]=\det[\lambda\boldsymbol{I}_n-\boldsymbol{U}^{\mathrm{T}}\boldsymbol{GFU}]=\lambda^{n-n_1}\det[\lambda\boldsymbol{I}_{n_1}-\boldsymbol{G}_1\boldsymbol{F}_1]$$

因为$\boldsymbol{G}_1$是可逆的，矩阵$\boldsymbol{F}_1\boldsymbol{G}_1$和$\boldsymbol{G}_1\boldsymbol{F}_1$是相似的（$\boldsymbol{G}_1^{-1}[\boldsymbol{G}_1\boldsymbol{F}_1]\boldsymbol{G}_1=\boldsymbol{F}_1\boldsymbol{G}_1$），于是有

$$\det[\lambda\boldsymbol{I}_{n_1}-\boldsymbol{F}_1\boldsymbol{G}_1]=\det[\lambda\boldsymbol{I}_{n_1}-\boldsymbol{G}_1\boldsymbol{F}_1]$$

因此，$\boldsymbol{\Psi}_A(t)$和$\boldsymbol{\Psi}_A(\tau)$的特征多项式相同。也就是说，单值性矩阵的特征多项

式和时间 t 无关。

2.2.1.2　特征乘子的不变性

由前述的结论很容易知道，t 时刻的特征乘子，也即 $\boldsymbol{\Psi}_A(t)$ 的特征值，事实上是独立于时间 t 的。注意到不仅特征值是常数，而且它们的重数也是不变的。这是人们称这些特征值为特征乘子，而不必指定其时间点的原因。概括起来，记 r 为 $\boldsymbol{\Psi}_A(t)$ 的互不相同的非零特征值的数目，则其特征多项式可以写作：

$$p_{\mathrm{c}}(\lambda)=\lambda^{h_{\mathrm{c}}}\prod_{i=1}^{r}(\lambda-\lambda_i)^{k_{\mathrm{c}i}}$$

式中，$\lambda_i, h_{\mathrm{c}}$ 和 $k_{\mathrm{c}i}$ 都不依赖时间。特征乘子即为 $\lambda=\lambda_i(i=1,2,\cdots,r)$ 和 $\lambda=0$（如果 $h_{\mathrm{c}}\neq 0$）。

值得注意的是，在一些情况下，会遇到一类周期系统，其状态空间的维数随时间周期变化。这时，矩阵 $\boldsymbol{A}(t)$ 不再是一个方阵，其维数为 $n(t+1)\times n(t)$。但是，我们仍然可以用通常的办法定义 $\boldsymbol{A}(\cdot)$ 的单值性矩阵 $\boldsymbol{\Psi}_A(t)$，即

$$\boldsymbol{\Psi}_A(t)=\boldsymbol{A}(t+T-1)\boldsymbol{A}(t+T-2)\cdots\boldsymbol{A}(t)$$

显然，$\boldsymbol{\Psi}_A(t)$ 是一个 $n(t)\times n(t)$ 方阵。系统矩阵 $\boldsymbol{A}(\cdot)$ 在 t 时刻的特征乘子仍然定义为矩阵 $\boldsymbol{\Psi}_A(t)$ 的特征值。非零特征乘子和它们的重数仍然独立于时间。

相反，零特征乘子可能会有时变的重数。事实上，模拟定常状态维数情形的证明过程，我们可以得到：

$$\det[\lambda\boldsymbol{I}_{n(t)}-\boldsymbol{F}\boldsymbol{G}]=\det[\lambda\boldsymbol{I}_{n(t)}-\boldsymbol{V}\boldsymbol{F}\boldsymbol{G}\boldsymbol{V}^{\mathrm{T}}]=\lambda^{n(t)-n_1}\det[\lambda\boldsymbol{I}_{n_1}-\boldsymbol{F}_1\boldsymbol{G}_1]$$
$$\det[\lambda\boldsymbol{I}_{n(\tau)}-\boldsymbol{G}\boldsymbol{F}]=\det[\lambda\boldsymbol{I}_{n(\tau)}-\boldsymbol{U}^{\mathrm{T}}\boldsymbol{G}\boldsymbol{F}\boldsymbol{U}]=\lambda^{n(\tau)-n_1}\det[\lambda\boldsymbol{I}_{n_1}-\boldsymbol{G}_1\boldsymbol{F}_1]$$

因此：

$$\det[\lambda\boldsymbol{I}-\boldsymbol{\Psi}_A(t)]=\lambda^{n(t)-n(\tau)}\det[\lambda\boldsymbol{I}-\boldsymbol{\Psi}_A(\tau)]$$

特别地，取 τ 为 $n(\cdot)$ 是最小时的时间点，即 $n(\tau)=n_{\mathrm{m}}=\min(n(t))$ $(t=1,2,\cdots,T-1)$，并令 $p_{\mathrm{cmin}}(\lambda)$ 为相应的特征多项式，则 $p_{\mathrm{cmin}}(\lambda)$ 可除单值性矩阵在任意其他时刻 t 的特征多项式，且商多项式是 $\lambda^{n(t)-n_{\mathrm{m}}}$。总之，矩阵 $\boldsymbol{A}(\cdot)$ 的 n_{m} 个特征乘子是时间独立的，并组成了 $\boldsymbol{\Psi}_A(\cdot)$ 的中心谱。一般来说，中心谱中既有非零乘子又有零乘子。在一般的时间点 t 上，其他的 $n(t)-n_{\mathrm{m}}$ 个零乘子才会出现。

2.2.1.3　单值性矩阵的最小多项式

另一个重要属性与 $\lambda \boldsymbol{I}_n - \boldsymbol{\Psi}_A(t)$ 的零空间相关，其中，λ 是任意非零复数。可以证明，对任意整数 $k > 0$，如果 $\lambda \neq 0$，$(\lambda \boldsymbol{I}_n - \boldsymbol{\Psi}_A(t))^k$ 的零空间的维数独立于时间 t，也就是

$$\operatorname{Ker}\left[\left(\lambda \boldsymbol{I}_n - \boldsymbol{\Psi}_A(t)\right)^k\right] = \text{constant}$$

事实上，再次考虑式(2-8)~式(2-11)的分解，经过简单的计算可知

$$(\lambda \boldsymbol{I}_n - \boldsymbol{F}\boldsymbol{G})^k = \begin{bmatrix} \lambda \boldsymbol{I}_{n_1} - \boldsymbol{F}_i\boldsymbol{G}_i & 0 \\ * & \lambda^k \boldsymbol{I}_{n-n_1} \end{bmatrix}, (\lambda \boldsymbol{I}_n - \boldsymbol{G}\boldsymbol{F})^k = \begin{bmatrix} \lambda \boldsymbol{I}_{n_1} - \boldsymbol{G}_i\boldsymbol{F}_i & 0 \\ * & \lambda^k \boldsymbol{I}_{n-n_1} \end{bmatrix}$$

式中，*代表无关紧要的项。由于这些矩阵的块三角结构，如果 $\lambda \neq 0$，可以得到

$$\dim[\operatorname{Ker}[(\lambda \boldsymbol{I}_n - \boldsymbol{F}\boldsymbol{G})^k]] = \dim[\operatorname{Ker}[(\lambda \boldsymbol{I}_{n_1} - \boldsymbol{F}_1\boldsymbol{G}_1)^k]]$$
$$\dim[\operatorname{Ker}[(\lambda \boldsymbol{I}_n - \boldsymbol{G}\boldsymbol{F})^k]] = \dim[\operatorname{Ker}[(\lambda \boldsymbol{I}_{n_1} - \boldsymbol{G}_1\boldsymbol{F}_1)^k]]$$

由于 $\boldsymbol{G}_1$ 是非奇异的，矩阵 $\lambda \boldsymbol{I}_{n_1} - \boldsymbol{G}_1\boldsymbol{F}_1$ 和 $\lambda \boldsymbol{I}_{n_1} - \boldsymbol{F}_1\boldsymbol{G}_1$ 是相似的，所以，如果 $\lambda \neq 0$，有 $\dim[\operatorname{Ker}[(\lambda \boldsymbol{I}_n - \boldsymbol{F}\boldsymbol{G})^k]] = \dim[\operatorname{Ker}[(\lambda \boldsymbol{I}_n - \boldsymbol{G}\boldsymbol{F})^k]]$，也即

$$\dim[\operatorname{Ker}[(\lambda \boldsymbol{I}_n - \boldsymbol{\Psi}_A(t))^k]] = \text{constant} \tag{2-12}$$

特别地，方程(2-12)可以应用到非零特征乘子。这样，令 $\lambda = \lambda_i$，容易看出和非零特征乘子相应的约当块的维数是独立于时间 t 的。这表明 $\boldsymbol{\Psi}_A(t)$ 的最小多项式中非零特征乘子的重数不随时间改变。因此，最小多项式可以有如下表示：

$$p_{\mathrm{m}}(\lambda, t) = \lambda^{h_{\mathrm{m}}(t)} \prod_{i=1}^{r} (\lambda - \lambda_i)^{k_{\mathrm{m}_i}}$$

式中，重数 k_{m_i} 是常数。对于零特征乘子，重数 $h_{\mathrm{m}}(t)$ 会随时间变化，举例如下。

例 2.1　考虑周期为 $T = 2$ 的 2×2 矩阵 $\boldsymbol{A}(\cdot)$：

$$\boldsymbol{A}(0) = \begin{bmatrix} 0 & 1 \\ 0 & 0 \end{bmatrix}, \quad \boldsymbol{A}(1) = \begin{bmatrix} 0 & 0 \\ 0 & 1 \end{bmatrix}$$

计算其单值性矩阵为

$$\boldsymbol{\Psi}_A(0)=\begin{bmatrix}0 & 0\\ 0 & 0\end{bmatrix},\quad \boldsymbol{\Psi}_A(1)=\begin{bmatrix}0 & 1\\ 0 & 0\end{bmatrix}$$

因此下面的两个多项式：

$$p_{\mathrm{m}}(\lambda,0)=\lambda,\quad p_{\mathrm{m}}(\lambda,1)=p_{\mathrm{c}}(\lambda)=\lambda^2$$

完全刻画了最小多项式。

2.2.2　Floquet 理论

在周期系统领域，一个相当持久的问题是能否将原始的周期系统的研究归结为对一个时不变系统的研究。当人们聚焦于自由系统：

$$\boldsymbol{x}(t+1)=\boldsymbol{A}(t)\boldsymbol{x}(t) \tag{2-13}$$

这就形成了一个所谓的 Floquet 问题，即寻找一个 T 周期可逆状态空间变换 $\hat{\boldsymbol{x}}(t)=\boldsymbol{S}(t)\boldsymbol{x}(t)$，使得在新的坐标系下，周期系统变成时不变系统：

$$\hat{\boldsymbol{x}}(t+1)=\hat{\boldsymbol{A}}\hat{\boldsymbol{x}}(t)$$

式中，$\hat{\boldsymbol{A}}$ 称为 Floquet 因子，是一个定常矩阵。如果存在这种变换，$\boldsymbol{A}(\cdot)$ 将会代数等价于一个常数矩阵。在这种情况下，单值性矩阵 $\boldsymbol{\Psi}_A(t)$ 将会和 $\hat{\boldsymbol{A}}$ 通过一种相似变换关联起来。事实上，由

$$\hat{\boldsymbol{x}}(t)=\boldsymbol{S}(t)\boldsymbol{x}(t),\ \hat{\boldsymbol{x}}(t+T)=\hat{\boldsymbol{A}}^T\hat{\boldsymbol{x}}(t),\ \boldsymbol{x}(t+T)=\boldsymbol{\Psi}(t)\boldsymbol{x}(t)$$

可知：

$$\boldsymbol{\Psi}_A(t)=\boldsymbol{S}^{-1}(t)\hat{\boldsymbol{A}}^T\boldsymbol{S}(t) \tag{2-14}$$

因此，特征乘子由 Floquet 因子 $\hat{\boldsymbol{A}}$ 的特征值的 T 次幂给出。

有了上述准备，考虑 Floquet 问题，下面将区分系统是可逆的和不可逆的两种情况。

2.2.2.1　可逆情形的离散 Floquet 理论

如果 $\boldsymbol{\Psi}_A(t)$ 是非奇异的，对任意可逆矩阵 $\boldsymbol{S}(t)$，方程(2-14)存在一个解 $\hat{\boldsymbol{A}}$。事实上，根据可逆性的假设，可以从式(2-14)求出 $\hat{\boldsymbol{A}}^T$，进而计算出其 T 次幂。

如果系统是可逆的，下面提供一个简单的程序来确定恰当的坐标变换。精确地讲，考虑参考时间点 $t=0$，选择任意可逆的 $\boldsymbol{S}(0)$，解方程(2-14)，求得矩阵 $\hat{\boldsymbol{A}}$，

然后根据下述的条件计算 $\boldsymbol{S}(i)(i=1,2,\cdots,T-1)$：

$$\begin{aligned}\boldsymbol{S}(1)&=\hat{\boldsymbol{A}}\boldsymbol{S}(0)\boldsymbol{A}^{-1}(0)\\ \boldsymbol{S}(2)&=\hat{\boldsymbol{A}}\boldsymbol{S}(1)\boldsymbol{A}^{-1}(1)\\ &\vdots\\ \boldsymbol{S}(T-1)&=\hat{\boldsymbol{A}}\boldsymbol{S}(T-2)\boldsymbol{A}^{-1}(T-2)\end{aligned}$$

接下来，取周期扩展 $\boldsymbol{S}(kT+i)=\boldsymbol{S}(i)(k\geqslant 0)$，可以验证，对任意时间 t，方程(2-14)均满足：

$$\hat{\boldsymbol{A}}=\boldsymbol{S}(t+1)\boldsymbol{A}(t)\boldsymbol{S}^{-1}(t) \tag{2-15}$$

概括起来，可逆情形下的 Floquet 问题的解可以由

$$\hat{\boldsymbol{A}}=[\boldsymbol{S}(0)\boldsymbol{\Psi}_A(0)\boldsymbol{S}^{-1}(0)]^{1/T},\boldsymbol{S}(i)=\hat{\boldsymbol{A}}^i\boldsymbol{S}(0)\boldsymbol{\Phi}_A^{-1}(i,0)$$

给出，其中 $\boldsymbol{S}(0)$ 为任意可逆矩阵。

2.2.2.2 不可逆情形的离散 Floquet 理论

如果系统是不可逆的，该问题变得相对复杂。首先需要指出的是，在这种情形下，不一定存在合适的坐标变换，使得一个周期系统变换成一个时不变系统。

例 2.2 如下的 2-周期系统：

$$\boldsymbol{A}(0)=\begin{bmatrix}0&1\\0&0\end{bmatrix},\ \boldsymbol{A}(1)=\begin{bmatrix}0&0\\1&0\end{bmatrix}$$

可以转换成一个时不变系统。一个合适的状态空间变换为

$$\boldsymbol{S}(0)=\begin{bmatrix}0&1\\1&0\end{bmatrix},\ \boldsymbol{S}(1)=\begin{bmatrix}1&0\\0&1\end{bmatrix}$$

由此得到：

$$\hat{\boldsymbol{A}}=\begin{bmatrix}1&0\\0&0\end{bmatrix}$$

例 2.3 在例 2.1 中定义的周期系统不能转换成一个时不变系统。因为 $\hat{\boldsymbol{A}}^2\boldsymbol{S}(0)=\ \boldsymbol{S}(0)\boldsymbol{A}(1)\boldsymbol{A}(0)=0$，但是 $\hat{\boldsymbol{A}}^2\boldsymbol{S}(1)=\boldsymbol{S}(1)\boldsymbol{A}(0)\boldsymbol{A}(1)\neq 0$。

命题 2.1 考虑周期为 T 的周期系统(2-13)，存在一个可逆的 T 周期变换 $\boldsymbol{S}(\cdot)$

和一个常实数矩阵 $\hat{\boldsymbol{A}}$，使得 $\boldsymbol{S}(t+1)\boldsymbol{A}(t)\boldsymbol{S}^{-1}(t)=\hat{\boldsymbol{A}}$ 成立的充分必要条件是

$$\operatorname{rank}[\boldsymbol{\Phi}_A(\tau+k,\tau)]=r_k \text{ 独立于时间 } \tau, \quad \forall\tau\in[0,T-1],\ \forall k\in[1,n] \tag{2-16}$$

证明　(必要性)如果 Foquet 问题有解，即存在一个非奇异的 $\boldsymbol{S}(\cdot)$ 和一个常数矩阵 $\hat{\boldsymbol{A}}$ 满足方程(2-15)，则有

$$\boldsymbol{S}(\tau+k)\boldsymbol{\Phi}_A(\tau+k,\tau)\boldsymbol{S}^{-1}(\tau)=\hat{\boldsymbol{A}}^k$$

该式表明，$\boldsymbol{\Phi}_A(\tau+k,\tau)$ 的秩和 $\hat{\boldsymbol{A}}^k$ 的秩相同，且不依赖时间 τ。但是，一般来说，$\operatorname{rank}[\boldsymbol{\Phi}_A(\tau+k,\tau)]$ 依赖 k，因此记作 r_k。仅当 $k\geqslant n$ 时，这些秩变成常数。事实上，$\hat{\boldsymbol{A}}$ 是一个 $n\times n$ 矩阵，当 $k\geqslant n$ 时，$\operatorname{rank}[\hat{\boldsymbol{A}}^k]=\operatorname{rank}[\hat{\boldsymbol{A}}^n]$。因此，周期系统能进行时不变变换的一个必要条件是

$$\operatorname{rank}[\boldsymbol{\Phi}_A(\tau+k,\tau)]=r_k \text{ 独立于时间 } \tau,\quad \forall\tau\in[0,T-1],\ \forall k\in[1,n]$$

(充分性)对任意 t，记 $\boldsymbol{X}(t)$ 为一个满足 $\operatorname{Im}[\boldsymbol{X}(t)]=\operatorname{Ker}[\boldsymbol{A}(t)]$ 的 T 周期矩阵，并定义一个状态空间变换 $\boldsymbol{V}(\cdot)$ 满足

$$\boldsymbol{V}^{-1}(t)=\begin{bmatrix}\boldsymbol{X}(t) & \boldsymbol{Y}(t)\end{bmatrix}$$

式中，T 周期矩阵 $\boldsymbol{Y}(t)$ 是能够使得 $\boldsymbol{V}^{-1}(t)$ 可逆的任意矩阵。由 $\boldsymbol{A}(t)\boldsymbol{X}(t)=0$ 可知，在新的坐标下，矩阵 $\boldsymbol{A}(t)$ 可以表示为

$$\tilde{\boldsymbol{A}}(t)=\boldsymbol{V}(t+1)\boldsymbol{A}(t)\boldsymbol{V}^{-1}(t)=\begin{bmatrix}0 & \boldsymbol{A}_{12}(t)\\ 0 & \boldsymbol{A}_{22}(t)\end{bmatrix}$$

下面分两种情况讨论。首先，假设对任意 t，矩阵 $\boldsymbol{A}_{22}(t)$ 是可逆的，接下来考虑奇异情形。

假设矩阵 $\boldsymbol{A}_{22}(t)$ 是可逆的，可以计算出一个可逆的变换 $\boldsymbol{W}(t)$，使 $\boldsymbol{W}(t+1)\boldsymbol{V}(t+1)\boldsymbol{A}(t)\boldsymbol{V}^{-1}(t)\boldsymbol{W}^{-1}(t)=\hat{\boldsymbol{A}}$ 为常矩阵。事实上，$\tilde{\boldsymbol{A}}(\cdot)$ 的单值性矩阵为

$$\boldsymbol{\Psi}_{\tilde{A}}(0)=\begin{bmatrix}0 & \boldsymbol{A}_{12}(T-1)\boldsymbol{\Phi}_{A_{22}}(T-1,0)\\ 0 & \boldsymbol{\Psi}_{A_{22}}(0)\end{bmatrix}$$

现在，根据 $\tilde{\boldsymbol{A}}(\cdot)$ 的结构，可以将 $\boldsymbol{W}(t)$ 和 $\hat{\boldsymbol{A}}$ 分块如下：

$$\boldsymbol{W}(t)=\begin{bmatrix}\boldsymbol{W}_{11}(t) & \boldsymbol{W}_{12}(t)\\ 0 & \boldsymbol{W}_{22}(t)\end{bmatrix},\quad \hat{\boldsymbol{A}}=\begin{bmatrix}0 & \hat{\boldsymbol{A}}_{12}\\ 0 & \hat{\boldsymbol{A}}_{22}\end{bmatrix}$$

进一步计算出：

$$\hat{A}^T = \begin{bmatrix} 0 & \hat{A}_{12}\hat{A}_{22}^{T-1} \\ 0 & \hat{A}_{22}^T \end{bmatrix}$$

令 $\hat{A}^T = \Psi_{\tilde{A}}(0)$，由条件 $\hat{A}_{22}{}^T = \Psi_{A_{22}}(0)$ 可以计算出 $\hat{A}_{22}$。因为 $\Psi_{A_{22}}(0)$ 是不可逆的，解 $\hat{A}_{22}$ 也是不可逆的。至于 $\hat{A}_{12}$，可以计算得到：

$$\hat{A}_{12} = A_{12}(T-1)\Phi_{A_{22}}(T-1,0)\hat{A}_{22}^{1-T}$$

最后，矩阵 $W(t)$ 的块元素满足如下的方程组：

$$\hat{A}_{12}W_{22}(t) = W_{11}(t+1)A_{12}(t) + W_{12}(t+1)A_{22}(t)$$
$$\hat{A}_{12}W_{22}(t) = W_{22}(t+1)A_{22}(t)$$

因为 $A_{22}(t)$ 对任意 t 都是非奇异的，由上述方程可得

$$W_{22}(t) = \hat{A}_{22}^t W_{22}(0)\Phi_{A_{22}}^{-1}(t,0)$$

故 $W_{22}(0)$ 是可逆的，且满足如下线性方程：

$$W_{22}(0) = \hat{A}_{22}^t W_{22}(0)\Phi_{A_{22}}^{-1}(T,0)$$

一旦计算出 $W_{22}(\cdot)$，从第一个方程，可以得出：

$$W_{12}(t+1) = (\hat{A}_{12}W_{22}(t) - W_{11}(t+1)A_{12}(t))A_{22}^{-1}(t)$$

式中，$W_{11}(\cdot)$ 是任意可逆的 T 周期矩阵。

现在考虑矩阵 $A_{22}(t)$ 对某些时间 t 是奇异的情形。注意到 $\begin{bmatrix} A_{12}{}^{\mathrm{T}}(t) & A_{22}{}^{\mathrm{T}}(t) \end{bmatrix}^{\mathrm{T}}$ 的秩是最大的，可以证明 $A_{22}(t)$ 继承了 $A(t)$ 的所有秩属性，即，对任意 $k>0$，$\Phi_{A_{22}}(\tau+k,\tau)$ 独立于时间 τ。因此上面的所有论证适用于 $A_{22}(t)$。这就表明，如果条件(2-16)成立，Floquet 问题有解。

例 2.4　考虑例 2.2，由于：

$$A(0)A(1) = \begin{bmatrix} 1 & 0 \\ 0 & 0 \end{bmatrix},\quad A(1)A(0) = \begin{bmatrix} 0 & 0 \\ 0 & 1 \end{bmatrix}$$

所以秩条件(2-16)成立。反观例 2.3，由于

$$A(0)A(1)=\begin{bmatrix}0&1\\0&0\end{bmatrix},\quad A(1)A(0)=\begin{bmatrix}0&0\\0&0\end{bmatrix}$$

秩条件(2-16)不成立。

2.2.3　稳定性

任意时变线性系统的稳定性分析可以归结为在初始状态下以函数表示的自由运动行为的研究。如果对任意初始条件，自由运动归零，则系统为稳定的。在时不变情形下，稳定性由动态矩阵的特征值在复平面的位置决定。本节将阐明在周期系统情形下，存在相似的条件，但是此条件是关于单值性条件的。然而，动态矩阵 $A(\cdot)$ 的特征值对稳定性则不起任何作用。Lyapunov 引理作为稳定性分析的一个重要工具，也会在本节讨论。

2.2.3.1　稳定性和特征乘子

在研究周期系统的稳定性时，可以从一开始就考虑自由状态方程(2-13)。目前，已经知道单值性矩阵有一些特殊的性质，尤其是其特征值和最小多项式的非零根的重数是不依赖时间的，因此，可以阐述下面的著名结论。

命题 2.2　①系统(2-13)是稳定的，当且仅当 $A(\cdot)$ 的特征乘子的模小于 1；②系统(2-13)是稳定的，当且仅当 $A(\cdot)$ 的特征乘子的模小于等于 1，且那些模等于 1 的特征乘子是 $\Psi_A(t)$ 的最小多项式的单根。

线性时不变稳定系统的自由运动是按指数衰减的，这个性质传递给了周期系统。也就是说，周期系统(2-13)是稳定的，当且仅当它是指数稳定的。通常，人们说 $A(\cdot)$ 或周期系统是稳定的是指它的特征乘子属于开单位圆盘。

进一步，考虑具有时变状态空间维数 $n(\cdot)$ 的周期系统，矩阵 $A(t)$ 的维数为 $n(t+1)\times n(t)$，其单值性矩阵 $\Psi_A(t)$ 是维方阵。在这种情况下，$A(\cdot)$ 是稳定的，当且仅当 $\Psi_A(t)$ 的中心谱位于开单位圆盘。

2.2.3.2　时间“冻结”和稳定性

首先，我们考虑离散周期系统的稳定性是否和周期矩阵 $A(\cdot)$ 的特征值相关，下面从几个简单例子入手。

例 2.5　对于 $T=2$，$n=2$，令

$$A(t)=\begin{bmatrix}0&a(t)\\2-a(t)&0\end{bmatrix},\quad a(t)=\begin{cases}0, & t=0\\2, & t=1\end{cases}$$

则单值性矩阵为

$$\boldsymbol{\Psi}_A(T,0)=\begin{bmatrix}4 & 0\\ 0 & 0\end{bmatrix}$$

所以，系统是不稳定的。然而，对任意t，$\boldsymbol{A}(t)$的特征值都位于原点。

例 2.6　对于$T=3$，$n=1$，令

$$\boldsymbol{A}(t)=\begin{cases}0.5, & t=0\\ 0.5, & t=1\\ 2, & t=2\end{cases}$$

其单值性矩阵为$\boldsymbol{\Psi}_A(T,0)=0.5$，所以系统是稳定的。但是，当$t=3$时，$|\boldsymbol{A}(t)|$超过了 1。

例 2.7　对于$T=2$，$n=2$，令

$$\boldsymbol{A}(0)=\begin{bmatrix}2 & 0\\ -3.5 & 0\end{bmatrix},\ \boldsymbol{A}(1)=\begin{bmatrix}2 & 1\\ 0 & 0\end{bmatrix}$$

则单值性矩阵为

$$\boldsymbol{\Psi}_A(T,0)=\begin{bmatrix}0.5 & 0\\ 0 & 0\end{bmatrix}$$

因此，系统是稳定的，尽管对每个时间t，$\boldsymbol{A}(t)$的一个特征值都为 2。

例 2.5 表明，即使“冻结”矩阵$\boldsymbol{A}(t)$对任意$t\in[0,T-1]$都是稳定的，周期系统也可能是不稳定的。例 2.6 刻画了可能会遇到一个稳定的周期系统，然而其系统矩阵$\boldsymbol{A}(t)$在一些时间点上有一个模大于 1 的特征值。例 2.7 说明了即使$\boldsymbol{A}(t)$总有一个模大于 1 的特征值，然而周期系统可能是稳定的。

虽然“冻结”矩阵$\boldsymbol{A}(t)$，$t\in[0,T-1]$的稳定性和周期系统的稳定性存在很少的联系，但存在这样一个事实，即如果$\boldsymbol{A}(t)$的所有特征值的模在任意时间点上均大于 1，则周期系统是不稳定的。事实上，因为$\boldsymbol{\Psi}_A(T,0)=\boldsymbol{A}(T-1)\boldsymbol{A}(T-2)\cdots\boldsymbol{A}(0)$，若$\boldsymbol{A}(0),\boldsymbol{A}(1),\cdots,\boldsymbol{A}(T-1)$的所有特征值大于 1，显然，$\det[\boldsymbol{\Psi}_A(T,0)]>1$。

一个很自然的想法是，如果$\boldsymbol{A}(\cdot)$以充分小的扰动围绕一个稳定的定常矩阵$\overline{\boldsymbol{A}}$变化，则有可能证明周期系统是稳定的。为了精确表述这个命题，需要介绍矩阵范数的概念。

给定任意矩阵$\boldsymbol{M}=[m_{ij}]$ ($i=1,2,\cdots,k$，$j=1,2,\cdots,h$)：

$$\|\boldsymbol{M}\|=\sup_{X\neq 0}\frac{\|\boldsymbol{MX}\|}{\|\boldsymbol{X}\|}$$

式中，向量范数$\|\boldsymbol{X}\|=(\boldsymbol{X}^{\mathrm{T}}\boldsymbol{X})^{1/2}$。容易证明，这确实是一个范数，称为矩阵的谱范数。

命题 2.3[81]　对于一个稳定的矩阵$\bar{\boldsymbol{A}}$，也就是其所有特征值的模都小于 1，存在$\lambda\in(0,1)$和$k\geqslant 1$，使得

$$\left\|\bar{\boldsymbol{A}}^t\right\|\leqslant k\lambda^t,\forall t\geqslant 0$$

进一步，任意一个T周期矩阵$\boldsymbol{A}(\cdot)$如果满足：

$$\sum_{t=0}^{T-1}\left\|\boldsymbol{A}(t)-\bar{\boldsymbol{A}}\right\|<\frac{\lambda}{k}\ln\left(\frac{1}{k\lambda^t}\right)$$

则它是稳定的(它的特征乘子属于开单位圆盘)。

2.2.3.3　Lyapunov 范例

线性系统稳定性分析的最基本工具是由 Lyapunov 条件构建的，这些条件通常要求一个矩阵方程或矩阵不等式的一个半正定解的存在性。

这里，考虑如下的差分 Lyapunov 不等式(DLI)：

$$\boldsymbol{A}(t)\boldsymbol{P}(t)\boldsymbol{A}^{\mathrm{T}}(t)-\boldsymbol{P}(t+1)<0 \tag{2-17}$$

$$\boldsymbol{A}^{\mathrm{T}}(t)\boldsymbol{Q}(t+1)\boldsymbol{A}(t)-\boldsymbol{Q}(t)<0 \tag{2-18}$$

在系统与控制领域，众所周知，不等式(2-17)与一个滤波问题相关，而不等式(2-18)相应于一个控制问题。因此，这些不等式通常各自被称为滤波 DLI 和控制 DLI。以下讨论，主要集中在不等式(2-18)上。关于不等式(2-17)，证明是相似的。

首先介绍一个著名的矩阵不等式——Schur 补引理。通过这个引理，我们可以写出等价的更高维的 DLI 不等式，在系统分析中有很重要的作用。

引理 2.1　Schur 补引理。

考虑分块矩阵：

$$\boldsymbol{R}=\begin{bmatrix}\boldsymbol{E} & \boldsymbol{F}\\ \boldsymbol{F}^{\mathrm{T}} & \boldsymbol{H}\end{bmatrix}$$

式中，$\boldsymbol{E}=\boldsymbol{E}^{\mathrm{T}}$和$\boldsymbol{H}=\boldsymbol{H}^{\mathrm{T}}$，则矩阵$\boldsymbol{R}$是负定的，当且仅当

$$\boldsymbol{H}<0,\ \boldsymbol{E}-\boldsymbol{F}\boldsymbol{H}^{-1}\boldsymbol{F}^{\mathrm{T}}<0$$

由于 Schur 补引理，能够以等价形式将 DLI 重写。

引理 2.2　下面的陈述是等价的。

(1)存在一个 T-周期正定解 $\boldsymbol{Q}(\cdot)$，满足 Lyapunov 不等式：

$$\boldsymbol{A}^{\mathrm{T}}(t)\boldsymbol{Q}(t+1)\boldsymbol{A}(t)-\boldsymbol{Q}(t)<0$$

(2)存在一个 T-周期解 $\boldsymbol{Q}(\cdot)$ 满足不等式：

$$\begin{bmatrix} -\boldsymbol{Q}(t) & \boldsymbol{A}^{\mathrm{T}}(t) \\ \boldsymbol{A}(t) & -\boldsymbol{Q}^{-1}(t+1) \end{bmatrix}<0 \tag{2-19}$$

(3)存在两个 T-周期解 $\boldsymbol{Q}(\cdot)$ 和 $\boldsymbol{Z}(\cdot)$ 满足不等式：

$$\begin{bmatrix} -\boldsymbol{Q}(t) & \boldsymbol{A}^{\mathrm{T}}(t)\boldsymbol{Z}(t) \\ \boldsymbol{Z}^{\mathrm{T}}(t)\boldsymbol{A}(t) & \boldsymbol{Q}(t+1)-\boldsymbol{Z}(t)-\boldsymbol{Z}^{\mathrm{T}}(t) \end{bmatrix}<0 \tag{2-20}$$

证明　根据 Schur 补引理，陈述(1)和(2)是等价的。下面证明(2)和(3)之间的等价性。首先假设(2)成立，令

$$\boldsymbol{Z}(t)=\boldsymbol{Q}(t+1)$$

用矩阵

$$\begin{bmatrix} \boldsymbol{I} & 0 \\ 0 & \boldsymbol{Q}^{-1}(t+1) \end{bmatrix}$$

分别左乘和右乘不等式(2-20)，可以得到不等式(2-19)。反过来，假设条件(3)成立，则

$$\boldsymbol{Z}(t)+\boldsymbol{Z}^{\mathrm{T}}(t)>\boldsymbol{Q}(t+1)>0$$

所以 $\boldsymbol{Z}(t)$ 是可逆的(对任意 t)。令

$$\boldsymbol{M}(t)=(\boldsymbol{Z}^{\mathrm{T}}(t)-\boldsymbol{Q}(t+1))\boldsymbol{Q}^{-1}(t+1)(\boldsymbol{Z}(t)-\boldsymbol{Q}(t+1))$$

显然 $\boldsymbol{M}(t)\geqslant 0$，这就使得

$$\boldsymbol{Q}(t+1)-\boldsymbol{Z}(t)-\boldsymbol{Z}^{\mathrm{T}}(t)\geqslant -\boldsymbol{Z}^{\mathrm{T}}(t)\boldsymbol{Q}^{-1}(t+1)\boldsymbol{Z}(t)$$

因此：

$$0>\begin{bmatrix} -\boldsymbol{Q}(t) & \boldsymbol{A}^{\mathrm{T}}(t)\boldsymbol{Z}(t) \\ \boldsymbol{Z}^{\mathrm{T}}(t)\boldsymbol{A}(t) & \boldsymbol{Q}(t+1)-\boldsymbol{Z}(t)-\boldsymbol{Z}^{\mathrm{T}}(t) \end{bmatrix}$$

$$\geqslant\begin{bmatrix} -\boldsymbol{Q}(t) & \boldsymbol{A}^{\mathrm{T}}(t)\boldsymbol{Z}(t) \\ \boldsymbol{Z}^{\mathrm{T}}(t)\boldsymbol{A}(t) & -\boldsymbol{Z}^{\mathrm{T}}(t)\boldsymbol{Q}^{-1}(t+1)\boldsymbol{Z}(t) \end{bmatrix}$$

$$=\begin{bmatrix} \boldsymbol{I} & 0 \\ 0 & \boldsymbol{Z}^{\mathrm{T}}(t) \end{bmatrix}\begin{bmatrix} -\boldsymbol{Q}(t) & \boldsymbol{A}^{\mathrm{T}}(t) \\ \boldsymbol{A}(t) & -\boldsymbol{Q}^{-1}(t+1) \end{bmatrix}\begin{bmatrix} \boldsymbol{I} & 0 \\ 0 & \boldsymbol{Z}(t) \end{bmatrix}$$

由于 $\boldsymbol{Z}(t)$ 是可逆的，条件(2)成立。

注意到原始的 Lyapunov 不等式(2-18)关于未知矩阵 $\boldsymbol{Q}(\cdot)$ 是线性的，关于系统矩阵 $\boldsymbol{A}(\cdot)$ 是非线性的。相反地，等价块表示不等式(2-19)关于未知矩阵 $\boldsymbol{Q}(\cdot)$ 是非线性的，关于矩阵 $\boldsymbol{A}(\cdot)$ 是仿射的。这个事实可以用来处理鲁棒滤波和镇定问题。对于不等式(2-20)，令 $\boldsymbol{Z}(\cdot)=\boldsymbol{Q}(t+1)$，则

$$\begin{bmatrix} -\boldsymbol{Q}(t) & \boldsymbol{A}^{\mathrm{T}}(t)\boldsymbol{Q}(t+1) \\ \boldsymbol{Q}(t+1)\boldsymbol{A}(t) & -\boldsymbol{Q}(t+1) \end{bmatrix}<0$$

用

$$\begin{bmatrix} \boldsymbol{I} & 0 \\ 0 & \boldsymbol{Q}^{-1}(t+1) \end{bmatrix}<0$$

左乘和右乘上式可得不等式(2-19)。因此，可以看作是 DLI 的推广。当试图降低某些鲁棒稳定条件的内在保守性时，新的未知矩阵 $\boldsymbol{Z}(\cdot)$ 是非常有用的。

关于不等式(2-17)，存在相似的结论。

引理 2.3　下面的陈述是等价的。

(1) 存在一个 T-周期正定解 $\boldsymbol{P}(\cdot)$，满足 Lyapunov 不等式：

$$\boldsymbol{A}(t)\boldsymbol{P}(t)\boldsymbol{A}^{\mathrm{T}}(t)-\boldsymbol{P}(t+1)<0$$

(2) 存在一个 T-周期解 $\boldsymbol{P}(\cdot)$ 满足不等式：

$$\begin{bmatrix} -\boldsymbol{P}(t+1) & \boldsymbol{A}(t) \\ \boldsymbol{A}^{\mathrm{T}}(t) & -\boldsymbol{P}^{-1}(t) \end{bmatrix}<0$$

(3) 存在两个 T-周期解 $\boldsymbol{Q}(\cdot)$ 和 $\boldsymbol{W}(\cdot)$ 满足不等式：

$$\begin{bmatrix} -\boldsymbol{P}(t+1) & \boldsymbol{A}(t)\boldsymbol{W}(t) \\ \boldsymbol{W}^{\mathrm{T}}(t)\boldsymbol{A}^{\mathrm{T}}(t) & -\boldsymbol{P}(t)+\boldsymbol{W}(t)+\boldsymbol{W}^{\mathrm{T}}(t) \end{bmatrix}<0$$

可以看到，不等式(2-17)和不等式(2-18)所表达的稳定性条件是充分必要的。

不仅如此，它们还是相互等价的。这个等价性可以直接证明。假设 $\boldsymbol{P}(\cdot)$ 是不等式(2-17)的一个周期正定解，则存在一个周期正定矩阵 $\boldsymbol{R}(\cdot)$，使得

$$\boldsymbol{P}(t+1)=\boldsymbol{A}(t)\boldsymbol{P}(t)\boldsymbol{A}^{\mathrm{T}}(t)+\boldsymbol{R}(t)$$

根据矩阵逆引理：

$$\boldsymbol{P}^{-1}(t+1)=\boldsymbol{R}^{-1}(t)-\boldsymbol{R}^{-1}(t)\boldsymbol{A}(t)(\boldsymbol{P}^{-1}(t)+\boldsymbol{A}^{\mathrm{T}}(t)\boldsymbol{R}^{-1}(t)\boldsymbol{A}(t))\boldsymbol{A}^{\mathrm{T}}(t)\boldsymbol{R}^{-1}(t)$$

上式左乘 $\boldsymbol{A}^{\mathrm{T}}(t)$，右乘 $\boldsymbol{A}(t)$，并令 $\boldsymbol{Q}(t)=\boldsymbol{P}^{-1}(t)$，可以得到

$$\boldsymbol{A}^{\mathrm{T}}(t)\boldsymbol{Q}(t+1)\boldsymbol{A}(t)-\boldsymbol{Q}(t)=-\boldsymbol{Q}(t)(\boldsymbol{Q}(t)+\boldsymbol{A}^{\mathrm{T}}(t)\boldsymbol{R}^{-1}(t)\boldsymbol{A}^{-1}(t))\boldsymbol{Q}(t)<0$$

所以不等式(2-18)成立；相似的论述可以证明不等式(2-18)蕴含不等式(2-17)。

2.2.3.4　Lyapunov 稳定条件

在前期准备的基础上，可以根据 Lyapunov 不等式推导出主要的稳定性结果。

命题 2.4(周期 Lyapunov 引理)　周期为 T 的矩阵 $\boldsymbol{A}(\cdot)$ 是稳定的，当且仅当存在一个 T 周期半正定解满足不等式(2-18)或不等式(2-17)。

证明　(充分性)通过对不等式(2-18)进行迭代，可以得到

$$\begin{aligned}\boldsymbol{Q}(t)&>\boldsymbol{A}^{\mathrm{T}}(t)\boldsymbol{Q}(t+1)\boldsymbol{A}(t)\\&>\boldsymbol{A}^{\mathrm{T}}(t)[\boldsymbol{A}^{\mathrm{T}}(t+1)\boldsymbol{Q}(t+2)\boldsymbol{A}(t+1)]\boldsymbol{A}(t)\\&>\cdots>\\&>\boldsymbol{\varPsi}_A^{\mathrm{T}}(t)\boldsymbol{Q}(t+T)\boldsymbol{\varPsi}_A(t)\end{aligned}$$

如果不等式(2-18)有一个 T 周期解，则有 $\boldsymbol{Q}(t+T)=\boldsymbol{Q}(t)$，所以

$$\boldsymbol{Q}(t)>\boldsymbol{\varPsi}_A^{\mathrm{T}}(t)\boldsymbol{Q}(t)\boldsymbol{\varPsi}_A(t)$$

半正定解 $\boldsymbol{Q}(t)$ 意味着 $\boldsymbol{\varPsi}_A(t)$ 一定是收敛的，也即 $\boldsymbol{A}(\cdot)$ 是稳定的。

(必要性)假设 $\boldsymbol{A}(\cdot)$ 是一个 T 周期稳定矩阵，令

$$\boldsymbol{Q}(t)=\sum_{i=0}^{\infty}\boldsymbol{\varPhi}_A^{\mathrm{T}}(t+i,t)\boldsymbol{\varPhi}_A(t+i,t)$$

则矩阵级数是收敛的。事实上，对任意正整数 r，有

$$\sum_{i=0}^{rT-1}\boldsymbol{\varPhi}_A^{\mathrm{T}}(t+i,t)\boldsymbol{\varPhi}_A(t+i,t)=\sum_{i=0}^{r-1}\boldsymbol{\varPsi}_A^{\mathrm{T}k}(t)\boldsymbol{M}\boldsymbol{\varPsi}_A^{k}(t)$$

式中，

$$M = \sum_{j=0}^{T-1} \boldsymbol{\Phi}_A^{\mathrm{T}}(t+j,t)\boldsymbol{\Phi}_A(t+j,t)$$

周期系统稳定性的假设蕴含了存在 $K \geqslant 1$ 和 $\lambda < 1$，使得 $\left\|\boldsymbol{\Psi}_A^k(t)\right\| \leqslant K\lambda^k$。所以

$$\left\|\sum_{i=0}^{rT-1} \boldsymbol{\Phi}_A^{\mathrm{T}}(t+i,t)\boldsymbol{\Phi}_A(t+i,t)\right\| \leqslant K^2 \|\boldsymbol{M}\| \sum_{k=0}^{r-1} \lambda^{2k}$$

进一步，对任意 τ，有

$$\sum_{i=0}^{\tau} \boldsymbol{\Phi}_A^{\mathrm{T}}(t+i,t)\boldsymbol{\Phi}_A(t+i,t)$$

是有界的，且关于 τ 是单调非下降的。

因此

$$\boldsymbol{Q}(t) = \sum_{i=0}^{\infty} \boldsymbol{\Phi}_A^{\mathrm{T}}(t+i,t)\boldsymbol{\Phi}_A(t+i,t)$$

存在，而且 $\boldsymbol{Q}(t)$ 是 T 周期且半正定的。最后，通过简单的计算，可知

$$\boldsymbol{Q}(t) = \boldsymbol{A}^{\mathrm{T}}(t)\boldsymbol{Q}(t+1)\boldsymbol{A}(t) + \boldsymbol{I}$$

因此，不等式(2-18)成立。

上述命题中的周期 Lyapunov 引理很容易推广，用来处理 $\boldsymbol{A}(\cdot)$ 的指数稳定性属性。给定一个实的 T 周期函数 $r(\cdot)$，其中 $0 < r(\cdot) < 1, \forall t$，如果 $r^{-1}(\cdot)\boldsymbol{A}(\cdot)$ 是稳定的，则称矩阵 $\boldsymbol{A}(\cdot)$ 为 r-指数稳定的。矩阵 $\boldsymbol{A}(\cdot)$ 为 r-指数稳定的充分必要条件是下面的 Lyapunov 不等式中的任何一个存在 T 周期半正定解：

$$\boldsymbol{A}(t)\boldsymbol{P}(t)\boldsymbol{A}^{\mathrm{T}}(t) - r(t)^2 \boldsymbol{P}(t+1) < 0$$

$$\boldsymbol{A}^{\mathrm{T}}(t)\boldsymbol{Q}(t+1)\boldsymbol{A}(t) - r(t)^2 \boldsymbol{Q}(t) < 0$$

当然，第一个不等式存在一个 T 周期半正定解 $\boldsymbol{P}(\cdot)$ 等价于第二个不等式存在一个 T 周期半正定解 $\boldsymbol{Q}(\cdot)$。注意到，r-指数稳定蕴含着 $\boldsymbol{A}(\cdot)$ 的特征乘子位于半径为 $r(T-1)r(T-2)\cdots r(0)$ 的圆盘内。如果 $r(t)$ 是常数，$r(t) = r$，则该半径变成 r^{T}。

2.2.3.5　Lyapunov 函数

Lyapunov 不等式(2-18)和 Lyapunov 函数紧密相连。准确地讲，系统(2-13)的 Lyapunov 函数是指任意函数 $V(\boldsymbol{x},t)$ 满足：

(1) $V(\boldsymbol{x},t)$ 关于 $\boldsymbol{x}$，$\boldsymbol{x}\neq 0$，是连续的；

(2) $V(\boldsymbol{x},t)>0$，$\forall t$；

(3) $V(0,t)=0$，$\forall t$；

(4) $V(\boldsymbol{x}(t+1),t+1)-V(\boldsymbol{x}(t),t)>0$，$\forall \boldsymbol{x}(\cdot)$ 满足系统(2-13)。

容易看出，Lyapunov 函数的存在性等价于系统(2-13)的稳定性。事实上，如果不等式(2-18)有一个 T 周期半正定解 $\boldsymbol{Q}(\cdot)$，可以直接验证

$$V(\boldsymbol{x},t)=\boldsymbol{x}^{\mathrm{T}}\boldsymbol{Q}(t)\boldsymbol{x}$$

是一个 Lyapunov 函数。

2.2.3.6　鲁棒稳定

前面考虑的都是由唯一动态模型描述的周期系统的稳定性问题。为了处理不确定性，人们常常考虑由一组动态模型描述的系统。这就激起了对鲁棒稳定性的研究兴趣。精确地讲，考虑一个周期系统：

$$\boldsymbol{x}(t+1)=\boldsymbol{A}(t)\boldsymbol{x}(t),\ \ \boldsymbol{A}(\cdot)\in\Xi \tag{2-21}$$

式中，Ξ 代表了一组 T 周期矩阵，则鲁棒稳定性可以由下面的定义来刻画。

定义 2.1　如果对任意 $\boldsymbol{A}(\cdot)\in\Xi$，$\boldsymbol{A}(\cdot)$ 是稳定的，则系统(2-21)是鲁棒稳定的。

反映鲁棒稳定性的一个有力的工具是二次稳定性的概念。

定义 2.2　如果存在一个函数 $V(\boldsymbol{x},t)=\boldsymbol{x}^{\mathrm{T}}\boldsymbol{Q}(t)\boldsymbol{x}$，$\boldsymbol{Q}(t+T)=\boldsymbol{Q}(t)$，$\forall t$，能够充当任意 $\boldsymbol{A}(\cdot)\in\Xi$ 的 Lyapunov 函数，则称系统(2-21)是二次稳定的。

显然，二次稳定性蕴含了鲁棒稳定性。

2.3　线性周期系统的结构属性

2.3.1　基本定义

能达性概念处理通过一个适当的输入序列，使得系统状态从原点出发达到系统

$$\boldsymbol{x}(t+1)=\boldsymbol{A}(t)\boldsymbol{x}(t)+\boldsymbol{B}(t)\boldsymbol{u}(t) \tag{2-22}$$

的状态空间中另一个点的问题。能控性考虑通过一个合适的输入序列，使得系统状态从状态空间中某一点回到原点的问题。下面以形式化的语言，给出能达性和能控性严格的数学定义。

定义 2.3

(1) 如果系统(2-22)存在一个输入函数，能使系统状态从$(\tau,0)$转移到$(t,\boldsymbol{x})$，称状态$\boldsymbol{x}\in\mathbf{R}^n$在$(\tau,t)$, $\tau<t$上是能达的。如果系统(2-22)存在一个输入函数，能使系统状态从$(t,\boldsymbol{x})$转移到$(\tau,0)$，称状态$\boldsymbol{x}\in\mathbf{R}^n$在$(t,\tau)$, $\tau>t$上是能控的。

(2) 如果$\boldsymbol{x}\in\mathbf{R}^n$在$(t-k,t)$，$k>0$上是能达的，则称$\boldsymbol{x}$在$t$时刻是$k$步能达的。如果$\boldsymbol{x}\in\mathbf{R}^n$在$(t,t+k)$，$k>0$上是能控的，则称$\boldsymbol{x}$在$t$时刻是$k$步能控的。

(3) 如果存在一个整数k, $k>0$，使得$\boldsymbol{x}\in\mathbf{R}^n$在$t$时刻是$k$步能达(能控)的，则称$\boldsymbol{x}$是$t$时刻是能达的($t$时刻是能控的)。

(4) 如果任意状态在(τ,t), $\tau<t$上是能达的(在(t,τ), $\tau>t$上是能控的)，则称系统(2-22)，或矩阵对$(\boldsymbol{A}(\cdot),\boldsymbol{B}(\cdot))$在$(\tau,t)$上是能达的(在$(t,\tau)$上是能控的)。

(5) 如果系统(2-22)在$(t-k,t)$，$k>0$上是能达的($(t,t+k)$，$k>0$上是能控的)，则称系统(2-22)，或矩阵对$(\boldsymbol{A}(\cdot),\boldsymbol{B}(\cdot))$在$t$时刻是$k$步能达的(在$t$时刻是$k$步能控的)。

(6) 如果存在一个整数k, $k>0$，使得系统(2-22)在t时刻是k步能达(能控)的，则称系统(2-22)，或矩阵对$(\boldsymbol{A}(\cdot),\boldsymbol{B}(\cdot))$在$t$时刻是$k$步能达的(在$t$时刻是$k$步能控的)。

(7) 如果系统(2-22)在任意时间点t是能达的(能控的)，则称系统(2-22)，或矩阵对$(\boldsymbol{A}(\cdot),\boldsymbol{B}(\cdot))$是能达的(能控的)。

为了方便起见，介绍如下几个符号：记$\Omega_{\mathrm{r}}(\tau,t)$为$(\tau,t)$上的能达状态集；记$\Omega_{\mathrm{c}}(t,\tau)$为$(\tau,t)$上的能控状态集；记$\boldsymbol{X}_{\mathrm{r}}(t)$为$t$时刻的能达状态集；记$\boldsymbol{X}_{\mathrm{c}}(t)$为$t$时刻的能控状态集。

2.3.2　能达性和能控性

为了解析刻画能达子空间，根据拉格朗日公式(2-5)，令$\tau=t-j$，$\boldsymbol{x}(\tau)=0$，$\boldsymbol{x}(t)=\boldsymbol{x}$，可以得到：

$$\boldsymbol{x}=\boldsymbol{R}_j(t)\begin{bmatrix}\boldsymbol{u}(t-1)\\ \boldsymbol{u}(t-2)\\ \vdots\\ \boldsymbol{u}(t-j)\end{bmatrix}$$

式中，

$$\boldsymbol{R}_j(t)=\begin{bmatrix}\boldsymbol{B}(t-1) & \boldsymbol{\Phi}_A(t,t-1)\boldsymbol{B}(t-2) & \cdots & \boldsymbol{\Phi}_A(t,t-j+1)\boldsymbol{B}(t-j)\end{bmatrix} \tag{2-23}$$

因此，状态 $\boldsymbol{x}$ 在 t 时刻是 j 步能达的，当且仅当 $\boldsymbol{x}$ 属于矩阵 $\boldsymbol{R}_j(t)$ 的像空间，记为 $\mathrm{Im}[\boldsymbol{R}_j(t)]$。换句话说，$\boldsymbol{\Omega}_{\mathrm{r}}(t-j,t)=\mathrm{Im}[\boldsymbol{R}_j(t)]$。

当 $j=kT$ 时，更容易推到出 $\boldsymbol{R}_j(t)$ 的特殊结构：

$$\boldsymbol{R}_{kT}(t)=\begin{bmatrix}\boldsymbol{R}_T(t) & \boldsymbol{\Psi}_A(t)\boldsymbol{R}_T(t) & \cdots & \boldsymbol{\Psi}_A^{k-1}(t)\boldsymbol{R}_T(t)\end{bmatrix} \tag{2-24}$$

令

$$\boldsymbol{F}_t:=\boldsymbol{\Psi}_A(t),\boldsymbol{G}_t:=\boldsymbol{R}_T(t)$$

显然，式(2-24)的结构刚好是时不变矩阵对 $(\boldsymbol{F}_t,\boldsymbol{G}_t)$ 能达性矩阵。

在很多应用中，考虑矩阵对 $\boldsymbol{A}(\cdot),\boldsymbol{B}(\cdot)$ 所代表的系统的特别参数化形式是非常有用的。这个任务在根据实时数据进行参数估计(系统辨识问题)或从输入输出表示构建状态空间模型(实现问题)尤其重要。这就是系统的标准型问题。

为了简便起见，我们仅仅讨论单输入系统($m=1$)，从能达标准型的定义入手。一个单输入 T 周期系统的能达标准型具有如下形式：

$$\boldsymbol{A}(t)=\boldsymbol{A}_{\mathrm{rch}}(t)=\begin{bmatrix}0 & 1 & 0 & \cdots & 1\\ 0 & 0 & 1 & \cdots & 0\\ \vdots & \vdots & \vdots & & \vdots\\ 0 & 0 & 0 & \cdots & 1\\ -a_n(t) & -a_{n-1}(t) & -a_{n-3}(t) & \cdots & -a_1(t)\end{bmatrix}$$

$$\boldsymbol{B}(t)=\boldsymbol{B}_{\mathrm{rch}}(t)=\begin{bmatrix}0\\0\\0\\\vdots\\1\end{bmatrix}$$

式中，系数 $a_i(t)$ 是 T 周期的。

关于时不变系统理论，一个众所周知的结果是单输入系统能够变成能达标准型当且仅当该系统是能达的。这个结论对周期系统是不成立的，因为存在一些能达系统，不能代数等价于能达标准型。事实上，能够转换成能达标准型的 n 维周期系统不是能达周期系统，而是那些在 n 步能达的系统，该结论可以总结如下。

命题 2.5 考虑一个 n 维单输入 T 周期系统。对每个时间点 t，系统是 n 步能达的，当且仅当该系统能代数等价于一个能达标准型。

根据拉格朗日公式(2-5)，令 $\tau = t + j$， $\boldsymbol{x}(t+j)=0$， $\boldsymbol{x}(t)=\boldsymbol{x}$，可以得到

$$\boldsymbol{R}_j(t+j)\begin{bmatrix}\boldsymbol{u}(t+j-1)\\ \boldsymbol{u}(t+j-2)\\ \vdots \\ \boldsymbol{u}(t)\end{bmatrix} = -\boldsymbol{\Phi}_A(t+j,t)\boldsymbol{x}$$

式中，

$$\boldsymbol{R}_j(t)=\begin{bmatrix}\boldsymbol{B}(t-1) & \boldsymbol{\Phi}_A(t,t-1)\boldsymbol{B}(t-2) & \cdots & \boldsymbol{\Phi}_A(t,t-j+1)\boldsymbol{B}(t-j)\end{bmatrix}$$

因此

$$\boldsymbol{x}\text{在}(t,t+j)\text{能控} \Leftrightarrow \boldsymbol{\Phi}_A(t+j,t)\in \mathrm{Im}[\boldsymbol{R}_j(t+j)]$$

换句话说，能控子空间与能达子空间以如下方式关联：

$$\boldsymbol{\Omega}_{\mathrm{c}}(t,t+j)=\boldsymbol{\Phi}_A^{-}(t+j,t)\boldsymbol{\Omega}_{\mathrm{r}}(t,t+j)$$

式中，$\boldsymbol{\Phi}_A^{-}(t+j,t)\boldsymbol{\Omega}_{\mathrm{r}}(t,t+j)$ 代表子空间：

$$\boldsymbol{Y}=\{\boldsymbol{y}:\boldsymbol{x}=\boldsymbol{\Phi}_A(t+j,t)\boldsymbol{y},\boldsymbol{x}\in\boldsymbol{\Omega}_{\mathrm{r}}(t,t+j)\}$$

如果 $j = kT$ ，则有

$$\boldsymbol{\Omega}_{\mathrm{c}}(t,t+kT)=[\boldsymbol{\Psi}_A(t)^k]^{-}\boldsymbol{\Omega}_{\mathrm{r}}(t,t+kT)$$

根据上式和式(2-23)可知，周期矩阵对 $(\boldsymbol{A}(t)\boldsymbol{B}(t))$ 在 $(t,t+kT)$ 上的能控子空间与时不变矩阵对 $(\boldsymbol{F}_t,\boldsymbol{G}_t)$ 在 $(0,k)$ 上的能控子空间是一致的。

2.3.3　能达和能控 Grammians

称 $n\times n$ 维半正定矩阵

$$\boldsymbol{W}_{\mathrm{r}}(\tau,t)=\sum_{j=\tau+1}^{t}\boldsymbol{\Phi}_A(t,j)\boldsymbol{B}(j-1)\boldsymbol{B}^{\mathrm{T}}(j-1)\boldsymbol{\Phi}_A^{\mathrm{T}}(t,j)$$

为 (τ,t) 上的能达性 Grammian，对比该式和式(2-23)可知

$$\boldsymbol{W}_{\mathrm{r}}(t-j,t)=\boldsymbol{R}_j(t)\boldsymbol{R}_j^{\mathrm{T}}(t)$$

所以有

$$\mathrm{Im}[\boldsymbol{W}_{\mathrm{r}}(t-j,t)]=\mathrm{Im}[\boldsymbol{R}_j(t)]=\boldsymbol{\Omega}_{\mathrm{r}}(t-j,t)$$

这就解释了为什么能达性可以用 Grammian 矩阵来刻画。对于一个 T 周期系统，显然有

$$\boldsymbol{W}_{\mathrm{r}}(\tau+T,t+T)=\boldsymbol{W}_{\mathrm{r}}(\tau,t)$$

进一步，令

$$\bar{\boldsymbol{W}}_i(t)=\boldsymbol{W}_{\mathrm{r}}(t-iT,t)$$

易得下面的迭代关系：

$$\bar{\boldsymbol{W}}_{i+1}(t)=\bar{\boldsymbol{W}}_i(t)+\boldsymbol{\varPsi}_A^i(t)\bar{\boldsymbol{W}}_1(t)\boldsymbol{\varPsi}_A^{\mathrm{T}i}(t)$$

有了上述准备，可以阐述下述结论。

命题 2.6　周期系统(2-4)在 t 是能达的，当且仅当下面的条件成立：

$$\boldsymbol{W}_{\mathrm{r}}(t-\mu_{\mathrm{r}}(t)T,t)>0$$

Grammian 能达性矩阵在计算能控性集时也是非常有用的。

命题 2.7　周期系统(2-4)在 t 是能控的，当且仅当不存在 $\boldsymbol{\eta}\neq 0$，使得

$$\boldsymbol{\eta}^{\mathrm{T}}\boldsymbol{W}_{\mathrm{r}}(t,t+\mu_{\mathrm{c}}(t)T)\boldsymbol{\eta}=0$$

和

$$\boldsymbol{\varPhi}_A^{\mathrm{T}}(t+\mu_{\mathrm{c}}(t)T,t)\boldsymbol{\eta}\neq 0 \tag{2-25}$$

显然，如果系统是可逆的，式(2-25)对所有的 $\boldsymbol{\eta}\neq 0$ 很容易满足，所以命题 2.7 的能控性条件等价于 $\boldsymbol{W}_{\mathrm{r}}(\tau,\tau+\mu_{\mathrm{c}}(\tau)T)>0$。这样，一个可逆系统在 t 是能达的，当且仅当它在 t 是能控的。注意，当一个系统是可逆时，能控性 Grammian 可以定义为

$$\boldsymbol{W}_{\mathrm{c}}(\tau,t)=\sum_{j=\tau+1}^{t}\boldsymbol{\varPhi}_A(\tau,j)\boldsymbol{B}(j-1)\boldsymbol{B}^{\mathrm{T}}(j-1)\boldsymbol{\varPhi}_A^{\mathrm{T}}(\tau,j)$$

且 t 时刻的能控性可以由 $\boldsymbol{W}_{\mathrm{c}}(t-\mu_{\mathrm{c}}(t)T,t)$ 的正定性来刻画。

2.3.4　能观性和能重构性

能观性反映的是当系统在相同的输入激励下，通过观测相应的输出信号来区分两个初始状态的可能性。能重构性的概念是类似的，不同之处在于人们需要从输出变量过去的量测中区分两个最终状态。众所周知，对于线性系统，这就等价

于通过观测过去(可重构性)的或将来的(能观测性)输出变量的自由运动，区别一个给定的初始状态的可能性。相应地，我们考虑如下系统：

$$\begin{cases} \boldsymbol{x}(t+1)=\boldsymbol{A}(t)\boldsymbol{x}(t) \\ \boldsymbol{y}(t)=\boldsymbol{C}(t)\boldsymbol{x}(t) \end{cases} \tag{2-26}$$

定义 2.4

(1) 如果对从 $\boldsymbol{x}(t)=\boldsymbol{x}$ 开始的自由运动，相应的输出 $\boldsymbol{y}(i)=0,\forall i\in[t,\tau-1]$ ，则称状态 $\boldsymbol{x}\in\mathbf{R}^n$ 在 $(t,\tau),t<\tau$ 是不能观测的。如果存在一个结束于 $\boldsymbol{x}(t)=\boldsymbol{x}$ 的自由运动，相应的输出 $\boldsymbol{y}(i)=0,\forall i\in[\tau,t-1]$ ，则称状态 $\boldsymbol{x}\in\mathbf{R}^n$ 在 $(\tau,t),t>\tau$ 是不能重构的。

(2) 如果 $\boldsymbol{x}\in\mathbf{R}^n$ 在 $(t,t+k)$ 上是不能观测的(在 $(t-k,t)$ 上是不能重构的)，则称 $\boldsymbol{x}$ 在 t 是 k 步不能观的(在 t 是 k 步不能重构的)。

(3) 如果对所有的 k ，$\boldsymbol{x}\in\mathbf{R}^n$ 在 t 是 k 步不能观的(在 t 是 k 步不能重构的)，则称 $\boldsymbol{x}$ 在 t 是不能观的(在 t 是不能重构的)。

(4) 如果任意非零状态在 (t,τ) 不是不能观测的(在 (τ,t) 不是不能重构的)，则称系统(2-26)(或等价地，矩阵对 $(\boldsymbol{A}(\cdot),\boldsymbol{C}(\cdot))$)在 (t,τ) 是能观测的(在 (t,τ) 是能重构的)。

(5) 如果系统(2-26)在 $(t,t+k)$ 上是能观测的(在 $(t-k,t)$ 上是能重构的)，则称系统(2-26)(或等价地，矩阵对 $(\boldsymbol{A}(\cdot),\boldsymbol{C}(\cdot))$)是 k 步能观测的(k 步能重构的)。

(6) 如果存在 $k>0$ ，使得系统(2-26)在 t 是 k 步能观测的(在 t 是 k 步能重构的)，则称系统(2-26)(或等价地，矩阵对 $(\boldsymbol{A}(\cdot),\boldsymbol{C}(\cdot))$)在 t 是能观测的(在 t 是能重构的)。

(7) 如果系统(2-26)在任意时间点是能观测的(能重构的)，则称系统(2-26)(或等价地，矩阵对 $(\boldsymbol{A}(\cdot),\boldsymbol{C}(\cdot))$)是能观测的(能重构的)。

同样，我们介绍如下符号：记 $\bar{\boldsymbol{\Omega}}_\omega(t,\tau)$ 为 (t,τ) 上不能观状态的集合；$\bar{\boldsymbol{\Omega}}_\rho(\tau,t)$ 为 (τ,t) 上不能重构状态的集合；$\bar{\boldsymbol{X}}_\omega(t)$ 为 t 时刻不能观状态的集合；$\bar{\boldsymbol{X}}_\rho(t)$ 为 t 时刻不能重构状态的集合。

很容易证明，这些集合都是 $\mathbf{R}^n$ 的子空间；相应地，能观测和能重构子空间为

$$\boldsymbol{\Omega}_\omega(t,\tau)=\bar{\boldsymbol{\Omega}}_\omega(t,\tau)^\perp$$

$$\boldsymbol{\Omega}_\rho(\tau,t)=\bar{\boldsymbol{\Omega}}_\rho(\tau,t)^\perp$$

$$\boldsymbol{X}_\omega(t)=\bar{\boldsymbol{X}}_\omega(t)^\perp$$

$$\boldsymbol{X}_\rho(t)=\bar{\boldsymbol{X}}_\rho(t)^\perp$$

由系统的周期性，容易得到 $\boldsymbol{\Omega}_{\omega}(t+T,\tau+T)=\boldsymbol{\Omega}_{\omega}(t,\tau)$ ，$\boldsymbol{\Omega}_{\rho}(\tau+T,t+T)=\boldsymbol{\Omega}_{\rho}(\tau,t)$ ，$\boldsymbol{X}_{\omega}(t+T)=\boldsymbol{X}_{\omega}(t)$ ， $\boldsymbol{X}_{\rho}(t+T)=\boldsymbol{X}_{\rho}(t)$ 。

在能观测性和能重构性的分析中，一个重要的工具是能观性矩阵，定义为

$$\bar{\boldsymbol{O}}_j(t)=\begin{bmatrix} \boldsymbol{C}(t) \\ \boldsymbol{C}(t+1)\boldsymbol{\Psi}_A(t+1,t) \\ \vdots \\ \boldsymbol{C}(t+j-1)\boldsymbol{\Psi}_A(t+j-1,t) \end{bmatrix}$$

从该定义可以明显看出，状态 $\boldsymbol{x}$ 在 $(t,t+j)$ 是不能观测的，当且仅当

$$\bar{\boldsymbol{O}}_j(t)\boldsymbol{x}=0$$

因此，$(t,t+j)$ 上的不能观子空间与 $\bar{\boldsymbol{O}}_j(t)$ 的零空间一致，也即

$$\bar{\boldsymbol{\Omega}}_{\omega}(t,t+j)=\mathrm{Ker}[\bar{\boldsymbol{O}}_j(t)],\ \boldsymbol{\Omega}_{\omega}(t,t+j)=\mathrm{Im}[\bar{\boldsymbol{O}}_j^{\mathrm{T}}(t)]$$

因此，$\bar{\boldsymbol{O}}_j(t)$ 的零空间提供了 $(t,t+j)$ 上的不能观测子空间，$\bar{\boldsymbol{O}}_j(t)$ 的像空间是 $(t,t+j)$ 上的能观测子空间。

如果考虑一个长度是 T 的倍数的时间区间，不能观矩阵可以看成是一个时不变系统的不能观矩阵。事实上：

$$\bar{\boldsymbol{O}}_{kT}(t)=\begin{bmatrix} \bar{\boldsymbol{O}}_T(t) \\ \bar{\boldsymbol{O}}_T(t)\boldsymbol{\Psi}_A(t) \\ \vdots \\ \bar{\boldsymbol{O}}_T(t)\boldsymbol{\Psi}_A^{k-1}(t) \end{bmatrix}$$

令

$$\boldsymbol{F}_t := \boldsymbol{\Psi}_A(t), \boldsymbol{H}_t := \bar{\boldsymbol{O}}_T(t)$$

则上述不能观矩阵与时不变矩阵对 $(\boldsymbol{F}_t,\boldsymbol{H}_t)$ 的不能观矩阵一致。

周期系统可以通过所谓的能观性标准型用有限个自由参数来描述。下面讨论单输出周期系统。一个单输出 T 周期系统的能观性标准型为

$$A(t)=A_{\text{obs}}(t)=\begin{bmatrix}0 & \cdots & 0 & 0 & -\beta_n(t)\\ 1 & \cdots & 0 & 0 & -\beta_{n-2}(t)\\ \vdots & & \vdots & \vdots & \vdots\\ 0 & \cdots & 0 & 1 & -\beta_2(t)\\ 0 & \cdots & 0 & 0 & -\beta_1(t)\end{bmatrix}$$

$$C(t)=C_{\text{obs}}(t)=\begin{bmatrix}0 & 0 & 0 & \cdots & 1\end{bmatrix}$$

下面的命题告诉我们，一个 n 维 T 周期系统能够变成能观标准型当且仅当对任意时间 t，它是 n 步能观测的。实际上，这是 2.3.5 节对偶原理在周期系统中应用的结果。

命题 2.8　考虑一个单输出 n 维 T 周期系统。对任意时间点 t，系统是 n 步能观测的，当且仅当该系统代数等价于一个能观测标准型。

时间区间 (τ,t) 上的能观性 Grammian 矩阵是下述 $n\times n$ 半正定矩阵：

$$W_{\omega}(\tau,t)=\sum_{j=\tau}^{t-1}\Phi_A^{\mathrm{T}}(j,\tau)C^{\mathrm{T}}(j)C(j)\Phi_A(j,\tau)$$

显然，它是双周期的 $W_{\omega}(\tau+T,t+T)=W_{\omega}(\tau,t)$，不能观矩阵 $\bar{O}_j(t)$ 和能观性 Grammian 矩阵的关系为

$$W_{\omega}(t,t+j)=\bar{O}_j^{\mathrm{T}}(t)\bar{O}_j(t)$$

对于一个可逆系统，能重构 Grammian 矩阵为

$$W_{\rho}(\tau,t)=\sum_{j=\tau+1}^{t-1}\Phi_A^{\mathrm{T}}(j,t)C^{\mathrm{T}}(j)C(j)\Phi_A(j,t)$$

2.3.5　对偶性

周期系统的能观测性和能重构性的一些属性可以通过严格模拟前面章节中能达性和能控性的属性计算出来。这是系统理论中对偶原理作用的结果，对偶原理在结构属性中确立了如下关系：

能达性 ⇔ 能观测性

能控性 ⇔ 能重构性

严格地讲，给定一个 T 周期系统：

$$\begin{cases} \boldsymbol{x}(t+1) = \boldsymbol{A}(t)\boldsymbol{x}(t) + \boldsymbol{B}(t)\boldsymbol{u}(t) \\ \boldsymbol{y}(t) = \boldsymbol{C}(t)\boldsymbol{x}(t) + \boldsymbol{D}(t)\boldsymbol{u}(t) \end{cases} \tag{2-27}$$

式中，系统矩阵 $\boldsymbol{A}(t) \in \mathbf{R}^{n_{k+1}\times n_k}$， $\boldsymbol{B}(t) \in \mathbf{R}^{n_{k+1}\times m}$， $\boldsymbol{C}(t) \in \mathbf{R}^{p\times n_k}$， $\boldsymbol{D}(t) \in \mathbf{R}^{p\times m}$ 都是以 T 为周期的。其关联的对偶系统定义为

$$\begin{cases} \boldsymbol{x}^{\mathrm{d}}(t+1) = \boldsymbol{A}^{\mathrm{d}}(t)\boldsymbol{x}^{\mathrm{d}}(t) + \boldsymbol{B}^{\mathrm{d}}(t)\boldsymbol{u}^{\mathrm{d}}(t) \\ \boldsymbol{y}^{\mathrm{d}}(t) = \boldsymbol{C}^{\mathrm{d}}(t)\boldsymbol{x}(t) + \boldsymbol{D}^{\mathrm{d}}(t)\boldsymbol{u}^{\mathrm{d}}(t) \end{cases} \tag{2-28}$$

式中，

$$\boldsymbol{A}^{\mathrm{d}}(t)=\boldsymbol{A}^{\mathrm{T}}(-t-1)，\quad \boldsymbol{B}^{\mathrm{d}}(t)=\boldsymbol{C}^{\mathrm{T}}(-t-1)$$

$$\boldsymbol{C}^{\mathrm{d}}(t)=\boldsymbol{B}^{\mathrm{T}}(-t-1)，\quad \boldsymbol{D}^{\mathrm{d}}(t)=\boldsymbol{D}^{\mathrm{T}}(-t-1)$$

容易得到 $\boldsymbol{A}^{\mathrm{d}}(\cdot)$ 的传递函数矩阵 $\boldsymbol{\Phi}_{A^{\mathrm{d}}}(t,\tau)$ 与 $\boldsymbol{\Phi}_{A}(t,\tau)$ 以下述方式相关：

$$\boldsymbol{\Phi}_{A^{\mathrm{d}}}(t,\tau)=\boldsymbol{\Phi}^{\mathrm{T}}{}_{A}(-\tau,-t)$$

特别地，单值性矩阵之间的关系为 $\boldsymbol{\Psi}_{A^{\mathrm{d}}}(t)=\boldsymbol{\Psi}_{A}^{\mathrm{T}}(-t)$，因此系统和它的对偶系统分享了相同的特征乘子。而且，根据能达性矩阵和不能观矩阵的概念，并记 $\mathbf{R}_j^{\mathrm{d}}(t)$ 为对偶系统的能达性矩阵，则有

$$\bar{\boldsymbol{O}}_j^{\mathrm{T}}(t) = \mathbf{R}_j^{\mathrm{d}}(-t)$$

所以

$$\boldsymbol{\Omega}_{\omega}(t,\tau) = \boldsymbol{X}_{\mathrm{r}}^{\mathrm{d}}(-\tau,-t)$$

式中，符号 $\boldsymbol{X}_{\mathrm{r}}^{\mathrm{d}}(\cdot,\cdot)$ 代表了对偶系统的能达子空间。至于重构性，则有

$$\boldsymbol{\Omega}_{\rho}(\tau,t) = \boldsymbol{X}_{\mathrm{c}}^{\mathrm{d}}(-t,-\tau)$$

式中，符号 $\boldsymbol{X}_{\mathrm{c}}^{\mathrm{d}}(\cdot,\cdot)$ 代表了对偶系统的能控子空间。

概括地讲，系统是能观测的(能重构的)，当且仅当它的对偶系统是能达的(能控的)。

2.4　时不变提升重构

线性离散周期系统和线性时不变系统之间存在的天然联系，是用来分析和设

计周期系统的一个重要工具。1958 年，Jury 和 Mullin 提出了一种利用周期时变系数去求解微分方程的方法[83]，并根据这种方法，在文献[19]中利用周期时变取样分析了取样数字控制系统。在对多级速度反馈系统的输入输出关系的分析中，Kranc 利用等价的单级速度系统重新表示了这类系统[18]。随后，Rriedland 发现多级速度系统属于一般的离散周期时变系统[20]。基于前人的成果， Meyer 和 Burrus 于 1975 年将多级速度和周期时变数字滤波器统一起来用 LTI 系统描述[21]。一般，人们称 Meyer 和 Burrus 构建的提升系统为标准提升 LTI 系统。标准提升的后果是它的最小状态空间实现每周期只能得到一个原始系统的状态。Park，Verriest 和 Flamm 分别于文献[22]和文献[23]提出了离散周期系统的另外一种时不变表示。在这种表示里，提升的 LTI 模型保持了原始线性离散周期系统的步长。这种新的算法称为循环重构算法。循环重构算法相对于标准提升算法的优势在于原始离散周期系统的因果律被保留在提升 LTI 系统中，而且二者的步长是一致的。缺点是不仅放大了输入空间和输出空间的维数，而且放大了状态的维数。因此，循环重构后的时不变系统还要进一步考虑模型降阶和实现问题。这两种提升算法的提出，为后来线性离散周期系统的理论研究开辟了新的天地。

2.4.1　标准提升重构

标准提升系统用线性离散周期系统的周期作为提升 LTI 系统的时间步长，下面取一个周期为 3 的例子，说明一下离散周期系统的提升过程。

如果系统(2-27)以 3 为周期，且其系统参数如下：

$$\left[\begin{array}{c:c} \boldsymbol{A}_0 & \boldsymbol{B}_0 \\ \hdashline \boldsymbol{C}_0 & \boldsymbol{D}_0 \end{array}\right],\ \left[\begin{array}{c:c} \boldsymbol{A}_1 & \boldsymbol{B}_1 \\ \hdashline \boldsymbol{C}_1 & \boldsymbol{D}_1 \end{array}\right],\ \left[\begin{array}{c:c} \boldsymbol{A}_2 & \boldsymbol{B}_2 \\ \hdashline \boldsymbol{C}_2 & \boldsymbol{D}_2 \end{array}\right]$$

从 0 时刻算起，输入输出关系可以很容易推导出

$$\begin{cases} \boldsymbol{x}(1) = \boldsymbol{A}_0\boldsymbol{x}(0) + \boldsymbol{B}_0\boldsymbol{u}(0) \\ \boldsymbol{y}(0) = \boldsymbol{C}_0\boldsymbol{x}(0) + \boldsymbol{D}_0\boldsymbol{u}(0) \end{cases}$$

$$\begin{cases} \boldsymbol{x}(2) = \boldsymbol{A}_1\boldsymbol{x}(1) + \boldsymbol{B}_1\boldsymbol{u}(1)=\boldsymbol{A}_1\boldsymbol{A}_0\boldsymbol{x}(0) + \boldsymbol{A}_1\boldsymbol{B}_0\boldsymbol{u}(0)+\boldsymbol{B}_1\boldsymbol{u}(1) \\ \boldsymbol{y}(1) = \boldsymbol{C}_1\boldsymbol{x}(1) + \boldsymbol{D}_1\boldsymbol{u}(1)=\boldsymbol{C}_1\boldsymbol{A}_0\boldsymbol{x}(0) + \boldsymbol{C}_1\boldsymbol{B}_0\boldsymbol{u}(0) + \boldsymbol{D}_1\boldsymbol{u}(1) \end{cases}$$

$$\begin{cases} \boldsymbol{x}(3) = \boldsymbol{A}_2\boldsymbol{x}(2) + \boldsymbol{B}_2\boldsymbol{u}(2)=\boldsymbol{A}_2\boldsymbol{A}_1\boldsymbol{A}_0\boldsymbol{x}(0) + \boldsymbol{A}_2\boldsymbol{A}_1\boldsymbol{B}_0\boldsymbol{u}(0)+\boldsymbol{A}_2\boldsymbol{B}_1\boldsymbol{u}(1)+\boldsymbol{B}_2\boldsymbol{u}(2) \\ \boldsymbol{y}(2) = \boldsymbol{C}_2\boldsymbol{x}(2) + \boldsymbol{D}_2\boldsymbol{u}(2)=\boldsymbol{C}_2\boldsymbol{A}_1\boldsymbol{A}_0\boldsymbol{x}(0) + \boldsymbol{C}_2\boldsymbol{A}_1\boldsymbol{B}_0\boldsymbol{u}(0) + \boldsymbol{C}_2\boldsymbol{B}_1\boldsymbol{u}(1)+\boldsymbol{D}_2\boldsymbol{u}(2) \end{cases}$$

令群输入、取样状态和群输出分别为

$$\boldsymbol{u}_0^{\mathrm{L}}(0)=\begin{bmatrix}\boldsymbol{u}(0)\\ \boldsymbol{u}(1)\\ \boldsymbol{u}(2)\end{bmatrix} \qquad \begin{array}{l}\boldsymbol{x}_0^{\mathrm{L}}(0)=\boldsymbol{x}(0)\\ \boldsymbol{x}_0^{\mathrm{L}}(1)=\boldsymbol{x}(3)\end{array} \qquad \boldsymbol{y}_0^{\mathrm{L}}(0)=\begin{bmatrix}\boldsymbol{y}(0)\\ \boldsymbol{y}(1)\\ \boldsymbol{y}(2)\end{bmatrix}$$
$$\vdots \qquad\qquad \vdots \qquad\qquad \vdots$$

取初始时刻为周期 3 的整数倍，可以得到一个综合了线性离散周期系统所有信息的线性时不变系统：

$$\left[\begin{array}{c|c}\boldsymbol{A}_0^{\mathrm{L}} & \boldsymbol{B}_0^{\mathrm{L}}\\ \hline \boldsymbol{C}_0^{\mathrm{L}} & \boldsymbol{D}_0^{\mathrm{L}}\end{array}\right]=\left[\begin{array}{c|ccc}\boldsymbol{A}_2\boldsymbol{A}_1\boldsymbol{A}_0 & \boldsymbol{A}_2\boldsymbol{A}_1\boldsymbol{B}_0 & \boldsymbol{A}_2\boldsymbol{B}_1 & \boldsymbol{B}_2\\ \hline \boldsymbol{C}_0 & \boldsymbol{D}_0 & 0 & 0\\ \boldsymbol{C}_1\boldsymbol{A}_0 & \boldsymbol{C}_1\boldsymbol{B}_0 & \boldsymbol{D}_1 & 0\\ \boldsymbol{C}_2\boldsymbol{A}_1\boldsymbol{A}_0 & \boldsymbol{C}_2\boldsymbol{A}_1\boldsymbol{B}_0 & \boldsymbol{C}_2\boldsymbol{B}_1 & \boldsymbol{D}_2\end{array}\right]$$

相似地，可以推导出初始时刻取其他两种情况（初始时刻为 $3k+1, 3k+2$ ，k 为非负整数）时的线性时不变系统：

$$\left[\begin{array}{c|c}\boldsymbol{A}_1^{\mathrm{L}} & \boldsymbol{B}_1^{\mathrm{L}}\\ \hline \boldsymbol{C}_1^{\mathrm{L}} & \boldsymbol{D}_1^{\mathrm{L}}\end{array}\right]=\left[\begin{array}{c|ccc}\boldsymbol{A}_0\boldsymbol{A}_2\boldsymbol{A}_1 & \boldsymbol{A}_0\boldsymbol{A}_2\boldsymbol{B}_1 & \boldsymbol{A}_0\boldsymbol{B}_2 & \boldsymbol{B}_0\\ \hline \boldsymbol{C}_1 & \boldsymbol{D}_1 & 0 & 0\\ \boldsymbol{C}_2\boldsymbol{A}_1 & \boldsymbol{C}_2\boldsymbol{B}_1 & \boldsymbol{D}_2 & 0\\ \boldsymbol{C}_0\boldsymbol{A}_2\boldsymbol{A}_1 & \boldsymbol{C}_0\boldsymbol{A}_2\boldsymbol{B}_1 & \boldsymbol{C}_0\boldsymbol{B}_2 & \boldsymbol{D}_0\end{array}\right]$$

$$\left[\begin{array}{c|c}\boldsymbol{A}_2^{\mathrm{L}} & \boldsymbol{B}_2^{\mathrm{L}}\\ \hline \boldsymbol{C}_2^{\mathrm{L}} & \boldsymbol{D}_2^{\mathrm{L}}\end{array}\right]=\left[\begin{array}{c|ccc}\boldsymbol{A}_1\boldsymbol{A}_0\boldsymbol{A}_2 & \boldsymbol{A}_1\boldsymbol{A}_0\boldsymbol{B}_2 & \boldsymbol{A}_1\boldsymbol{B}_0 & \boldsymbol{B}_1\\ \hline \boldsymbol{C}_2 & \boldsymbol{D}_2 & 0 & 0\\ \boldsymbol{C}_0\boldsymbol{A}_2 & \boldsymbol{C}_0\boldsymbol{B}_2 & \boldsymbol{D}_0 & 0\\ \boldsymbol{C}_1\boldsymbol{A}_0\boldsymbol{A}_2 & \boldsymbol{C}_1\boldsymbol{A}_0\boldsymbol{B}_2 & \boldsymbol{C}_1\boldsymbol{B}_0 & \boldsymbol{D}_1\end{array}\right]$$

这种标准提升方法可以从周期为 3 的系统推广到一般的线性离散周期系统。对于一般的周期为 T 的线性周期系统(2-27)，从时刻 i 到时刻 j 的状态转移矩阵定义为下述 $n_j \times n_i$ 维矩阵：

$$\boldsymbol{\varPhi}_A(j,i) := \begin{cases}\boldsymbol{A}_{j-1}\cdots\boldsymbol{A}_{i+1}\boldsymbol{A}_i, & j>i\\ \boldsymbol{I}_{n_i}, & j=i\end{cases}$$

从时刻 t 开始的，一个周期上的状态转移矩阵，也成为时刻 t 上的单值性矩阵，定义为

$$\boldsymbol{\varPsi}_A(t)=\boldsymbol{\varPhi}_A(t+T,t) := \boldsymbol{A}_{t+T-1}\cdots\boldsymbol{A}_{t+1}\boldsymbol{A}_t \in \mathbf{R}^{n_t\times n_t}$$

从时刻 t 开始，提升输入，提升输出和取样状态分别定义为

$$\boldsymbol{u}_t^{\mathrm{L}}(h) = \begin{bmatrix} \boldsymbol{u}(t+0+hT) \\ \boldsymbol{u}(t+1+hT) \\ \vdots \\ \boldsymbol{u}(t+T-1+hT) \end{bmatrix}$$

$$\boldsymbol{x}_t^{\mathrm{L}}(h) := \boldsymbol{x}(t+hT)$$

$$\boldsymbol{y}_t^{\mathrm{L}}(h) := \begin{bmatrix} \boldsymbol{y}(t+0+hT) \\ \boldsymbol{y}(t+1+hT) \\ \vdots \\ \boldsymbol{y}(t+T-1+hT) \end{bmatrix}$$

根据单值性矩阵的定义，有

$$\boldsymbol{\Sigma}_t^{\mathrm{L}} = \begin{cases} \boldsymbol{x}_t^{\mathrm{L}}(h+1) = \boldsymbol{A}_t^{\mathrm{L}} \boldsymbol{x}_t^{\mathrm{L}}(h) + \boldsymbol{B}_t^{\mathrm{L}} \boldsymbol{u}_t^{\mathrm{L}}(h) \\ \boldsymbol{y}_t^{\mathrm{L}}(h) = \boldsymbol{C}_t^{\mathrm{L}} \boldsymbol{x}_t^{\mathrm{L}}(h) + \boldsymbol{D}_t^{\mathrm{L}} \boldsymbol{u}_t^{\mathrm{L}}(h) \end{cases} \tag{2-29}$$

式中，

$$\begin{aligned}
\boldsymbol{A}_t^{\mathrm{L}} &= \boldsymbol{\Phi}_A(t+T,t) = \boldsymbol{\Psi}_A(t) = \boldsymbol{A}_{t+T-1} \cdots \boldsymbol{A}_{t+1} \boldsymbol{A}_t \in \mathbf{R}^{n_t \times n_t} \\
\boldsymbol{B}_t^{\mathrm{L}} &= \{\boldsymbol{\Phi}(t+T, t+j+1) \boldsymbol{B}(j+1)\}_{j=0}^{T-1} \\
&= \begin{bmatrix} \boldsymbol{A}_{t+T-1} \cdots \boldsymbol{A}_{t+1} \boldsymbol{B}_t & \cdots & \boldsymbol{A}_{t+T-1} \boldsymbol{B}_{t+T-2} & \boldsymbol{B}_{t+T-1} \end{bmatrix} \in \mathbf{R}^{n_t \times mT} \\
\boldsymbol{C}_t^{\mathrm{L}} &= \{\boldsymbol{C}(t+j) \boldsymbol{\Phi}(t+j,t)\}_{j=0}^{T-1} \\
&= \begin{bmatrix} \boldsymbol{C}_t \\ \boldsymbol{C}_{t+1} \boldsymbol{A}_t \\ \vdots \\ \boldsymbol{C}_{t+T-1} \boldsymbol{A}_{t+T-2} \cdots \boldsymbol{A}_{t+1} \boldsymbol{A}_t \end{bmatrix} \in \mathbf{R}^{pT \times n_t} \\
\boldsymbol{D}_t^{\mathrm{L}} &= \{\boldsymbol{D}_{i,j}\}_{i,j=0}^{T-1} \\
&= \begin{bmatrix} \boldsymbol{D}_t & & & \\ \boldsymbol{C}_{t+1} \boldsymbol{B}_t & \boldsymbol{D}_{t+1} & & \\ \vdots & \vdots & \ddots & \\ \boldsymbol{C}_{t+T-1} \boldsymbol{A}_{t+T-2} \cdots \boldsymbol{A}_{t+1} \boldsymbol{B}_t & \cdots & \boldsymbol{C}_{t+T-1} \boldsymbol{B}_{t+T-2} & \boldsymbol{D}_{t+T-1} \end{bmatrix} \\
&\in \mathbf{R}^{pT \times mT}
\end{aligned}$$

显然，如果提升时不变系统 $\boldsymbol{\Sigma}_t^L$ 的状态向量是线性周期系统(2-27)的一种时间取样，则系统 $\boldsymbol{\Sigma}_t^L$ 等价于原始的 T 周期系统。

2.4.2 循环提升重构

为了便于理解，我们仍然采用一个周期为 3 的线性离散周期系统，说明一下循环提升过程，并将其推广到周期为 T 的情形。

考虑以 3 为周期的系统：

$$\boldsymbol{\Sigma} := \begin{cases} \boldsymbol{x}(t+1) = \boldsymbol{A}(t)\boldsymbol{x}(t) + \boldsymbol{B}(t)\boldsymbol{u}(t) \\ \boldsymbol{y}(t) = \boldsymbol{C}(t)\boldsymbol{x}(t) + \boldsymbol{D}(t)\boldsymbol{u}(t) \end{cases}$$

其系统参数如下：

$$\left[\begin{array}{c|c} \boldsymbol{A}_0 & \boldsymbol{B}_0 \\ \hline \boldsymbol{C}_0 & \boldsymbol{D}_0 \end{array}\right], \left[\begin{array}{c|c} \boldsymbol{A}_1 & \boldsymbol{B}_1 \\ \hline \boldsymbol{C}_1 & \boldsymbol{D}_1 \end{array}\right], \left[\begin{array}{c|c} \boldsymbol{A}_2 & \boldsymbol{B}_2 \\ \hline \boldsymbol{C}_2 & \boldsymbol{D}_2 \end{array}\right]$$

假设这个系统的输入，状态和输出为

$$\begin{gathered} \boldsymbol{u}_0, \boldsymbol{u}_1, \boldsymbol{u}_2, \boldsymbol{u}_3, \boldsymbol{u}_4, \cdots \\ \boldsymbol{x}_0, \boldsymbol{x}_1, \boldsymbol{x}_2, \boldsymbol{x}_3, \boldsymbol{x}_4, \cdots \\ \boldsymbol{y}_0, \boldsymbol{y}_1, \boldsymbol{y}_2, \boldsymbol{y}_3, \boldsymbol{y}_4, \cdots \end{gathered}$$

构建一个输入，状态和输出序列为

$$\boldsymbol{u}_0^{\mathrm{C}} = \begin{bmatrix} \boldsymbol{u}_0 \\ 0 \\ 0 \end{bmatrix}, \boldsymbol{u}_1^{\mathrm{C}} = \begin{bmatrix} 0 \\ \boldsymbol{u}_1 \\ 0 \end{bmatrix}, \boldsymbol{u}_2^{\mathrm{C}} = \begin{bmatrix} 0 \\ 0 \\ \boldsymbol{u}_2 \end{bmatrix}, \boldsymbol{u}_3^{\mathrm{C}} = \begin{bmatrix} \boldsymbol{u}_3 \\ 0 \\ 0 \end{bmatrix} \cdots$$

$$\boldsymbol{x}_0^{\mathrm{C}} = \begin{bmatrix} 0 \\ 0 \\ \boldsymbol{x}_0 \end{bmatrix}, \boldsymbol{x}_1^{\mathrm{C}} = \begin{bmatrix} \boldsymbol{x}_1 \\ 0 \\ 0 \end{bmatrix}, \boldsymbol{x}_2^{\mathrm{C}} = \begin{bmatrix} 0 \\ \boldsymbol{x}_2 \\ 0 \end{bmatrix}, \boldsymbol{x}_3^{\mathrm{C}} = \begin{bmatrix} 0 \\ 0 \\ \boldsymbol{x}_3 \end{bmatrix} \cdots$$

$$\boldsymbol{y}_0^{\mathrm{C}} = \begin{bmatrix} \boldsymbol{y}_0 \\ 0 \\ 0 \end{bmatrix}, \boldsymbol{y}_1^{\mathrm{C}} = \begin{bmatrix} 0 \\ \boldsymbol{y}_1 \\ 0 \end{bmatrix}, \boldsymbol{y}_2^{\mathrm{C}} = \begin{bmatrix} 0 \\ 0 \\ \boldsymbol{y}_2 \end{bmatrix}, \boldsymbol{y}_3^{\mathrm{C}} = \begin{bmatrix} \boldsymbol{y}_3 \\ 0 \\ 0 \end{bmatrix} \cdots$$

很容易看出，这种输入输出关系可以通过如下的 LTI 系统来实现：

$$\boldsymbol{A}^{\mathrm{C}} = \begin{bmatrix} & & \boldsymbol{A}_0 \\ \boldsymbol{A}_1 & & \\ & \boldsymbol{A}_2 & \end{bmatrix}, \boldsymbol{B}^{\mathrm{C}} = \begin{bmatrix} \boldsymbol{B}_0 & & \\ & \boldsymbol{B}_1 & \\ & & \boldsymbol{B}_2 \end{bmatrix}$$

$$\boldsymbol{C}^{\mathrm{C}}=\begin{bmatrix} & & \boldsymbol{C}_0 \\ \boldsymbol{C}_1 & & \\ & \boldsymbol{C}_2 & \end{bmatrix}, \boldsymbol{D}^{\mathrm{C}}=\begin{bmatrix} \boldsymbol{D}_0 & & \\ & \boldsymbol{D}_1 & \\ & & \boldsymbol{D}_2 \end{bmatrix}$$

这种循环提升技术同样可以推广到一般的线性离散周期系统。

为了简化表示，介绍如下概念。对周期为 T 的矩阵序列 $\{\boldsymbol{X}_t\}_{t=0}^{T-1}$，采用脚本概念:

$$\aleph := \mathrm{diag}(\boldsymbol{X}_0, \boldsymbol{X}_1, \cdots, \boldsymbol{X}_{T-1})$$

这个概念将块对角矩阵 $\aleph$ 和循环矩阵序列 $\{\boldsymbol{X}_t\}_{t=0}^{T-1}$ 联系起来。令 $\sigma\aleph$ 代表循环序列 $\{\boldsymbol{X}_t\}_{t=0}^{T-1}$ 的 T-循环位移:

$$\sigma\aleph := \mathrm{diag}(\boldsymbol{X}_1, \cdots, \boldsymbol{X}_{T-1}, \boldsymbol{X}_0)$$

对于一个一般的线性周期时变系统(2-27)，定义循环位移矩阵为

$$\boldsymbol{Z}_j=\begin{bmatrix} 0 & \cdots & 0 & \boldsymbol{I}_j \\ \boldsymbol{I}_j & \cdots & 0 & 0 \\ \vdots & & \vdots & \vdots \\ 0 & \cdots & \boldsymbol{I}_j & 0 \end{bmatrix}$$

其关联的向量表示为

$$\bar{\boldsymbol{r}}(t)=\begin{bmatrix} r^{\mathrm{T}}(t-T+1) & \cdots & r^{\mathrm{T}}(t+1) & r^{\mathrm{T}}(t) \end{bmatrix}^{\mathrm{T}}$$

则循环提升时不变系统可以表示为

$$\Sigma^{\mathrm{C}} := \begin{cases} \boldsymbol{x}^{\mathrm{C}}(t+1)=\boldsymbol{A}^{\mathrm{C}}\boldsymbol{x}^{\mathrm{C}}(t)+\boldsymbol{B}^{\mathrm{C}}\boldsymbol{u}^{\mathrm{C}}(t) \\ \boldsymbol{y}^{\mathrm{C}}(t)=\boldsymbol{C}^{\mathrm{C}}\boldsymbol{x}^{\mathrm{C}}(t)+\boldsymbol{D}^{\mathrm{C}}\boldsymbol{u}^{\mathrm{C}}(t) \end{cases}$$

式中，

$$\boldsymbol{A}^{\mathrm{C}}=\begin{bmatrix} & & \boldsymbol{A}_0 \\ \boldsymbol{A}_1 & & \\ & \ddots & \\ & \boldsymbol{A}_{T-1} & \end{bmatrix}, \boldsymbol{B}^{\mathrm{C}}=\begin{bmatrix} \boldsymbol{B}_0 & & & \\ & \boldsymbol{B}_1 & & \\ & & \ddots & \\ & & & \boldsymbol{B}_{T-1} \end{bmatrix}$$

$$C^{\mathrm{C}}=\begin{bmatrix} & & & C_0 \\ C_1 & & & \\ & \ddots & & \\ & & C_{T-1} & \end{bmatrix},\ D^{\mathrm{C}}=\begin{bmatrix} D_0 & & & \\ & D_1 & & \\ & & \ddots & \\ & & & D_{T-1} \end{bmatrix}$$

并且 $\boldsymbol{u}^{\mathrm{C}}(t)=\boldsymbol{Z}_m^{t+1}\bar{\boldsymbol{u}}(t)$， $\boldsymbol{x}^{\mathrm{C}}(t)=\boldsymbol{Z}_n^{t}\bar{\boldsymbol{x}}(t)$， $\boldsymbol{y}^{\mathrm{C}}(t)=\boldsymbol{Z}_p^{t+1}\bar{\boldsymbol{y}}(t)$。

令 $t_0=\mathrm{mod}(t,T)$，则

$$\boldsymbol{u}^{\mathrm{C}}(t)=\begin{bmatrix} \boldsymbol{u}(t-t_0) \\ \vdots \\ \boldsymbol{u}(t) \\ \boldsymbol{u}(t-T+1) \\ \vdots \\ \boldsymbol{u}(t-t_0-1) \end{bmatrix},\ \boldsymbol{x}^{\mathrm{C}}(t)=\begin{bmatrix} \boldsymbol{x}(t-t_0+1) \\ \vdots \\ \boldsymbol{x}(t) \\ \boldsymbol{x}(t-T+1) \\ \vdots \\ \boldsymbol{x}(t-t_0) \end{bmatrix},\ \boldsymbol{y}^{\mathrm{C}}(t)=\begin{bmatrix} \boldsymbol{y}(t-t_0) \\ \vdots \\ \boldsymbol{y}(t) \\ \boldsymbol{y}(t-T+1) \\ \vdots \\ \boldsymbol{y}(t-t_0-1) \end{bmatrix}$$

这种算法的本质是将原来的线性离散周期系统的输入、状态和输出循环摆放在提升时不变系统的输入、状态和输出的位置。$\boldsymbol{A}^{\mathrm{C}}$ 必须是一个块循环矩阵，而 $\boldsymbol{B}^{\mathrm{C}}$、$\boldsymbol{C}^{\mathrm{C}}$ 和 $\boldsymbol{D}^{\mathrm{C}}$ 可以是块对角矩阵，也可以是块循环矩阵，这依赖于原来的线性离散周期系统的输入、状态和输出在循环提升时不变系统的输入、状态和输出中的相对位置。这种提升，只需要进行线性时不变表示，不需要进行矩阵乘法运算。但是，在循环提升时不变模型中，状态数 $\sum n_i$ 远远大于标准提升时不变模型中的状态数 n_i。

2.5　本 章 小 结

本章主要阐述了线性离散周期系统中的一些成熟的基础理论。首先在周期模型部分，给出了线性离散周期系统的输入输出模型、脉冲响应模型、状态空间模型；然后介绍了单值性矩阵的特性，以及与其相关的著名的 Floquet 理论，并对线性离散周期系统的稳定性理论做了简单的介绍；接下来给出了线性离散周期系统的能达性、能控性、能观测性和能重构性等结构属性的定义和一些简单的判据；最后，介绍了线性离散周期系统的标准提升时不变重构和循环提升时不变重构这一个有力的系统分析工具，详细介绍了这两种算法的提升过程。

第 3 章　相关矩阵方程的求解

3.1　引　　言

矩阵方程是周期线性系统稳定性分析与镇定不可或缺的一部分，尤其是周期矩阵方程。因此，许多研究者在这一研究领域不断前进。文献[84]提出了求解矩阵方程 $\boldsymbol{X}=\boldsymbol{A}f(\boldsymbol{X})\boldsymbol{B}+\boldsymbol{C}$ 的算法；Wu 等根据分层识别原理给出了求解耦合 Sylvester-conjugate 矩阵方程和 Kalman-Yakubovich-conjugate 矩阵方程的几个迭代算法[85, 86]。另外也有许多研究者在求解矩阵方程的工作上做出了许多贡献且提出了诸多行之有效的算法。其中共轭梯度(conjugate gradient，CG)法克服了梯度下降法收敛速度慢的缺点，并避免了牛顿法需要计算块矩阵及其逆的复杂工作，从而受到了许多学者的关注。Zhou 等在文献[87]中考虑了求解耦合矩阵方程基于梯度的迭代算法(gradient based iterative algorithm)；在文献[88]中 Hajarian 提出了求解矩阵方程的关于范数方程的共轭梯度(conjugate gradient normal equation,CGNE)方法。

3.2　求解耦合矩阵方程的迭代算法

3.2.1　问题提出

在系统和控制理论中，一些耦合 Sylvester 矩阵方程有着重要的作用。例如，广义 Sylvester 方程对 $\left(\boldsymbol{A}_1\boldsymbol{X}-\boldsymbol{Y}\boldsymbol{B}_1,\boldsymbol{A}_2\boldsymbol{X}-\boldsymbol{Y}\boldsymbol{B}_2\right)=\left(\boldsymbol{C}_1,\boldsymbol{C}_2\right)$ 可以应用到矩阵束广义特征空间的扰动分析[89]。如下耦合离散马尔可夫跳跃李雅普诺夫(coupled discrete Markovian jump Lyapunov，CDMJL)方程可以被用于在带有马尔可夫变换的离散跳跃线性系统分析中[90-92]：

$$\boldsymbol{P}_i=\boldsymbol{A}_i^{\mathrm{T}}\left(\sum_{l=1}^{N}p_{il}\boldsymbol{P}_l\right)\boldsymbol{A}_i+\boldsymbol{Q}_i,\ \boldsymbol{Q}_i>0,\ i\in\overline{1,N} \tag{3-1}$$

式中，$\boldsymbol{P}_i\left(i\in\overline{1,N}\right)$是待定矩阵。这些方程由于引用广泛而受到了许多研究者的关注。文献[89]中指出 CDMJL 方程(3-1)正定解的存在性与其增广矩阵的谱半径是否小于 1 有关。

文献[89]利用矩阵求逆把 CDMJL 方程转化为矩阵向量方程从而给出了它的

一个显式解。然而，当系数矩阵维数提高的时候，该方法计算困难的缺陷就暴露了出来。为了解决维数问题，文献[88]提出了一个类似的迭代算法来解决 CDMJL 方程。在所有的子系统都是 Schur 稳定的条件下，当初始状态为零时，该算法可以收敛到一个精确解。文献[93]的方法移除了文献[88]中方法的初始状态必须为零的限制，并同时把离散李雅普诺夫方程的求解作为中间环节而提出了一个新的迭代算法。最近，从最优化的角度[94]提出了基于梯度的算法来解决 CDMJL 方程(3-1)。

备用方法一般是将该矩阵方程转化为易于计算的形式。在这一领域，文献[95]给出了解决耦合 Sylvester 方程的数值算法。文献[96]给出了解决耦合 Sylvester 方程的广义 Schur 方法。近几年，文献[97]和文献[98]利用分层识别原理提出了解决广义矩阵方程对的迭代算法，而文献[99]利用相同的方法构建了解决非耦合矩阵方程的迭代算法。与文献[95]和文献[96]中方法不同的是，这些算法不要求进行矩阵变换，从而可以按照原始系数矩阵实现。文献[87]从优化的角度构建了基于梯度的算法来求解广义矩阵方程。文献[87]中的算法的一个重要特性就是保证该算法收敛性的充要条件可以精确获得。然而，文献[98]、文献[87]中的算法只能适用于有唯一解的耦合矩阵方程。

另外，有未知共轭(conjugate)矩阵的复矩阵方程吸引了越来越多的研究人员的注意。文献[86]研究并给出了名为 Sylvester-polynomial-conjugate 矩阵方程的显式解。文献[100]和文献[101]分别利用分层识别原理和实内积给出了求解耦合 Sylvester-conjugate 矩阵方程的迭代算法。

在这一节，我们研究了求解广义耦合矩阵方程的迭代算法。该算法不要求被研究的矩阵方程有唯一解。与文献[97]中求最小二乘解的方法相比，该算法并不要求一些系数矩阵必须为行满秩或列满秩，且不涉及矩阵求逆。

3.2.2 主要结果

3.2.2.1 两个未知矩阵的情况

考虑如下耦合 Sylvester 矩阵方程：

$$\begin{cases} \boldsymbol{A}_1\boldsymbol{X}\boldsymbol{B}_1 + \boldsymbol{C}_1\boldsymbol{Y}\boldsymbol{D}_1 = \boldsymbol{E}_1 \\ \boldsymbol{A}_2\boldsymbol{X}\boldsymbol{B}_2 + \boldsymbol{C}_2\boldsymbol{Y}\boldsymbol{D}_2 = \boldsymbol{E}_2 \end{cases} \tag{3-2}$$

式中，$\boldsymbol{A}_i \in \mathbf{R}^{m_i\times r}$，$\boldsymbol{B}_i \in \mathbf{R}^{s\times n_i}$，$\boldsymbol{C}_i \in \mathbf{R}^{m_i\times p}$，$\boldsymbol{D}_i \in \mathbf{R}^{q\times n_i}$ 和 $\boldsymbol{E}_i \in \mathbf{R}^{m_i\times n_i}$，$i=1,2$ 是已知矩阵，$\boldsymbol{X} \in \mathbf{R}^{m_i\times r}$ 和 $\boldsymbol{Y} \in \mathbf{R}^{p\times q}$ 是待定矩阵。显然，这个耦合矩阵方程是文献[89]、文献[97]中广义 Sylvester 矩阵方程的一个特例，但是这两篇文章中的方法要求未

知矩阵 $\boldsymbol{X}$ 和 $\boldsymbol{Y}$ 维数相同，而本节即将提出的算法移除了该限制。

本节利用最小二乘理论求解，即寻找矩阵对 $(\boldsymbol{X},\boldsymbol{Y})$ 使得如下指标函数最小：

$$J(\boldsymbol{X},\boldsymbol{Y})=\frac{1}{2}\left\|\boldsymbol{E}_1-\boldsymbol{A}_1\boldsymbol{X}\boldsymbol{B}_1-\boldsymbol{C}_1\boldsymbol{Y}\boldsymbol{D}_1\right\|^2+\frac{1}{2}\left\|\boldsymbol{E}_2-\boldsymbol{A}_2\boldsymbol{X}\boldsymbol{B}_2-\boldsymbol{C}_2\boldsymbol{Y}\boldsymbol{D}_2\right\|^2$$

易得

$$\frac{\partial J}{\partial \boldsymbol{X}}=\boldsymbol{A}_1^{\mathrm{T}}(\boldsymbol{E}_1-\boldsymbol{A}_1\boldsymbol{X}\boldsymbol{B}_1-\boldsymbol{C}_1\boldsymbol{Y}\boldsymbol{D}_1)\boldsymbol{B}_1^{\mathrm{T}}+\boldsymbol{A}_2^{\mathrm{T}}(\boldsymbol{E}_2-\boldsymbol{A}_2\boldsymbol{X}\boldsymbol{B}_2-\boldsymbol{C}_2\boldsymbol{Y}\boldsymbol{D}_2)\boldsymbol{B}_2^{\mathrm{T}}$$

$$\frac{\partial J}{\partial \boldsymbol{Y}}=\boldsymbol{C}_1^{\mathrm{T}}(\boldsymbol{E}_1-\boldsymbol{A}_1\boldsymbol{X}\boldsymbol{B}_1-\boldsymbol{C}_1\boldsymbol{Y}\boldsymbol{D}_1)\boldsymbol{D}_1^{\mathrm{T}}+\boldsymbol{C}_2^{\mathrm{T}}(\boldsymbol{E}_2-\boldsymbol{A}_2\boldsymbol{X}\boldsymbol{B}_2-\boldsymbol{C}_2\boldsymbol{Y}\boldsymbol{D}_2)\boldsymbol{D}_2^{\mathrm{T}}$$

显然，最小二乘解满足

$$\left.\frac{\partial J}{\partial \boldsymbol{X}}\right|_{\boldsymbol{X}=\boldsymbol{X}_*}=0,\ \left.\frac{\partial J}{\partial \boldsymbol{Y}}\right|_{\boldsymbol{Y}=\boldsymbol{Y}_*}=0$$

另外，记

$$\boldsymbol{R}(k)=\left.\frac{\partial J}{\partial \boldsymbol{X}}\right|_{\boldsymbol{X}=\boldsymbol{X}(k)},\quad \boldsymbol{S}(k)=\left.\frac{\partial J}{\partial \boldsymbol{Y}}\right|_{\boldsymbol{Y}=\boldsymbol{Y}(k)}$$

经过上述准备工作，求耦合矩阵方程(3-2)最小二乘解的迭代算法可如下表示。

算法 3.1　(求方程(3-2)最小二乘解的迭代算法)

(1) 给定初始值 $\boldsymbol{X}(0)$ 和 $\boldsymbol{Y}(0)$，计算

$$\begin{aligned}
\bar{\boldsymbol{R}}(0)&=\boldsymbol{E}_1-\boldsymbol{A}_1\boldsymbol{X}(0)\boldsymbol{B}_1-\boldsymbol{C}_1\boldsymbol{Y}(0)\boldsymbol{D}_1\\
\bar{\boldsymbol{S}}(0)&=\boldsymbol{E}_2-\boldsymbol{A}_2\boldsymbol{X}(0)\boldsymbol{B}_2-\boldsymbol{C}_2\boldsymbol{Y}(0)\boldsymbol{D}_2\\
\boldsymbol{R}(0)&=\boldsymbol{A}_1^{\mathrm{T}}\bar{\boldsymbol{R}}(0)\boldsymbol{B}_1^{\mathrm{T}}+\boldsymbol{A}_2^{\mathrm{T}}\bar{\boldsymbol{S}}(0)\boldsymbol{B}_2^{\mathrm{T}}\\
\boldsymbol{S}(0)&=\boldsymbol{C}_1^{\mathrm{T}}\bar{\boldsymbol{R}}(0)\boldsymbol{D}_1^{\mathrm{T}}+\boldsymbol{C}_2^{\mathrm{T}}\bar{\boldsymbol{S}}(0)\boldsymbol{D}_2^{\mathrm{T}}\\
\boldsymbol{P}(0)&=-\boldsymbol{R}(0)\\
\boldsymbol{Q}(0)&=-\boldsymbol{S}(0)\\
k&:=0
\end{aligned}$$

(2) 若 $\|\boldsymbol{R}(k)\|\leqslant\varepsilon,\ \|\boldsymbol{S}(k)\|\leqslant\varepsilon$，停止；否则 $k:=k+1$。

(3) 计算

$$\alpha(k)=\frac{\operatorname{tr}\left[\boldsymbol{P}^{\mathrm{T}}(k)\boldsymbol{R}(k)\right]+\operatorname{tr}\left[\boldsymbol{Q}^{\mathrm{T}}(k)\boldsymbol{S}(k)\right]}{\left\|\boldsymbol{A}_1\boldsymbol{P}(k)\boldsymbol{B}_1+\boldsymbol{C}_1\boldsymbol{Q}(k)\boldsymbol{D}_1\right\|^2+\left\|\boldsymbol{A}_2\boldsymbol{P}(k)\boldsymbol{B}_2+\boldsymbol{C}_2\boldsymbol{Q}(k)\boldsymbol{D}_2\right\|^2}$$

$$X(k+1)=X(k)+\alpha(k)P(k)\in\mathbf{R}^{r\times s}$$

$$Y(k+1)=Y(k)+\alpha(k)Q(k)\in\mathbf{R}^{p\times q}$$

$$\bar{R}(k+1)=E_1-A_1X(k+1)B_1-C_1Y(k+1)D_1\in\mathbf{R}^{m_1\times n_1}$$

$$\bar{S}(k+1)=E_2-A_2X(k+1)B_2-C_2Y(k+1)D_2\in\mathbf{R}^{m_2\times n_2}$$

$$R(k+1)=A_1^{\mathrm{T}}\bar{R}(k+1)B_1^{\mathrm{T}}+A_2^{\mathrm{T}}\bar{S}(k+1)B_2^{\mathrm{T}}\in\mathbf{R}^{r\times s}$$

$$S(k+1)=C_1^{\mathrm{T}}\bar{R}(k+1)D_1^{\mathrm{T}}+C_2^{\mathrm{T}}\bar{S}(k+1)D_2^{\mathrm{T}}\in\mathbf{R}^{p\times q}$$

$$P(k+1)=-R(k+1)+\frac{\|R(k+1)\|^2+\|S(k+1)\|^2}{\|R(k)\|^2+\|S(k)\|^2}P(k)\in\mathbf{R}^{r\times s}$$

$$Q(k+1)=-S(k+1)+\frac{\|R(k+1)\|^2+\|S(k+1)\|^2}{\|R(k)\|^2+\|S(k)\|^2}Q(k)\in\mathbf{R}^{p\times q}$$

(4) 转第 (2) 步。

分析该算法的收敛性。首先给出三个引理。

引理 3.1　对于算法 3.1 中的序列 $\{R(k)\}$、$\{S(k)\}$、$\{P(k)\}$ 和 $\{Q(k)\}$，当 $k\geqslant 0$ 时，如下关系成立：

$$\mathrm{tr}\left[R^{\mathrm{T}}(k+1)P(k)\right]+\mathrm{tr}\left[S^{\mathrm{T}}(k+1)Q(k)\right]=0$$

证明　根据算法 3.1 中 $X(k+1)$ 和 $Y(k+1)$ 的定义，我们有

$$\begin{aligned}R(k+1)&=A_1^{\mathrm{T}}\left(E_1-A_1X(k+1)B_1-C_1Y(k+1)D_1\right)B_1^{\mathrm{T}}\\&\quad+A_2^{\mathrm{T}}\left(E_2-A_2X(k+1)B_2-C_2Y(k+1)D_2\right)B_2^{\mathrm{T}}\\&=A_1^{\mathrm{T}}\left(E_1-A_1X(k)B_1-C_1Y(k)D_1-\alpha(k)A_1P(k)B_1-\alpha(k)C_1Q(k)D_1\right)B_1^{\mathrm{T}}\\&\quad+A_2^{\mathrm{T}}\left(E_2-A_2X(k)B_2-C_2Y(k)D_2-\alpha(k)A_2P(k)B_2-\alpha(k)C_2Q(k)D_2\right)B_2^{\mathrm{T}}\\&=R(k)-\alpha(k)A_1^{\mathrm{T}}\left(A_1P(k)B_1+C_1Q(k)D_1\right)B_1^{\mathrm{T}}\\&\quad-\alpha(k)A_2^{\mathrm{T}}\left(A_2P(k)B_2+C_2Q(k)D_2\right)B_2^{\mathrm{T}}\end{aligned}$$

和

$$\begin{aligned}S(k+1)=S(k)-\alpha(k)C_1^{\mathrm{T}}\left(A_1P(k)B_1+C_1Q(k)D_1\right)D_1^{\mathrm{T}}\\-\alpha(k)C_2^{\mathrm{T}}\left(A_2P(k)B_2+C_2Q(k)D_2\right)D_2^{\mathrm{T}}\end{aligned}$$

观察 $\alpha(k)$ 的定义，易得

$$\begin{aligned}
&\operatorname{tr}\left[\boldsymbol{R}^{\mathrm{T}}(k+1)\boldsymbol{P}(k)\right]+\operatorname{tr}\left[\boldsymbol{S}^{\mathrm{T}}(k+1)\boldsymbol{Q}(k)\right]\\
&=\operatorname{tr}\left[\boldsymbol{R}^{\mathrm{T}}(k)\boldsymbol{P}(k)\right]+\operatorname{tr}\left[\boldsymbol{S}^{\mathrm{T}}(k)\boldsymbol{Q}(k)\right]-\alpha(k)\operatorname{tr}\left[\boldsymbol{B}_1(\boldsymbol{B}_1^{\mathrm{T}}\boldsymbol{P}^{\mathrm{T}}\boldsymbol{A}_1^{\mathrm{T}}+\boldsymbol{D}_1^{\mathrm{T}}\boldsymbol{Q}^{\mathrm{T}}\boldsymbol{C}_1^{\mathrm{T}})\boldsymbol{A}_1\boldsymbol{P}(k)\right]\\
&\quad-\alpha(k)\operatorname{tr}\left[\boldsymbol{B}_2(\boldsymbol{B}_2^{\mathrm{T}}\boldsymbol{P}^{\mathrm{T}}(k)\boldsymbol{A}_2^{\mathrm{T}}+\boldsymbol{D}_2^{\mathrm{T}}\boldsymbol{Q}^{\mathrm{T}}(k)\boldsymbol{C}_1^{\mathrm{T}})\boldsymbol{A}_2\boldsymbol{P}(k)\right]\\
&\quad-\alpha(k)\operatorname{tr}\left[\boldsymbol{D}_1(\boldsymbol{B}_1^{\mathrm{T}}\boldsymbol{P}^{\mathrm{T}}(k)\boldsymbol{A}_1^{\mathrm{T}}+\boldsymbol{D}_1^{\mathrm{T}}\boldsymbol{Q}^{\mathrm{T}}(k)\boldsymbol{C}_1^{\mathrm{T}})\boldsymbol{C}_1\boldsymbol{Q}(k)\right]\\
&\quad-\alpha(k)\operatorname{tr}\left[\boldsymbol{D}_2(\boldsymbol{B}_2^{\mathrm{T}}\boldsymbol{P}^{\mathrm{T}}(k)\boldsymbol{A}_2^{\mathrm{T}}+\boldsymbol{D}_2^{\mathrm{T}}\boldsymbol{Q}^{\mathrm{T}}(k)\boldsymbol{C}_2^{\mathrm{T}})\boldsymbol{C}_2\boldsymbol{Q}(k)\right]\\
&=\operatorname{tr}\left[\boldsymbol{R}^{\mathrm{T}}(k)\boldsymbol{P}(k)\right]+\operatorname{tr}\left[\boldsymbol{S}^{\mathrm{T}}(k)\boldsymbol{Q}(k)\right]\\
&\quad-\alpha(k)\left[\left\|\boldsymbol{A}_1\boldsymbol{P}(k)\boldsymbol{B}_1+\boldsymbol{C}_1\boldsymbol{Q}(k)\boldsymbol{D}_1\right\|^2+\left\|\boldsymbol{A}_2\boldsymbol{P}(k)\boldsymbol{B}_2+\boldsymbol{C}_2\boldsymbol{Q}(k)\boldsymbol{D}_2\right\|^2\right]\\
&=0
\end{aligned}$$

证明完成。

引理 3.2　对于算法 3.1 中的序列$\{\boldsymbol{R}(k)\}$、$\{\boldsymbol{S}(k)\}$、$\{\boldsymbol{P}(k)\}$和$\{\boldsymbol{Q}(k)\}$，有如下关系成立：

$$\operatorname{tr}\left[\boldsymbol{R}^{\mathrm{T}}(k)\boldsymbol{P}(k)\right]+\operatorname{tr}\left[\boldsymbol{S}^{\mathrm{T}}(k)\boldsymbol{Q}(k)\right]=-\left\|\boldsymbol{R}(k)\right\|^2-\left\|\boldsymbol{S}(k)\right\|^2 \tag{3-3}$$

证明　显然当$k=0$时式(3-3)成立。当$k>0$时，根据算法 3.1 中$P(k+1)$和$Q(k+1)$的定义，我们有

$$\begin{aligned}
&\operatorname{tr}\left[\boldsymbol{R}^{\mathrm{T}}(k+1)\boldsymbol{P}(k+1)\right]+\operatorname{tr}\left[\boldsymbol{S}^{\mathrm{T}}(k+1)\boldsymbol{Q}(k+1)\right]\\
&=-\left\|\boldsymbol{R}(k+1)\right\|^2-\left\|\boldsymbol{S}(k+1)\right\|^2\\
&\quad+\frac{\left\|\boldsymbol{R}(k+1)\right\|^2+\left\|\boldsymbol{S}(k+1)\right\|^2}{\left\|\boldsymbol{R}(k)\right\|^2+\left\|\boldsymbol{S}(k)\right\|^2}\left[\operatorname{tr}\left[\boldsymbol{R}^{\mathrm{T}}(k+1)\boldsymbol{P}(k)\right]+\operatorname{tr}\left[\boldsymbol{S}^{\mathrm{T}}(k+1)\boldsymbol{Q}(k)\right]\right]
\end{aligned}$$

根据引理 3.1，可以得到

$$\operatorname{tr}\left[\boldsymbol{R}^{\mathrm{T}}(k+1)\boldsymbol{P}(k+1)\right]+\operatorname{tr}\left[\boldsymbol{S}^{\mathrm{T}}(k+1)\boldsymbol{Q}(k+1)\right]=-\left\|\boldsymbol{R}(k+1)\right\|^2-\left\|\boldsymbol{S}(k+1)\right\|^2$$

因此得证。

引理 3.3　对于算法 3.1 中的序列$\{\boldsymbol{R}(i)\}$、$\{\boldsymbol{S}(i)\}$，有如下关系成立：

$$\sum_{k\geqslant 0}\frac{\left\|\boldsymbol{R}(k)\right\|^2+\left\|\boldsymbol{S}(k)\right\|^2}{\left\|\boldsymbol{P}(k)\right\|^2+\left\|\boldsymbol{Q}(k)\right\|^2}<\infty$$

证明　首先，记

$$\pi = \left\| \begin{bmatrix} \boldsymbol{B}_1^{\mathrm{T}} \otimes \boldsymbol{A}_1 & \boldsymbol{D}_1^{\mathrm{T}} \otimes \boldsymbol{C}_1 \\ \boldsymbol{B}_2^{\mathrm{T}} \otimes \boldsymbol{A}_2 & \boldsymbol{D}_2^{\mathrm{T}} \otimes \boldsymbol{C}_2 \end{bmatrix} \right\|_2^2 \tag{3-4}$$

根据 Kronecker 积，我们有

$$\begin{aligned}
&\left\| \boldsymbol{A}_1 \boldsymbol{P}(k) \boldsymbol{B}_1 + \boldsymbol{C}_1 \boldsymbol{Q}(k) \boldsymbol{D}_1 \right\|^2 + \left\| \boldsymbol{A}_2 \boldsymbol{P}(k) \boldsymbol{B}_2 + \boldsymbol{C}_2 \boldsymbol{Q}(k) \boldsymbol{D}_2 \right\|^2 \\
&= \left\| \left(\boldsymbol{B}_1^{\mathrm{T}} \otimes \boldsymbol{A}_1 \right) \mathrm{vec}\left(\boldsymbol{P}(k) \right) + \left(\boldsymbol{D}_1^{\mathrm{T}} \otimes \boldsymbol{C}_1 \right) \mathrm{vec}\left(\boldsymbol{Q}(k) \right) \right\|^2 \\
&\quad + \left\| \left(\boldsymbol{B}_2^{\mathrm{T}} \otimes \boldsymbol{A}_2 \right) \mathrm{vec}\left(\boldsymbol{P}(k) \right) + \left(\boldsymbol{D}_2^{\mathrm{T}} \otimes \boldsymbol{C}_2 \right) \mathrm{vec}\left(\boldsymbol{Q}(k) \right) \right\|^2 \\
&= \left\| \begin{matrix} \left(\boldsymbol{B}_1^{\mathrm{T}} \otimes \boldsymbol{A}_1 \right) \mathrm{vec}\left(\boldsymbol{P}(k) \right) + \left(\boldsymbol{D}_1^{\mathrm{T}} \otimes \boldsymbol{C}_1 \right) \mathrm{vec}\left(\boldsymbol{Q}(k) \right) \\ \left(\boldsymbol{B}_2^{\mathrm{T}} \otimes \boldsymbol{A}_2 \right) \mathrm{vec}\left(\boldsymbol{P}(k) \right) + \left(\boldsymbol{D}_2^{\mathrm{T}} \otimes \boldsymbol{C}_2 \right) \mathrm{vec}\left(\boldsymbol{Q}(k) \right) \end{matrix} \right\|^2 \\
&\leqslant \left\| \begin{bmatrix} \boldsymbol{B}_1^{\mathrm{T}} \otimes \boldsymbol{A}_1 & \boldsymbol{D}_1^{\mathrm{T}} \otimes \boldsymbol{C}_1 \\ \boldsymbol{B}_2^{\mathrm{T}} \otimes \boldsymbol{A}_2 & \boldsymbol{D}_2^{\mathrm{T}} \otimes \boldsymbol{C}_2 \end{bmatrix} \right\|_2^2 \left\| \begin{bmatrix} \mathrm{vec}\left(\boldsymbol{P}(k) \right) \\ \mathrm{vec}\left(\boldsymbol{Q}(k) \right) \end{bmatrix} \right\|^2 \\
&= \pi \left(\left\| \boldsymbol{P}(k) \right\|^2 + \left\| \boldsymbol{Q}(k) \right\|^2 \right)
\end{aligned}$$

根据式(3-4)，上式可以转化为

$$\begin{aligned}
&\left\| \boldsymbol{A}_1 \boldsymbol{P}(k) \boldsymbol{B}_1 + \boldsymbol{C}_1 \boldsymbol{Q}(k) \boldsymbol{D}_1 \right\|^2 + \left\| \boldsymbol{A}_2 \boldsymbol{P}(k) \boldsymbol{B}_2 + \boldsymbol{C}_2 \boldsymbol{Q}(k) \boldsymbol{D}_2 \right\|^2 \\
&\leqslant \pi \left(\left\| \boldsymbol{P}(k) \right\|^2 + \left\| \boldsymbol{Q}(k) \right\|^2 \right)
\end{aligned} \tag{3-5}$$

根据算法 3.1 中的表达式与引理 3.2，对于 $k \geqslant 0$，我们有

$$\begin{aligned}
&J(\boldsymbol{X}(k+1), \boldsymbol{Y}(k+1)) \\
&= \frac{1}{2} \left\| \overline{\boldsymbol{R}}(k) - \alpha(k) \left[\boldsymbol{A}_1 \boldsymbol{P}(k) \boldsymbol{B}_1 + \boldsymbol{C}_1 \boldsymbol{Q}(k) \boldsymbol{D}_1 \right] \right\|^2 \\
&\quad + \frac{1}{2} \left\| \overline{\boldsymbol{S}}(k) - \alpha(k) \left[\boldsymbol{A}_2 \boldsymbol{P}(k) \boldsymbol{B}_2 + \boldsymbol{C}_2 \boldsymbol{Q}(k) \boldsymbol{D}_2 \right] \right\|^2 \\
&= \frac{1}{2} \left(\left\| \overline{\boldsymbol{R}}(k) \right\|^2 + \left\| \overline{\boldsymbol{S}}(k) \right\|^2 \right) - \alpha(k) \mathrm{tr}\left[\overline{\boldsymbol{R}}^{\mathrm{T}}(k) (\boldsymbol{A}_1 \boldsymbol{P}(k) \boldsymbol{B}_1 + \boldsymbol{C}_1 \boldsymbol{Q}(k) \boldsymbol{D}_1) \right] \\
&\quad - \alpha(k) \mathrm{tr}\left[\overline{\boldsymbol{S}}^{\mathrm{T}}(k) (\boldsymbol{A}_2 \boldsymbol{P}(k) \boldsymbol{B}_2 + \boldsymbol{C}_2 \boldsymbol{Q}(k) \boldsymbol{D}_2) \right] \\
&\quad + \frac{1}{2} \alpha^2(k) \left\| \boldsymbol{A}_1 \boldsymbol{P}(k) \boldsymbol{B}_1 + \boldsymbol{C}_1 \boldsymbol{Q}(k) \boldsymbol{D}_1 \right\|^2 + \frac{1}{2} \alpha^2(k) \left\| \boldsymbol{A}_2 \boldsymbol{P}(k) \boldsymbol{B}_2 + \boldsymbol{C}_2 \boldsymbol{Q}(k) \boldsymbol{D}_2 \right\|^2
\end{aligned}$$

$$
\begin{aligned}
&= J(\boldsymbol{X}(k),\boldsymbol{Y}(k)) - \alpha(k)\mathrm{tr}\left[\boldsymbol{P}^{\mathrm{T}}(k)\boldsymbol{A}_1^{\mathrm{T}}\bar{\boldsymbol{R}}(k)\boldsymbol{B}_1^{\mathrm{T}}\right] - \alpha(k)\mathrm{tr}\left[\boldsymbol{Q}^{\mathrm{T}}(k)\boldsymbol{C}_1^{\mathrm{T}}\bar{\boldsymbol{R}}(k)\boldsymbol{D}_1^{\mathrm{T}}\right] \\
&\quad - \alpha(k)\mathrm{tr}\left[\boldsymbol{P}^{\mathrm{T}}(k)\boldsymbol{A}_2^{\mathrm{T}}\bar{\boldsymbol{R}}(k)\boldsymbol{B}_2^{\mathrm{T}}\right] - \alpha(k)\mathrm{tr}\left[\boldsymbol{Q}^{\mathrm{T}}(k)\boldsymbol{C}_2^{\mathrm{T}}\bar{\boldsymbol{R}}(k)\boldsymbol{D}_2^{\mathrm{T}}\right] \\
&\quad + \frac{1}{2}\alpha^2(k)\left\|\boldsymbol{A}_1\boldsymbol{P}(k)\boldsymbol{B}_1 + \boldsymbol{C}_1\boldsymbol{Q}(k)\boldsymbol{D}_1\right\|^2 + \frac{1}{2}\alpha^2(k)\left\|\boldsymbol{A}_2\boldsymbol{P}(k)\boldsymbol{B}_2 + \boldsymbol{C}_2\boldsymbol{Q}(k)\boldsymbol{D}_2\right\|^2 \\
&= J(\boldsymbol{X}(k),\boldsymbol{Y}(k)) - \alpha(k)\mathrm{tr}\left[\boldsymbol{P}^{\mathrm{T}}(k)\boldsymbol{R}(k)\right] - \alpha(k)\mathrm{tr}\left[\boldsymbol{Q}^{\mathrm{T}}(k)\boldsymbol{S}(k)\right] \\
&\quad + \frac{1}{2}\alpha(k)\left[\mathrm{tr}\left[\boldsymbol{P}^{\mathrm{T}}(k)\boldsymbol{R}(k)\right] + \mathrm{tr}\left[\boldsymbol{Q}^{\mathrm{T}}(k)\boldsymbol{S}(k)\right]\right] \\
&= J(\boldsymbol{X}(k),\boldsymbol{Y}(k)) - \frac{1}{2}\alpha(k)\left[\mathrm{tr}\left[\boldsymbol{P}^{\mathrm{T}}(k)\boldsymbol{R}(k)\right] + \mathrm{tr}\left[\boldsymbol{Q}^{\mathrm{T}}(k)\boldsymbol{S}(k)\right]\right]
\end{aligned}
$$

再一次根据 $\alpha(k)$ 的表达式，有

$$
\begin{aligned}
&J\left(\boldsymbol{X}(k+1),\boldsymbol{Y}(\boldsymbol{K}+1)\right) - J\left(\boldsymbol{X}(k),\boldsymbol{Y}(k)\right) \\
&= -\frac{1}{2}\frac{\left(\|\boldsymbol{R}(k)\|^2 + \|\boldsymbol{S}(k)\|^2\right)^2}{\left\|\boldsymbol{A}_1\boldsymbol{P}(k)\boldsymbol{B}_1 + \boldsymbol{C}_1\boldsymbol{Q}(k)\boldsymbol{D}_1\right\|^2 + \left\|\boldsymbol{A}_2\boldsymbol{P}(k)\boldsymbol{B}_2 + \boldsymbol{C}_2\boldsymbol{Q}(k)\boldsymbol{D}_2\right\|^2} \\
&\leqslant 0
\end{aligned} \tag{3-6}
$$

这也就是说，序列 $\{J(\boldsymbol{X}(k),\boldsymbol{Y}(k))\}$ 是收敛的。因此，对于所有 $k \geqslant 1$ 都有

$$
J(\boldsymbol{X}(k),\boldsymbol{Y}(k)) \leqslant J(\boldsymbol{X}(0),\boldsymbol{Y}(0))
$$

继而有

$$
\begin{aligned}
&\sum_{k=0}^{\infty}\left[J\left(\boldsymbol{X}(k),\boldsymbol{Y}(k)\right) - J\left(\boldsymbol{X}(k+1),\boldsymbol{Y}(\boldsymbol{K}+1)\right)\right] \\
&= J\left(\boldsymbol{X}(0),\boldsymbol{Y}(0)\right) - \lim_{k\to\infty} J\left(\boldsymbol{X}(k),\boldsymbol{Y}(k)\right) \\
&< \infty
\end{aligned} \tag{3-7}
$$

另外，将式(3-5)与式(3-6)结合，得出

$$
\frac{\left(\|\boldsymbol{R}(k)\|^2 + \|\boldsymbol{S}(k)\|^2\right)^2}{\|\boldsymbol{P}(k)\|^2 + \|\boldsymbol{Q}(k)\|^2} \leqslant 2\pi\left(J\left(\boldsymbol{X}(k),\boldsymbol{Y}(k)\right) - J\left(\boldsymbol{X}(k+1),\boldsymbol{Y}(k+1)\right)\right)
$$

上式与式(3-7)结合，可以得证。

经过上述三个引理的铺垫，我们对算法 3.1 的收敛性有如下结论。

定理 3.1　算法 3.1 中的序列$\{\boldsymbol{R}(k)\}$、$\{\boldsymbol{S}(k)\}$满足:

$$\lim_{k\to\infty}\|\boldsymbol{R}(k)\|=0,\ \lim_{k\to\infty}\|\boldsymbol{S}(k)\|=0$$

则算法 3.1 得到的$\boldsymbol{X}(k)$和$\boldsymbol{Y}(k)$收敛到方程(3-2)的一个最小二乘解。

证明　根据引理 3.1 和算法 3.1 中$\boldsymbol{P}(k+1)$和$\boldsymbol{Q}(k+1)$的表达式，我们可以得到如下关系：

$$\begin{aligned}
&\|\boldsymbol{P}(k+1)\|^2+\|\boldsymbol{Q}(k+1)\|^2\\
&=\left\|-\boldsymbol{R}(k+1)+\frac{\|\boldsymbol{R}(k+1)\|^2+\|\boldsymbol{S}(k+1)\|^2}{\|\boldsymbol{R}(k)\|^2+\|\boldsymbol{S}(k)\|^2}\boldsymbol{P}(k)\right\|^2+\left\|-\boldsymbol{S}(k+1)+\frac{\|\boldsymbol{R}(k+1)\|^2+\|\boldsymbol{S}(k+1)\|^2}{\|\boldsymbol{R}(k)\|^2+\|\boldsymbol{S}(k)\|^2}\boldsymbol{Q}(k)\right\|^2\\
&=\left(\frac{\|\boldsymbol{R}(k+1)\|^2+\|\boldsymbol{S}(k+1)\|^2}{\|\boldsymbol{R}(k)\|^2+\|\boldsymbol{S}(k)\|^2}\right)^2\left(\|\boldsymbol{P}(k)\|^2+\|\boldsymbol{Q}(k)\|^2\right)+\|\boldsymbol{R}(k+1)\|^2+\|\boldsymbol{S}(k+1)\|^2
\end{aligned}$$

记

$$t_k=\frac{\|\boldsymbol{P}(k)\|^2+\|\boldsymbol{Q}(k)\|^2}{\left(\|\boldsymbol{R}(k)\|^2+\|\boldsymbol{S}(k)\|^2\right)^2}\tag{3-8}$$

则上述关系可以等价为

$$t_{k+1}=t_k+\frac{1}{\|\boldsymbol{R}(k+1)\|^2+\|\boldsymbol{S}(k+1)\|^2}\tag{3-9}$$

利用反证法进行证明。假设

$$\lim_{k\to\infty}\left(\|\boldsymbol{R}(k)\|^2+\|\boldsymbol{S}(k)\|^2\right)\neq 0$$

则存在常数$\delta>0$使得对于所有$k\geqslant 0$，有

$$\|\boldsymbol{R}(k)\|^2+\|\boldsymbol{S}(k)\|^2>\delta$$

据式(3-8)和式(3-9)有

$$t_{k+1}<t_0+\frac{k+1}{\delta}$$

即

$$\frac{1}{t_{k+1}} \geqslant \frac{\delta}{\delta t_0 + k + 1}$$

于是有

$$\sum_{k=0}^{\infty} \frac{1}{t_k} \geqslant \sum_{k=1}^{\infty} \frac{\delta}{\delta t_0 + k} = \infty$$

然而该结论与引理 3.2 矛盾，则定理 3.1 得证。

3.2.2.2　一般情况

这里我们将算法 3.1 推广到如下形式的一般耦合矩阵方程：

$$\boldsymbol{A}_{i1}\boldsymbol{X}_1\boldsymbol{B}_{i1} + \boldsymbol{A}_{i2}\boldsymbol{X}_2\boldsymbol{B}_{i2} + \cdots + \boldsymbol{A}_{ip}\boldsymbol{X}_2\boldsymbol{B}_{ip} = \boldsymbol{E}_i,\ i \in \overline{1,\boldsymbol{N}} \tag{3-10}$$

式中，$\boldsymbol{A}_{ij} \in \mathbf{R}^{m_i \times r_j}$，$\boldsymbol{B}_{ij} \in \mathbf{R}^{s_j \times n_i}$ 和 $\boldsymbol{E}_i \in \mathbf{R}^{m_i \times n_i}$ $\left(i = \overline{1,N}, j \in \overline{1,p}\right)$ 是已知矩阵，$\boldsymbol{X}_j \in \mathbf{R}^{r_j \times s_j}$ $\left(j \in \overline{1,p}\right)$ 是待定矩阵。显然，耦合矩阵方程(3-2)是这一类矩阵方程当 $N = 2$，$p = 2$ 时的特例。与上一部分的思想相同，我们依旧利用最小二乘法求解，即寻找 $\boldsymbol{X}_j\left(j \in \overline{1,p}\right)$ 使得如下指标函数最小：

$$J(\boldsymbol{X}_i, i \in \overline{1,N}) = \frac{1}{2}\sum_{i=1}^{N}\left\| \boldsymbol{E}_i - \sum_{j=1}^{p} \boldsymbol{A}_{ij}\boldsymbol{X}_j\boldsymbol{B}_{ij} \right\|^2$$

易得

$$\frac{\partial J}{\partial \boldsymbol{X}_j} = \sum_{i=1}^{N} \boldsymbol{A}_{ij}^{\mathrm{T}}\left(\boldsymbol{E}_i - \sum_{\omega=1}^{p} \boldsymbol{A}_{i\omega}\boldsymbol{X}_{\omega}\boldsymbol{B}_{i\omega} \right)\boldsymbol{B}_{ij}^{\mathrm{T}},\ j \in \overline{1,p}$$

则一组最小二乘解 $\left(\boldsymbol{X}_{1*}, \boldsymbol{X}_{2*}, \cdots, \boldsymbol{X}_{p*}\right)$ 应满足

$$\left.\frac{\partial J}{\partial \boldsymbol{X}_j}\right|_{X_j = X_{j*}} = 0,\ j \in \overline{1,p}$$

推广 3.2.2 节中求解耦合 Sylvester 矩阵方程(3-2)的算法 3.1，这里给出求一般耦合矩阵方程(3-10)的最小二乘解的算法。

算法 3.2　求方程(3-6)最小二乘解的迭代算法。

(1) 给定初始值 $\boldsymbol{X}_j(0)\left(j \in \overline{1,p}\right)$，计算

$$\bar{\boldsymbol{R}}_i(0)=\boldsymbol{E}_i-\sum_{j=1}^{p}\boldsymbol{A}_{ij}\boldsymbol{X}_j(0)\boldsymbol{B}_{ij},\ i\in\overline{1,N}$$

$$\boldsymbol{R}_j(0)=\sum_{i=1}^{N}\boldsymbol{A}_{ij}^{\mathrm{T}}\bar{\boldsymbol{R}}_i(0)\boldsymbol{B}_{ij}^{\mathrm{T}},\ j\in\overline{1,p}$$

$$\boldsymbol{P}_j(0)=-\boldsymbol{R}_j(0)$$

$$k:=0$$

(2) 若$\left\|\boldsymbol{R}_j(k)\right\|\leqslant\varepsilon\left(j\in\overline{1,p}\right)$，停止；否则$k:=k+1$。

(3) 计算

$$\alpha(k)=\frac{\sum_{j=1}^{p}\mathrm{tr}\left[\boldsymbol{P}_j^{\mathrm{T}}(k)\boldsymbol{R}_j(k)\right]}{\sum_{i=1}^{N}\left\|\sum_{j=1}^{p}\boldsymbol{A}_{ij}\boldsymbol{P}_j(k)\boldsymbol{B}_{ij}\right\|^2}$$

$$\boldsymbol{X}_j(k+1)=\boldsymbol{X}_j(k)+\alpha(k)\boldsymbol{P}_j(k)\in\mathbf{R}^{r_j\times s_j},\ j\in\overline{1,p}$$

$$\bar{\boldsymbol{R}}_i(k+1)=\boldsymbol{E}_i-\sum_{j=1}^{p}\boldsymbol{A}_{ij}\boldsymbol{X}_j(k+1)\boldsymbol{B}_{ij},\ i\in\overline{1,N}$$

$$\boldsymbol{R}_j(k+1)=\sum_{i=1}^{N}\boldsymbol{A}_{ij}^{\mathrm{T}}\bar{\boldsymbol{R}}_i(k+1)\boldsymbol{B}_{ij}^{\mathrm{T}},\ j\in\overline{1,p}$$

$$\boldsymbol{P}_j(k+1)=-\boldsymbol{R}_j(k+1)+\frac{\sum_{i=1}^{p}\left\|\boldsymbol{R}_i(k+1)\right\|^2}{\sum_{i=1}^{p}\left\|\boldsymbol{R}_i(k)\right\|^2}\boldsymbol{P}_j(k),\ j\in\overline{1,p}$$

(4) 转第 (2) 步。

与 3.2.1 节相似，关于算法 3.2 的收敛性有如下结论，证明略。

引理 3.4　算法 3.2 中序列$\left\{\boldsymbol{R}_j(k)\right\}$、$\left\{\boldsymbol{P}_j(k)\right\}\left(j\in\overline{1,p}\right)$，对于所有$k\geqslant0$有如下关系成立：

$$\sum_{j=1}^{p}\mathrm{tr}\left[\boldsymbol{R}_j^{\mathrm{T}}(k+1)\boldsymbol{P}_j(k)\right]=0$$

引理 3.5　算法 3.2 中序列$\left\{\boldsymbol{R}_j(k)\right\}$、$\left\{\boldsymbol{P}_j(k)\right\}\left(j\in\overline{1,p}\right)$，对于所有$k\geqslant0$有如下关系成立：

$$\sum_{k\geqslant 0}\frac{\left(\sum_{j=1}^{p}\left\|\boldsymbol{R}_j(k)\right\|^2\right)^2}{\sum_{j=1}^{p}\left\|\boldsymbol{P}_j(k)\right\|^2}<\infty$$

定理 3.2　算法 3.2 中序列 $\left\{\boldsymbol{R}_j(k)\right\}\left(j\in\overline{1,p}\right)$ 满足：

$$\lim_{k\to\infty}\left\|\boldsymbol{R}_j(k)\right\|=0,\ \ j\in\overline{1,p}$$

则算法 3.2 得到的 $\boldsymbol{X}_j(k)\left(j\in\overline{1,p}\right)$ 收敛到方程(3-10)的一个最小二乘解。

注解 3.1　文献[97]已经研究了耦合矩阵方程的最小二乘解：利用分层识别原理构建了求解耦合线性矩阵方程(3-10)的无穷迭代算法。然而文献[9]中的解法要求系数矩阵必须为行或列满秩的且其算法中每次迭代都包含了矩阵求逆，将导致非常庞大的数字运算量。算法 3.2 移除了这些限制，与某些算法的相比有了一些改善。

注解 3.2　文献[97]、文献[98]、文献[88]研究了形如式(3-10)的耦合矩阵方程。在文献[97]和文献[98]中要求必须 $p=N$，且所有的未知矩阵 $\boldsymbol{X}_i\left(i\in\overline{1,N}\right)$ 必须维数相同。而在文献[87]中则要求：

$$\sum_{i=1}^{N}m_i n_i=\sum_{j=1}^{p}r_j s_j$$

而算法 3.2 移除了这些限制。

注解 3.3　与文献[98]和文献[87]中的方法不同的是，算法 3.2 可以在没有舍入误差的情况下在有限次迭代后得到耦合矩阵方程的精确解。而且文献[98]和文献[87]中的方法仅适用于耦合矩阵方程(3-10)有唯一解的情况下。

注解 3.4　在文献[98]和文献[87]中为了保证算法的收敛性，必须事先选择一个合适的步长或者收敛因子。一般来说这样的收敛因子可以用复杂的计算得到。与它们不同的是算法 3.2 并不涉及参数选择的问题，并且因此较于它们易于实现。

注解 3.5　由于舍入误差的存在，算法 3.2 可能不会在有限步数内停止。因此读者可以利用适当的步数来获得一个合适的解。

3.2.2.3　一个特例

这里我们考虑如下的矩阵方程：

$$\boldsymbol{A}_i\boldsymbol{X}\boldsymbol{B}_i=\boldsymbol{E}_i \tag{3-11}$$

式中，$\boldsymbol{A}_i \in \mathbf{R}^{m_i \times r}$，$\boldsymbol{B}_i \in \mathbf{R}^{s \times n_i}$ 和 $\boldsymbol{E}_i \in \mathbf{R}^{m_i \times n_i}$ $\left(i \in \overline{1,N}\right)$ 是已知的系数矩阵，$\boldsymbol{X} \in \mathbf{R}^{r \times s}$ 是待定矩阵。显然方程(3-11)是方程(3-10)的一个特例。类似地，寻找矩阵 $\boldsymbol{X}$ 使得如下的指标函数最小：

$$J(\boldsymbol{X}) = \frac{1}{2}\sum_{i=1}^{N}\left\|\boldsymbol{E}_i - \boldsymbol{A}_i\boldsymbol{X}\boldsymbol{B}_i\right\|^2$$

易得

$$\frac{\partial J}{\partial \boldsymbol{X}} = \sum_{i=1}^{N}\boldsymbol{A}_i^{\mathrm{T}}(\boldsymbol{E}_i - \boldsymbol{A}_i\boldsymbol{X}\boldsymbol{B}_i)\boldsymbol{B}_i^{\mathrm{T}}$$

求解式(3-11)最小二乘解的迭代算法如下所示。

算法 3.3 求解方程(3-11)的有限次迭代算法。

(1)给定初始值 $\boldsymbol{X}(0)$，计算

$$\begin{aligned}
&\overline{\boldsymbol{R}}_i(0) = \boldsymbol{E}_i - \boldsymbol{A}_i\boldsymbol{X}(0)\boldsymbol{B}_i,\ i \in \overline{1,N} \\
&\boldsymbol{R}(0) = \sum_{i=1}^{N}\boldsymbol{A}_i^{\mathrm{T}}\overline{\boldsymbol{R}}_i(0)\boldsymbol{B}_i^{\mathrm{T}} \\
&\boldsymbol{P}(0) = -\boldsymbol{R}\ (0) \\
&\quad k := 0
\end{aligned}$$

(2)若 $\left\|\boldsymbol{R}(k)\right\| \leqslant \varepsilon$，停止；否则 $k := k+1$。

(3)计算

$$\begin{aligned}
&\alpha(k) = \frac{\mathrm{tr}\left[\boldsymbol{P}^{\mathrm{T}}(k)\boldsymbol{R}(k)\right]}{\sum_{i=1}^{N}\left\|\boldsymbol{A}_i\boldsymbol{P}(k)\boldsymbol{B}_i\right\|^2} \\
&\boldsymbol{X}(k+1) = \boldsymbol{X}(k) + \alpha(k)\boldsymbol{P}(k) \in \mathbf{R}^{r \times s} \\
&\overline{\boldsymbol{R}}_i(k+1) = \boldsymbol{E}_i - \boldsymbol{A}_i\boldsymbol{X}(k+1)\boldsymbol{B}_i,\ i \in \overline{1,N} \\
&\boldsymbol{R}(k+1) = \sum_{i=1}^{N}\boldsymbol{A}_i^{\mathrm{T}}\overline{\boldsymbol{R}}_i(k+1)\boldsymbol{B}_i^{\mathrm{T}} \\
&\boldsymbol{P}(k+1) = -\boldsymbol{R}(k+1) + \frac{\left\|\boldsymbol{R}(k+1)\right\|^2}{\left\|\boldsymbol{R}(k)\right\|^2}\boldsymbol{P}(k)
\end{aligned}$$

(4)转第(2)步。

关于算法 3.3 的收敛性有如下结论，证明略。

引理 3.6　算法 3.3 中序列 $\{\boldsymbol{R}(k)\}$、$\{\boldsymbol{P}(k)\}$，对于所有 $k \geqslant 0$ 有如下关系成立：

$$\mathrm{tr}\left[\boldsymbol{R}^{\mathrm{T}}(k+1)\boldsymbol{P}(k)\right]=0$$

引理 3.7　算法 3.3 中序列 $\{\boldsymbol{R}(k)\}$、$\{\boldsymbol{P}(k)\}$，对于所有 $k \geqslant 0$ 有如下关系成立：

$$\sum_{k\geqslant 0}\frac{\|\boldsymbol{R}(k)\|^4}{\|\boldsymbol{P}(k)\|^2}<\infty$$

定理 3.3　算法 3.3 中序列 $\{\boldsymbol{R}(k)\}$ 满足：

$$\lim_{k\to\infty}\|\boldsymbol{R}(k)\|=0$$

则算法 3.3 得到的 $\boldsymbol{X}(k)$ 收敛到方程(3-11)的一个最小二乘解。

3.2.3　数值算例

例 3.1　设方程(3-2)有如下参数：

$$\boldsymbol{A}_1=\begin{bmatrix}2 & 1\\ -1 & 2\end{bmatrix},\ \boldsymbol{B}_1=\boldsymbol{C}_1=\boldsymbol{B}_2=\boldsymbol{C}_2=\begin{bmatrix}1 & 0\\ 0 & 1\end{bmatrix}$$

$$\boldsymbol{D}_1=\begin{bmatrix}1 & -0.2\\ 0.2 & 1\end{bmatrix},\ \boldsymbol{E}_1=\begin{bmatrix}13.2 & 10.6\\ 0.6 & 8.4\end{bmatrix}$$

$$\boldsymbol{A}_2=\begin{bmatrix}-2 & -0.5\\ 0.5 & 2\end{bmatrix},\ \boldsymbol{D}_2=\begin{bmatrix}-1 & -3\\ 2 & -4\end{bmatrix},\ \boldsymbol{E}_2=\begin{bmatrix}-9.5 & -18\\ 16 & 3.5\end{bmatrix}$$

该方程的解为

$$\boldsymbol{X}=\begin{bmatrix}4 & 3\\ 3 & 4\end{bmatrix},\ \boldsymbol{Y}=\begin{bmatrix}2 & 1\\ -2 & 3\end{bmatrix}$$

令 $\boldsymbol{X}(0)=\boldsymbol{Y}(0)=10^{-6}\boldsymbol{I}_{2\times 2}$，利用算法 3.1 计算 $\boldsymbol{X}(k)$ 和 $\boldsymbol{Y}(k)$。表 3-1 为该方程的迭代结果。

我们将结果与文献[98]和文献[87]中的结果对比。定义迭代误差为

$$\delta(k)=\sqrt{\frac{\|\boldsymbol{X}(k)-\boldsymbol{X}\|^2+\|\boldsymbol{Y}(k)-\boldsymbol{Y}\|^2}{\|\boldsymbol{X}\|^2+\|\boldsymbol{Y}\|^2}}$$

表 3-1　算法 3.1 的迭代解

k	x_{11}	x_{12}	x_{21}	x_{22}	y_{11}	y_{12}	y_{21}	y_{22}
1	2.58331	2.47322	2.50258	2.12340	3.64892	3.24087	−1.3494	1.29752
2	4.08750	1.69128	3.80450	2.79832	3.06725	1.091186	−1.9162	2.59329
3	3.87398	2.14663	3.39519	3.98643	2.38415	1.05744	−2.6716	2.21530
4	3.67826	2.50953	3.14901	4.12678	2.01650	1.25004	−2.2086	3.19274
5	4.05745	2.90919	2.87031	4.00516	2.04245	1.02926	−2.0568	3.04890
6	4.00226	3.00536	2.99916	3.98207	1.99132	1.00512	−2.0207	3.00635
7	4.00013	2.99994	3.00003	4.00000	1.99985	1.00013	−1.9999	2.99995
8	4.00000	3.00000	3.00000	4.00000	2.00000	1.00000	−2.0000	3.00000
精确解	4	3	3	4	2	1	−2	3

对比结果在图 3-1 中显示。很明显，算法 3.1 的收敛性要优于文献[98]和文献[87]中的算法。

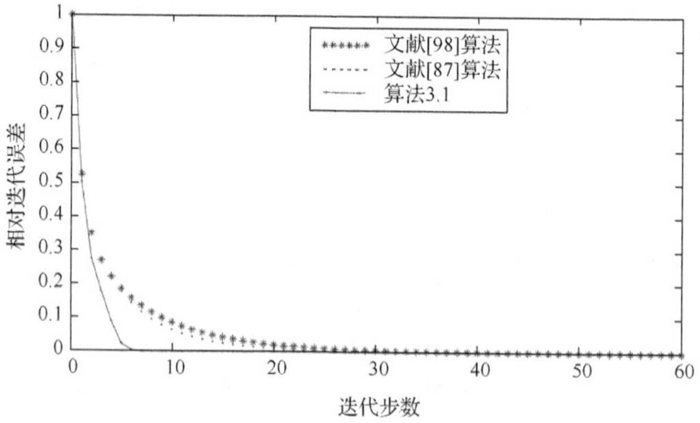

图 3-1　不同迭代算法的比较

3.3　周期 Sylvester 矩阵方程的迭代算法

3.3.1　问题提出

形如

$$\boldsymbol{A}_j\boldsymbol{X}_j+\boldsymbol{X}_{j+1}\boldsymbol{B}_j=\boldsymbol{C}_j \tag{3-12}$$

的矩阵方程被称为前向 Sylvester 矩阵方程，它的求解为本节主要考虑的问题。其中系数矩阵 $\boldsymbol{A}_j$，$\boldsymbol{B}_j$，$\boldsymbol{C}_j\in\mathbf{R}^{n\times n}$ 为已知矩阵，$\boldsymbol{X}_j\in\mathbf{R}^{n\times n}$ 为待定矩阵。这些矩阵均以 T 为周期，即 $\boldsymbol{A}_{j+T}=\boldsymbol{A}_j$，$\boldsymbol{B}_{j+T}=\boldsymbol{B}_j$，$\boldsymbol{C}_{j+T}=\boldsymbol{C}_j$ 和 $\boldsymbol{X}_{j+T}=\boldsymbol{X}_j$。

3.3.2　主要结果

利用最小二乘法作为主要分析手段，即寻找序列 $\boldsymbol{X}_j\left(j=0,1,\cdots,T-1\right)$ 使得下列指标函数最小：

$$J=\sum_{j=0}^{T-1}\frac{1}{2}\left\|\boldsymbol{C}_j-\boldsymbol{A}_j\boldsymbol{X}_j-\boldsymbol{X}_{j+1}\boldsymbol{B}_j\right\|^2 \tag{3-13}$$

根据这个思想，我们有

$$\frac{\partial J}{\partial \boldsymbol{X}_j}=\boldsymbol{A}_j^{\mathrm{T}}(\boldsymbol{C}_j-\boldsymbol{A}_j\boldsymbol{X}_j-\boldsymbol{X}_{j+1}\boldsymbol{B}_j)+(\boldsymbol{C}_{j-1}-\boldsymbol{A}_{j-1}\boldsymbol{X}_{j-1}-\boldsymbol{X}_j\boldsymbol{B}_{j-1})\boldsymbol{B}_{j-1}^{\mathrm{T}}$$

则最小二乘解 $(\boldsymbol{X}_0^*,\boldsymbol{X}_1^*,\cdots,\boldsymbol{X}_{T-1}^*)$ 需满足对于 $j=0,1,\cdots,T-1$，有

$$\left.\frac{\partial J}{\partial \boldsymbol{X}_j}\right|_{\boldsymbol{X}_j=\boldsymbol{X}_j^*}=0$$

进一步，令

$$\boldsymbol{R}_j(k)=\left.\frac{\partial J}{\partial \boldsymbol{X}_j}\right|_{\boldsymbol{X}_j=\boldsymbol{X}_j(k)}$$

则求解矩阵方程(3-12)的迭代算法可描述如下。

算法 3.4　求解方程(3-12)的迭代算法。

(1) 给定初始值 $\boldsymbol{X}_j(0)\left(j\in\overline{1,T-1}\right)$，计算

$$\begin{aligned}
&\boldsymbol{Q}_j(0)=\boldsymbol{C}_j-\boldsymbol{A}_j\boldsymbol{X}_j(0)-\boldsymbol{X}_{j+1}(0)\boldsymbol{B}_j\\
&\boldsymbol{R}_j(0)=\boldsymbol{A}_j^{\mathrm{T}}\boldsymbol{Q}_j(0)+\boldsymbol{Q}_{j-1}(0)\boldsymbol{B}_{j-1}^{\mathrm{T}}\\
&\boldsymbol{P}_j(0)=-\boldsymbol{R}_j(0)\\
&\quad k:=0
\end{aligned}$$

(2) 若 $\sum_{j=0}^{T-1}\left\|\boldsymbol{R}_j(k)\right\|\leqslant\varepsilon$，停止；否则 $k:=k+1$。

(3) 计算

$$\alpha(k)=\frac{\sum_{j=0}^{T-1}\mathrm{tr}\left[\boldsymbol{P}_j^{\mathrm{T}}(k)\boldsymbol{R}_j(k)\right]}{\sum_{j=0}^{T-1}\left\|\boldsymbol{A}_j\boldsymbol{P}_j(k)+\boldsymbol{P}_{j+1}(k)\boldsymbol{B}_j\right\|^2}$$

$$
\begin{aligned}
&\boldsymbol{X}_j(k+1)=\boldsymbol{X}_j(k)+\alpha(k)\boldsymbol{P}_j(k)\\
&\boldsymbol{Q}_j(k+1)=\boldsymbol{C}_j-\boldsymbol{A}_j\boldsymbol{X}_j(k+1)-\boldsymbol{X}_{j+1}(k)\boldsymbol{B}_{ij}\\
&\boldsymbol{R}_j(k+1)=\boldsymbol{A}_j^{\mathrm{T}}\boldsymbol{Q}_j(k+1)+\boldsymbol{Q}_{j-1}(k+1)\boldsymbol{B}_{j-1}^{\mathrm{T}}\\
&\boldsymbol{P}_j(k+1)=-\boldsymbol{R}_j(k+1)+\frac{\sum\limits_{j=0}^{T-1}\left\|\boldsymbol{R}_j(k+1)\right\|^2}{\sum\limits_{j=0}^{T-1}\left\|\boldsymbol{R}_j(k)\right\|^2}\boldsymbol{P}_j(k)
\end{aligned}
$$

(4)转第(2)步。

这里我们讨论算法 3.4 的收敛性。在讨论之前首先介绍三个必要的引理。

引理 3.8　算法 3.4 中序列$\left\{\boldsymbol{R}_j(k)\right\}$、$\left\{\boldsymbol{P}_j(k)\right\}\left(j\in\overline{1,T-1}\right)$，对于所有 $k\geqslant 0$ 有如下关系成立：

$$
\sum_{j=1}^{T-1}\mathrm{tr}\left[\boldsymbol{R}_j^{\mathrm{T}}(k+1)\boldsymbol{P}_j(k)\right]=0
$$

证明　根据算法 3.4 中 $\boldsymbol{X}_j(k+1)$ 的定义，我们有

$$
\begin{aligned}
\boldsymbol{R}(k+1)=&\boldsymbol{A}_j^{\mathrm{T}}\left(\boldsymbol{C}_j-\boldsymbol{A}_j\boldsymbol{X}_j(k+1)-\boldsymbol{X}_{j+1}(k+1)\boldsymbol{B}_j\right)\\
&+\left(\boldsymbol{C}_{j-1}-\boldsymbol{A}_{j-1}\boldsymbol{X}_{j-1}(k)-\boldsymbol{X}_j(k)\boldsymbol{B}_{j-1}\right)\boldsymbol{B}_{j-1}^{\mathrm{T}}\\
=&\boldsymbol{A}_j^{\mathrm{T}}\left(\boldsymbol{C}_j-\boldsymbol{A}_j\boldsymbol{X}_j(k)-\boldsymbol{X}_{j+1}(k)\boldsymbol{B}_j\right)+\left(\boldsymbol{C}_{j-1}-\boldsymbol{A}_{j-1}\boldsymbol{X}_{j-1}(k)-\boldsymbol{X}_j(k)\boldsymbol{B}_{j-1}\right)\boldsymbol{B}_{j-1}^{\mathrm{T}}\\
&-\alpha(k)\boldsymbol{A}_j^{\mathrm{T}}\left(\boldsymbol{A}_j\boldsymbol{P}_j(k)+\boldsymbol{P}_{j+1}(k)\boldsymbol{B}_j\right)-\alpha(k)\left(\boldsymbol{A}_{j-1}\boldsymbol{P}_{j-1}(k)+\boldsymbol{P}_j(k)\boldsymbol{B}_{j-1}\right)\boldsymbol{B}_{j-1}^{\mathrm{T}}\\
=&\boldsymbol{R}_j(k)-\alpha(k)\boldsymbol{A}_j^{\mathrm{T}}\left(\boldsymbol{A}_j(k)+\boldsymbol{P}_{j+1}(k)\boldsymbol{B}_j\right)-\alpha(k)\left(\boldsymbol{A}_{j-1}\boldsymbol{P}_{j-1}(k)+\boldsymbol{P}_j(k)\boldsymbol{B}_{j-1}\right)\boldsymbol{B}_{j-1}^{\mathrm{T}}
\end{aligned}
$$

观察算法 3.4 中 $\alpha(k)$ 的定义，再进行求和：

$$
\begin{aligned}
&\sum_{j=0}^{T-1}\mathrm{tr}\left[\boldsymbol{R}_j^{\mathrm{T}}(k+1)\boldsymbol{P}_j(k)\right]\\
&=\sum_{j=0}^{T-1}\mathrm{tr}\left[\boldsymbol{R}_j^{\mathrm{T}}(k)\boldsymbol{P}_j(k)\right]-\alpha(k)\sum_{j=0}^{T-1}\mathrm{tr}\left[(\boldsymbol{A}_j\boldsymbol{P}_j(k)+\boldsymbol{P}_{j+1}(k)\boldsymbol{B}_j)^{\mathrm{T}}\boldsymbol{A}_j\boldsymbol{P}_j(k)\right]\\
&\quad-\alpha(k)\sum_{j=0}^{T-1}\mathrm{tr}\left[(\boldsymbol{A}_j\boldsymbol{P}_j(k)+\boldsymbol{P}_{j+1}(k)\boldsymbol{B}_j)^{\mathrm{T}}\boldsymbol{P}_{j+1}(k)\boldsymbol{B}_j\right]\\
&=\sum_{j=0}^{T-1}\mathrm{tr}\left[\boldsymbol{R}_j^{\mathrm{T}}(k)\boldsymbol{P}_j(k)\right]-\alpha(k)\sum_{j=0}^{T-1}\left\|\boldsymbol{A}_j\boldsymbol{P}_j(k)+\boldsymbol{P}_{j+1}(k)\boldsymbol{B}_j\right\|^2\\
&=0
\end{aligned}
$$

则引理 3.7 证明完成。

引理 3.9　算法 3.4 中序列$\{\boldsymbol{R}_i(k)\}$、$\{\boldsymbol{P}_i(k)\}$，对于所有$k \geqslant 0$有如下关系成立：

$$\sum_{j=0}^{T-1} \mathrm{tr}\left[\boldsymbol{R}_j^{\mathrm{T}}(k)\boldsymbol{P}_j(k)\right] = -\sum_{j=0}^{T-1}\left\|\boldsymbol{R}_j\right\|^2 \tag{3-14}$$

证明　易得式(3-14)在$k=0$时显然成立。根据算法 3.4 中$\boldsymbol{P}_j(k+1)$的表达，我们有

$$\mathrm{tr}\left[\boldsymbol{R}_j^{\mathrm{T}}(k+1)\boldsymbol{P}_j(k+1)\right] = -\left\|\boldsymbol{R}_j(k+1)\right\|^2 + \frac{\sum_{j=0}^{T-1}\left\|\boldsymbol{R}_j(k+1)\right\|^2}{\sum_{j=0}^{T-1}\left\|\boldsymbol{R}_j(k)\right\|^2}\mathrm{tr}\left[\boldsymbol{R}_j^{\mathrm{T}}(k+1)\boldsymbol{P}_j(k)\right]$$

接着进行求和：

$$\sum_{j=0}^{T-1}\mathrm{tr}\left[\boldsymbol{R}_j^{\mathrm{T}}(k+1)\boldsymbol{P}_j(k+1)\right] = -\sum_{j=0}^{T-1}\left\|\boldsymbol{R}_j(k+1)\right\|^2 + \frac{\sum_{j=0}^{T-1}\left\|\boldsymbol{R}_j(k+1)\right\|^2}{\sum_{j=0}^{T-1}\left\|\boldsymbol{R}_j(k)\right\|^2}\sum_{j=0}^{T-1}\mathrm{tr}\left[\boldsymbol{R}_j^{\mathrm{T}}(k+1)\boldsymbol{P}_j(k)\right]$$

根据引理 3.7，有

$$\sum_{j=0}^{T-1}\mathrm{tr}\left[\boldsymbol{R}_j^{\mathrm{T}}(k)\boldsymbol{P}_j(k)\right] = -\sum_{j=0}^{T-1}\left\|\boldsymbol{R}_j(k)\right\|^2$$

则引理 3.8 得证。

引理 3.10　对于算法 3.4 中的序列$\{\boldsymbol{R}_j(k)\}$、$\{\boldsymbol{P}_j(k)\}$，有如下关系成立：

$$\sum_{k\geqslant 0}\frac{\left(\sum_{j=0}^{T-1}\left\|\boldsymbol{R}_j(k)\right\|\right)^2}{\sum_{j=0}^{T-1}\left\|\boldsymbol{P}_j(k)\right\|^2} < \infty$$

证明　首先，记

$$\pi = \left\|\begin{bmatrix} \boldsymbol{E}\otimes\boldsymbol{A}_0 & \boldsymbol{B}_0^{\mathrm{T}}\otimes\boldsymbol{E} & & & \\ & \boldsymbol{E}\otimes\boldsymbol{A}_1 & \boldsymbol{B}_1^{\mathrm{T}}\otimes\boldsymbol{E} & & \\ & & \boldsymbol{E}\otimes\boldsymbol{A}_2 & & \\ & & & \ddots & \boldsymbol{B}_{T-2}^{\mathrm{T}}\otimes\boldsymbol{E} \\ \boldsymbol{B}_{T-1}^{\mathrm{T}}\otimes\boldsymbol{E} & & & & \boldsymbol{E}\otimes\boldsymbol{A}_{T-1} \end{bmatrix}\right\|_2^2$$

和

$$\tilde{\boldsymbol{A}}_j=\boldsymbol{E}\otimes\boldsymbol{A}_j,\ \tilde{\boldsymbol{B}}_j=\boldsymbol{B}_j^{\mathrm{T}}\otimes\boldsymbol{E},\ \tilde{\boldsymbol{P}}_j=\mathrm{vec}(\boldsymbol{P}_j(k))$$

式中，$\boldsymbol{E}$ 为 n 阶单位矩阵。根据 Kronecker 乘积的性质，我们有

$$\begin{aligned}
&\sum_{j=0}^{T-1}\left\|\boldsymbol{A}_j\boldsymbol{P}_j(k)+\boldsymbol{P}_{j+1}(k)\boldsymbol{B}_j\right\|^2\\
&=\sum_{j=0}^{T-1}\left\|\tilde{\boldsymbol{A}}_j\tilde{\boldsymbol{P}}_j(k)+\tilde{\boldsymbol{P}}_{j+1}(k)\tilde{\boldsymbol{B}}_j\right\|^2\\
&=\left\|\begin{matrix}\tilde{\boldsymbol{A}}_0\tilde{\boldsymbol{P}}_0+\tilde{\boldsymbol{B}}_0\tilde{\boldsymbol{P}}_1\\ \tilde{\boldsymbol{A}}_1\tilde{\boldsymbol{P}}_1+\tilde{\boldsymbol{B}}_1\tilde{\boldsymbol{P}}_2\\ \vdots\\ \tilde{\boldsymbol{A}}_{T-1}\tilde{\boldsymbol{P}}_{T-1}+\tilde{\boldsymbol{B}}_{T-1}\tilde{\boldsymbol{P}}_0\end{matrix}\right\|^2\\
&=\left\|\begin{bmatrix}\tilde{\boldsymbol{A}}_0 & \tilde{\boldsymbol{B}}_0 & & & \\ & \tilde{\boldsymbol{A}}_1 & \tilde{\boldsymbol{B}}_1 & & \\ & & \tilde{\boldsymbol{A}}_2 & & \\ & & & \ddots & \tilde{\boldsymbol{B}}_{T-2}\\ \tilde{\boldsymbol{B}}_{T-1} & & & & \tilde{\boldsymbol{A}}_{T-1}\end{bmatrix}\begin{bmatrix}\tilde{\boldsymbol{P}}_0\\ \tilde{\boldsymbol{P}}_1\\ \tilde{\boldsymbol{P}}_2\\ \vdots\\ \tilde{\boldsymbol{P}}_{T-1}\end{bmatrix}\right\|^2\\
&\leqslant\left\|\begin{bmatrix}\tilde{\boldsymbol{A}}_0 & \tilde{\boldsymbol{B}}_0 & & & \\ & \tilde{\boldsymbol{A}}_1 & \tilde{\boldsymbol{B}}_1 & & \\ & & \tilde{\boldsymbol{A}}_2 & & \\ & & & \ddots & \tilde{\boldsymbol{B}}_{T-2}\\ \tilde{\boldsymbol{B}}_{T-1} & & & & \tilde{\boldsymbol{A}}_{T-1}\end{bmatrix}\right\|_2^2\left\|\begin{bmatrix}\tilde{\boldsymbol{P}}_0\\ \tilde{\boldsymbol{P}}_1\\ \tilde{\boldsymbol{P}}_2\\ \vdots\\ \tilde{\boldsymbol{P}}_{T-1}\end{bmatrix}\right\|^2\\
&=\pi\sum_{j=0}^{T-1}\left\|\boldsymbol{P}_j(k)\right\|^2
\end{aligned}$$

这也就是说，上式可以转化为

$$\sum_{j=0}^{T-1}\left\|\boldsymbol{A}_j\boldsymbol{P}_j(k)+\boldsymbol{P}_{j+1}(k)\boldsymbol{B}_j\right\|^2\leqslant\pi\sum_{j=0}^{T-1}\left\|\boldsymbol{P}_j(k)\right\|^2 \tag{3-15}$$

根据算法 3.3 中的表达式与引理 3.8，对于 $k\geqslant 0$，我们有

$$J(k+1)=\frac{1}{2}\sum_{j=0}^{T-1}\left\|\boldsymbol{Q}_j(k)-\alpha(k)\left[\boldsymbol{A}_j\boldsymbol{P}_j(k)+\boldsymbol{P}_{j+1}(k)\boldsymbol{B}_j\right]\right\|^2$$

$$
\begin{aligned}
&=\frac{1}{2}\sum_{j=0}^{T-1}\left\|\boldsymbol{Q}_j(k)\right\|^2-\alpha(k)\sum_{j=0}^{T-1}\operatorname{tr}\left[\boldsymbol{Q}_j^{\mathrm{T}}(k)(\boldsymbol{A}_j\boldsymbol{P}_j(k)+\boldsymbol{P}_{j+1}(k)\boldsymbol{B}_j)\right]\\
&\quad+\frac{1}{2}\alpha^2(k)\sum_{j=0}^{T-1}\left\|\boldsymbol{A}_j\boldsymbol{P}_j(k)+\boldsymbol{P}_{j+1}(k)\boldsymbol{B}_j\right\|^2\\
&=J(k)-\alpha(k)\sum_{j=0}^{T-1}\operatorname{tr}\left[\boldsymbol{P}_j^{\mathrm{T}}(k)\boldsymbol{A}_j^{\mathrm{T}}\boldsymbol{Q}_j(k)+\boldsymbol{P}_j^{\mathrm{T}}(k)\boldsymbol{Q}_{j-1}\boldsymbol{B}_{j-1}^{\mathrm{T}}\right]\\
&\quad+\frac{1}{2}\alpha(k)\sum_{j=0}^{T-1}\operatorname{tr}\left[\boldsymbol{P}_j^{\mathrm{T}}(k)\boldsymbol{R}_j(k)\right]\\
&=J(k)-\frac{1}{2}\alpha(k)\sum_{j=0}^{T-1}\operatorname{tr}\left[\boldsymbol{P}_j^{\mathrm{T}}(k)\boldsymbol{R}_j(k)\right]
\end{aligned}
$$

再一次根据 $\alpha(k)$ 的表达式，有

$$
J(k+1)-J(k)=-\frac{1}{2}\frac{\left(\sum_{j=0}^{T-1}\operatorname{tr}\left[\boldsymbol{P}_j^{\mathrm{T}}(k)\boldsymbol{R}_j(k)\right]\right)^2}{\sum_{j=0}^{T-1}\left\|\boldsymbol{A}_j\boldsymbol{P}_j(k)+\boldsymbol{P}_{j+1}(k)\boldsymbol{B}_j\right\|^2}\leqslant 0 \tag{3-16}
$$

这也就是说，序列 $\{J(\boldsymbol{X}(k))\}$ 是收敛的。因此，对于所有 $k\geqslant 1$ 都有

$$
J(k+1)\leqslant J(k)
$$

继而，有

$$
\sum_{k=0}^{\infty}\left[J(k)-J(k+1)\right]=J(0)-\lim_{k\to\infty}J(k)<\infty \tag{3-17}
$$

另外，将式 (3-5) 与式 (3-6) 结合，得

$$
\begin{aligned}
\sum_{k\geqslant 0}\frac{\left(\sum_{j=0}^{T-1}\left\|\boldsymbol{R}_j(k)\right\|\right)^2}{\sum_{j=0}^{T-1}\left\|\boldsymbol{P}_j(k)\right\|^2}&=\sum_{k\geqslant 0}\frac{\left(\sum_{j=0}^{T-1}\operatorname{tr}\left[\boldsymbol{R}_j^{\mathrm{T}}(k)\boldsymbol{P}_j(k)\right]\right)^2}{\sum_{j=0}^{T-1}\left\|\boldsymbol{P}_j(k)\right\|^2}\\
&\leqslant\pi\sum_{k\geqslant 0}\frac{\left(\sum_{j=0}^{T-1}\operatorname{tr}\left[\boldsymbol{R}_j^{\mathrm{T}}(k)\boldsymbol{P}_j(k)\right]\right)^2}{\sum_{j=0}^{T-1}\left\|\boldsymbol{A}_j\boldsymbol{P}_j(k)+\boldsymbol{P}_{j+1}(k)\boldsymbol{B}_j\right\|^2}=2\pi\left(J(0)-\lim_{k\to\infty}J(k)\right)\\
&<\infty
\end{aligned}
$$

至此引理 3.9 可以得证。

至此我们可以得到如下结论。

定理 3.4　算法 3.4 中序列 $\left\{\boldsymbol{R}_j(k)\right\}$ 满足

$$\lim_{k\to\infty}\left\|\boldsymbol{R}_j(k)\right\|=0$$

则算法 3.4 得到的 $\boldsymbol{X}_j(k)\left(j\in\overline{1,T-1}\right)$ 收敛到方程(3-12)的一个最小二乘解。

证明　根据引理 3.7 和算法 3.4 中 $\boldsymbol{P}_j(k+1)$ 的表示，我们可以得到如下关系：

$$\begin{aligned}
&\sum_{j=0}^{T-1}\left\|\boldsymbol{P}_j(k+1)\right\|^2\\
&=\sum_{j=0}^{T-1}\left\|-\boldsymbol{R}_j(k+1)+\frac{\sum\limits_{j=0}^{T-1}\left\|\boldsymbol{R}_j(k+1)\right\|^2}{\sum\limits_{j=0}^{T-1}\left\|\boldsymbol{R}_j(k)\right\|^2}\boldsymbol{P}_j(k)\right\|^2\\
&=\left(\frac{\sum\limits_{j=0}^{T-1}\left\|\boldsymbol{R}_j(k+1)\right\|^2}{\sum\limits_{j=0}^{T-1}\left\|\boldsymbol{R}_j(k)\right\|^2}\right)^2\left(\sum_{j=0}^{T-1}\left\|\boldsymbol{P}_j(k)\right\|^2\right)+\sum_{j=0}^{T-1}\left\|\boldsymbol{R}_j(k+1)\right\|^2
\end{aligned}$$

记

$$t_k=\frac{\sum\limits_{j=0}^{T-1}\left\|\boldsymbol{P}_j(k)\right\|^2}{\left(\sum\limits_{j=0}^{T-1}\left\|\boldsymbol{R}_j(k)\right\|^2\right)^2}$$

则上述关系可以等价为

$$t_{k+1}=t_k+\frac{1}{\sum\limits_{j=0}^{T-1}\left\|\boldsymbol{R}_j(k+1)\right\|^2}\tag{3-18}$$

利用反证法进行证明。假设

$$\lim_{k\to\infty}\sum_{j=0}^{T-1}\left\|\boldsymbol{R}_j(k)\right\|^2\neq 0\tag{3-19}$$

则存在常数 $\delta>0$ 使得对于所有 $k\geqslant 0$，有

$$\sum_{j=0}^{T-1}\left\|\boldsymbol{R}_j(k)\right\|^2>\delta$$

据式(3-18)和式(3-19)，有

$$t_{k+1}<t_0+\frac{k+1}{\delta}$$

即

$$\frac{1}{t_{k+1}}\geqslant\frac{\delta}{\delta t_0+k+1}$$

于是有

$$\sum_{k=0}^{\infty}\frac{1}{t_k}\geqslant\sum_{k=1}^{\infty}\frac{\delta}{\delta t_0+k}=\infty$$

然而该结论与引理 3.8 矛盾，则定理 3.4 得证。

3.3.3　数值算例

例 3.2　设周期为 3 的 Sylvester 矩阵方程(3-12)有如下参数：

$$\boldsymbol{A}_0=\begin{bmatrix}2.7 & 0.9\\ -1.1 & 2.3\end{bmatrix},\ \boldsymbol{A}_1=\begin{bmatrix}4.2 & 1.3\\ -1.9 & 3.8\end{bmatrix},\ \boldsymbol{A}_2=\begin{bmatrix}6.1 & 3.8\\ -3.1 & 6.3\end{bmatrix}$$

$$\boldsymbol{B}_0=\begin{bmatrix}1.5 & -0.2\\ 0.4 & 1\end{bmatrix},\ \boldsymbol{B}_1=\begin{bmatrix}2.1 & -0.4\\ 0.4 & 2\end{bmatrix},\ \boldsymbol{B}_2=\begin{bmatrix}3.1 & -0.6\\ 0.7 & 3.5\end{bmatrix}$$

$$\boldsymbol{C}_0=\begin{bmatrix}13.2 & 10.6\\ 0.6 & 8.4\end{bmatrix},\ \boldsymbol{C}_1=\begin{bmatrix}26.4 & 21.2\\ 1.2 & 16.4\end{bmatrix},\ \boldsymbol{C}_2=\begin{bmatrix}38.6 & 32.1\\ 1.6 & 24.2\end{bmatrix}$$

则方程(3-12)的解为

$$\boldsymbol{X}_0=\begin{bmatrix}2.2793996 & 2.1443471\\ -0.0051932 & 2.8579759\end{bmatrix}$$

$$\boldsymbol{X}_1=\begin{bmatrix}3.8959223 & 3.0173185\\ 0.9146406 & 4.3687107\end{bmatrix}$$

$$X_2=\begin{bmatrix}3.7974097 & 2.1833681\\1.8075207 & 3.3273581\end{bmatrix}$$

利用算法 3.4，设初始矩阵 $X_0(0)=X_1(0)=X_2(0)=10^{-6}I_{2\times 2}$，迭代误差定义为

$$\delta(k)=\sqrt{\frac{\sum_{j=0}^{T-1}\left\|X_j(k)-X\right\|^2}{\sum_{j=0}^{T-1}\left\|X_j(k)\right\|^2}}$$

数值结果在图 3-2 中可以得到体现。可见的是，当迭代次数 k 增加时，迭代误差 $\delta(k)$ 会趋于 0。

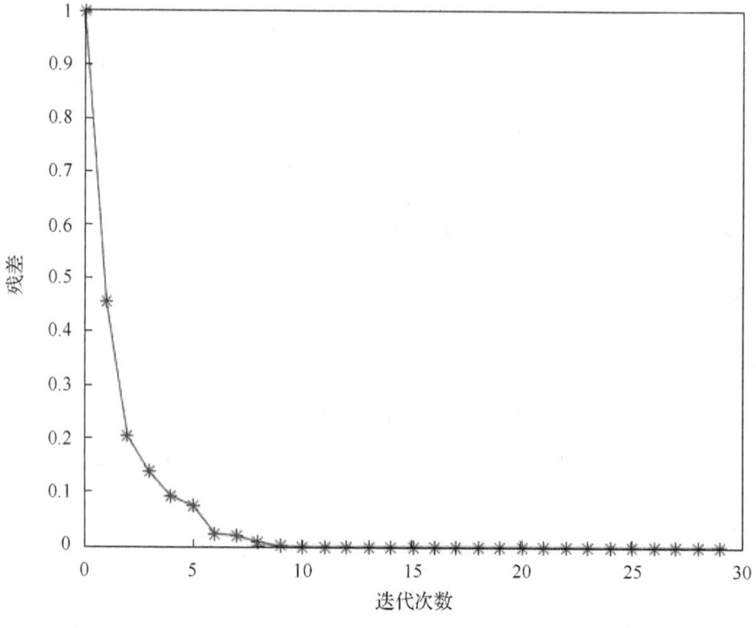

图 3-2　算法 3.4 的残差

3.4　周期 Sylvester 矩阵方程的参数化解

3.4.1　问题提出

一般来说，线性离散周期系统由下面的状态空间表示：

$$\begin{cases}x(t+1)=A(t)x(t)+B(t)u(t)\\y(t)=C(t)x(t)\end{cases}\tag{3-20}$$

式中，$t\in\mathbf{Z},\boldsymbol{x}(t)\in\mathbf{R}^n,\boldsymbol{u}(t)\in\mathbf{R}^r,\boldsymbol{y}(t)\in\mathbf{R}^m$ 分别是系统的状态向量、输入向量和输出向量。矩阵 $\boldsymbol{A}(t)\in\mathbf{R}^{n\times n},\boldsymbol{B}(t)\in\mathbf{R}^{n\times r}$ 和 $\boldsymbol{C}(t)\in\mathbf{R}^{m\times n}$ 是系统的相应系数矩阵，并且是以整数 T 周期变化的，也就是说

$$\boldsymbol{A}(t+T)=\boldsymbol{A}(t),\boldsymbol{B}(t+T)=\boldsymbol{B}(t),\boldsymbol{C}(t+T)=\boldsymbol{C}(t),\forall t\in\mathbf{Z}$$

记

$$\begin{aligned}&\boldsymbol{\Phi}_A(j,i)=\boldsymbol{A}(j-1)\boldsymbol{A}(j-2)\cdots\boldsymbol{A}(i),\ \forall j>i\\&\boldsymbol{\Phi}_A(i,i)=\boldsymbol{I}_n\end{aligned}\tag{3-21}$$

和

$$\begin{aligned}&\boldsymbol{\Psi}_A(j,i)=\boldsymbol{A}(j)\boldsymbol{A}(j+1)\cdots\boldsymbol{A}(i-1),\ \forall j>i\\&\boldsymbol{\Psi}_A(i,i)=\boldsymbol{I}_n\end{aligned}\tag{3-22}$$

事实上，$\boldsymbol{\Phi}_A(\tau+T,\tau)$ 是系统(3-20)的单值性矩阵，是不依赖于时刻 τ 的，且其特征值被称为周期系统(3-20)的特征乘子或者极点。系统的渐近稳定性取决于它的极点是否位于单位圆内。

和周期系统(3-20)密切相关的是下述两类推广的离散周期 Sylvester 矩阵方程：

$$\boldsymbol{A}(t)\boldsymbol{V}(t)-\boldsymbol{V}(t+1)\boldsymbol{F}(t)=\boldsymbol{B}(t)\boldsymbol{W}(t),t\in\overline{0,T-1},\boldsymbol{V}_0=\boldsymbol{V}_T\tag{3-23}$$

和

$$\boldsymbol{A}(t)\boldsymbol{V}(t+1)-\boldsymbol{V}(t)\boldsymbol{F}(t)=\boldsymbol{B}(t)\boldsymbol{W}(t),t\in\overline{0,T-1},\boldsymbol{V}_0=\boldsymbol{V}_T\tag{3-24}$$

式中，$\boldsymbol{A}(t)\in\mathbf{R}^{n\times n},\boldsymbol{B}(t)\in\mathbf{R}^{n\times r}$ 和 $\boldsymbol{C}(t)\in\mathbf{R}^{m\times n}$ $\left(t\in\overline{0,T-1}\right)$ 是已知的矩阵，$\boldsymbol{V}(t)\in\mathbf{R}^{n\times m}$，$\boldsymbol{W}(t)\in\mathbf{R}^{r\times m}$ $\left(t\in\overline{0,T-1}\right)$ 是待求解的矩阵。模仿文献[102]中关于周期 Lyapunov 方程的概念，分别称方程(3-23)和方程(3-24)为前向离散周期 Sylvester 方程(forward discrete periodic Sylvester equation，FDPSE)和逆向离散周期 Sylvester 方程(reversed discrete periodic Sylvester equation，RDPSE)。当利用周期状态反馈控制律来处理系统(3-20)的极点配置问题时，会遇到 FDPSE (3-23)，其中 $\boldsymbol{F}(t)$ $\left(t\in\overline{0,T-1}\right)$ 被要求满足 $\boldsymbol{\Phi}_F(T,0)$ 拥有欲配置的极点[63]。当处理系统(3-20)的 Luenberger 观测器设计问题时，会遇到 RDPSE (3-24)，其中 $\boldsymbol{F}(t)$ $\left(t\in\overline{0,T-1}\right)$ 被要求满足矩阵 $\boldsymbol{\Phi}_F$ $(T,0)$ 是稳定的。极点配置和观测器设计是控制系统设计中的基本问题，许多其他问题如镇定、故障诊断、渐近跟踪和鲁棒控制器设计等都可以归结为这两个问题。因此，推广的离散周期 Sylvester 矩阵方程(3-23)和方程(3-24) 发

挥着重要的作用。

3.4.2 主要结果

在本节，将首先通过合理的假设和一些代数技巧，将 FDPSE 和 RDPSE 转化为一般的 Sylvester 矩阵方程，通过利用一般的 Sylvester 矩阵方程的解来得到 FDPSE 和 RDPSE 的完全参数化解。然后利用线性离散周期系统本身的一些特性，得到这两类方程解的一些性质。

定理 3.5 考虑前向离散周期 Sylvester 矩阵方程(3-23)。如果 $\boldsymbol{F}(t)\left(t\in\overline{0,T-2}\right)$ 都是非奇异的，则 FDPSE（3-23)与下述推广的 Sylvester 矩阵方程具有相同的解集：

$$\boldsymbol{\Phi}_A(T,0)\boldsymbol{V}(0)-\boldsymbol{V}(0)\boldsymbol{\Phi}_F(T,0)=\overline{\boldsymbol{B}}\,\overline{\boldsymbol{W}}$$

式中，

$$\overline{\boldsymbol{W}}=\left[\overline{\boldsymbol{W}}^{\mathrm{T}}(0)\ \ \overline{\boldsymbol{W}}^{\mathrm{T}}(1)\ \ \cdots\ \ \overline{\boldsymbol{W}}^{\mathrm{T}}(T-1)\right]^{\mathrm{T}}$$

$$\overline{\boldsymbol{W}}(j)=\overline{\boldsymbol{W}}(j)\boldsymbol{\Phi}_F(j,0),\ j\in\overline{0,T-1}$$

$$\overline{\boldsymbol{B}}=[\boldsymbol{\Phi}_A(T,1)\boldsymbol{B}(0)\ \ \boldsymbol{\Phi}_A(T,2)\boldsymbol{B}(1)\ \ \cdots\ \ \boldsymbol{\Phi}_A(T,T)\boldsymbol{B}(T-1)]$$

证明 方程(3-23)可以分散地写作

$$\begin{array}{c}\boldsymbol{A}(0)\boldsymbol{V}(0)-\boldsymbol{V}(1)\boldsymbol{F}(0)=\boldsymbol{B}(0)\boldsymbol{W}(0)\\ \vdots\end{array}\tag{3-25}$$

$$\boldsymbol{A}(T-3)\boldsymbol{V}(T-3)-\boldsymbol{V}(T-2)\boldsymbol{F}(T-3)=\boldsymbol{B}(T-3)\boldsymbol{W}(T-3)\tag{3-26}$$

$$\boldsymbol{A}(T-2)\boldsymbol{V}(T-2)-\boldsymbol{V}(T-1)\boldsymbol{F}(T-2)=\boldsymbol{B}(T-2)\boldsymbol{W}(T-2)\tag{3-27}$$

$$\boldsymbol{A}(T-1)\boldsymbol{V}(T-1)-\boldsymbol{V}(0)\boldsymbol{F}(T-1)=\boldsymbol{B}(T-1)\boldsymbol{W}(T-1)\tag{3-28}$$

用矩阵 $\boldsymbol{F}(T-2)$ 同时右乘方程(3-28)的两侧，有

$$\boldsymbol{\Phi}_A(T-1)\boldsymbol{V}(T-1)\boldsymbol{F}(T-2)-\boldsymbol{V}(0)\boldsymbol{F}(T-1)\boldsymbol{F}(T-2)=\boldsymbol{B}(T-1)\boldsymbol{W}(T-1)\boldsymbol{F}(T-2)$$

将方程(3-27)代入上式，可以得到

$$\begin{aligned}&\boldsymbol{\Phi}_A(T,T-2)\boldsymbol{V}(T-2)-\boldsymbol{V}(0)\boldsymbol{\Phi}_F(T,T-2)\boldsymbol{V}(T-2)\\&=\boldsymbol{\Phi}_A(T,T-1)\boldsymbol{B}(T-2)\boldsymbol{W}(T-2)+\boldsymbol{B}(T-1)\boldsymbol{W}(T-2)\boldsymbol{F}(T-2)\end{aligned}\tag{3-29}$$

用矩阵 $\boldsymbol{F}(T-3)$ 同时右乘方程(3-29)的两侧，并将方程(3-26)代入所得到的等式，可以得到

$$\begin{aligned}&\boldsymbol{\Phi}_A(T,T-3)\boldsymbol{V}(T-3)-\boldsymbol{V}(0)\boldsymbol{\Phi}_F(T,T-3)=\boldsymbol{\Phi}_A(T,T-2)\boldsymbol{B}(T-3)\boldsymbol{W}(T-3)\\&+\boldsymbol{\Phi}_A(T,T-1)\boldsymbol{B}(T-2)\boldsymbol{W}(T-2)\boldsymbol{F}(T-3)+\boldsymbol{B}(T-1)\boldsymbol{W}(T-2)\boldsymbol{F}(T-2)\boldsymbol{F}(T-3)\end{aligned}$$

重复这个过程，直到方程(3-25)被代入相应的式子，可以得到

$$\boldsymbol{\Phi}_A(T,0)\boldsymbol{V}(0)-\boldsymbol{V}(0)\boldsymbol{\Phi}_F(T,0)\boldsymbol{V}(T-2)=\sum_{j=0}^{T-1}\boldsymbol{\Phi}_A(T,j+1)\boldsymbol{B}(j)\boldsymbol{W}(j)\boldsymbol{\Phi}_F(j,0) \tag{3-30}$$

利用假设

$$\overline{\boldsymbol{W}}=\left[\overline{\boldsymbol{W}}^{\mathrm{T}}(0)\quad \overline{\boldsymbol{W}}^{\mathrm{T}}(1)\quad \cdots\quad \overline{\boldsymbol{W}}^{\mathrm{T}}(T-1)\right]^{\mathrm{T}}$$

$$\overline{\boldsymbol{W}}(j)=\overline{\boldsymbol{W}}(j)\boldsymbol{\Phi}_F(j,0),\ j\in\overline{0,T-1}$$

和

$$\overline{\boldsymbol{B}}=[\boldsymbol{\Phi}_A(T,1)\boldsymbol{B}(0)\quad \boldsymbol{\Phi}_A(T,2)\boldsymbol{B}(1)\quad \cdots\quad \boldsymbol{\Phi}_A(T,T)\boldsymbol{B}(T-1)]$$

方程(3-30)变为

$$\boldsymbol{\Phi}_A(T,0)\boldsymbol{V}(0)-\boldsymbol{V}(0)\boldsymbol{\Phi}_F(T,0)=\overline{\boldsymbol{B}}\,\overline{\boldsymbol{W}} \tag{3-31}$$

由 $\boldsymbol{F}(t)\ \left(t\in\overline{0,T-1}\right)$ 的非奇异性可知，上述变换过程是可逆的，故命题得证。

相似地，对于 RDPSE (3-24)，我们有下面结论。

定理 3.6　考虑逆向离散周期 Sylvester 矩阵方程(3-24)。如果 $\boldsymbol{F}(t)\ \left(t\in\overline{0,T-1}\right)$ 都是非奇异的，则 RDPSE (3-24)与下述推广的 Sylvester 矩阵方程具有相同的解集：

$$\boldsymbol{\Phi}_A(0,T)\boldsymbol{V}(0)-\boldsymbol{V}(0)\boldsymbol{\Phi}_F(0,T)=\hat{\boldsymbol{B}}\hat{\boldsymbol{W}}$$

式中，

$$\hat{\boldsymbol{W}}=\left[\hat{\boldsymbol{W}}^{\mathrm{T}}(0)\quad \hat{\boldsymbol{W}}^{\mathrm{T}}(1)\quad \cdots\quad \hat{\boldsymbol{W}}^{\mathrm{T}}(T-1)\right]^{\mathrm{T}}$$

$$\hat{\boldsymbol{W}}_j=\boldsymbol{W}_j\boldsymbol{\Psi}_F(j+1,T),\ j\in\overline{0,T-1}$$

$$\hat{\boldsymbol{B}}=\left[\boldsymbol{\Psi}_A(0,0)\boldsymbol{B}(0)\quad \boldsymbol{\Psi}_A(0,1)\boldsymbol{B}(1)\quad \cdots\quad \boldsymbol{\Psi}_A(0,T-1)\boldsymbol{B}(T-1)\right]$$

证明　方程(3-24)可以分散地写作

$$\boldsymbol{A}(0)\boldsymbol{V}(1)-\boldsymbol{V}(0)\boldsymbol{F}(0)=\boldsymbol{B}(0)\boldsymbol{W}(0) \tag{3-32}$$

$$\boldsymbol{A}(1)\boldsymbol{V}(2)-\boldsymbol{V}(1)\boldsymbol{F}(1)=\boldsymbol{B}(1)\boldsymbol{W}(1) \tag{3-33}$$

$$\boldsymbol{A}(2)\boldsymbol{V}(3)-\boldsymbol{V}(2)\boldsymbol{F}(2)=\boldsymbol{B}(2)\boldsymbol{W}(2) \tag{3-34}$$

$$\vdots$$

$$\boldsymbol{A}(T-1)\boldsymbol{V}(0)-\boldsymbol{V}(T-1)\boldsymbol{F}(T-1)=\boldsymbol{B}(T-1)\boldsymbol{W}(T-1) \tag{3-35}$$

用矩阵 $\boldsymbol{F}(1)$ 同时右乘方程(3-32)的两侧，有

$$\boldsymbol{A}(0)\boldsymbol{V}(1)\boldsymbol{F}(1)-\boldsymbol{V}(0)\boldsymbol{F}(0)\boldsymbol{F}(1)=\boldsymbol{B}(0)\boldsymbol{W}(0)\boldsymbol{F}(1)$$

将方程(3-33)代入上式，可以得到

$$\boldsymbol{\Phi}_A(0,2)\boldsymbol{V}(2)-\boldsymbol{V}(0)\boldsymbol{\Phi}_F(0,2)=\boldsymbol{\Phi}_A(0,1)\boldsymbol{B}(1)\boldsymbol{W}(1)+\boldsymbol{B}(0)\boldsymbol{W}(0)\boldsymbol{F}(1) \tag{3-36}$$

用矩阵 $\boldsymbol{F}(2)$ 同时右乘方程(3-36)的两侧，并将方程(3-34)代入所得到的等式，可以得到

$$\begin{aligned}&\boldsymbol{\Phi}_A(0,3)\boldsymbol{V}(3)-\boldsymbol{V}(0)\boldsymbol{\Phi}_F(0,3)\\&=\boldsymbol{\Phi}_A(0,2)\boldsymbol{B}(2)\boldsymbol{W}(2)+\boldsymbol{\Phi}_A(0,1)\boldsymbol{B}(1)\boldsymbol{W}(1)\boldsymbol{F}(2)+\boldsymbol{B}(0)\boldsymbol{W}(0)\boldsymbol{F}(1)\boldsymbol{F}(2)\end{aligned}$$

重复整个过程，直到方程(3-35)被代入相应的式子，可以得到

$$\boldsymbol{\Phi}_A(0,T)\boldsymbol{V}(0)-\boldsymbol{V}(0)\boldsymbol{\Phi}_F(0,T)=\sum_{j=0}^{T-1}\boldsymbol{\Phi}_A(0,j)\boldsymbol{B}(j)\boldsymbol{W}(j)\boldsymbol{\Psi}_F(j+1,T) \tag{3-37}$$

利用假设

$$\hat{\boldsymbol{W}}=\left[\hat{\boldsymbol{W}}^{\mathrm{T}}(0)\ \ \hat{\boldsymbol{W}}^{\mathrm{T}}(1)\ \ \cdots\ \ \hat{\boldsymbol{W}}^{\mathrm{T}}(T-1)\right]^{\mathrm{T}}$$

$$\hat{\boldsymbol{W}}_j=\boldsymbol{W}_j\boldsymbol{\Psi}_F(j+1,T),\ j\in\overline{0,T-1}$$

和

$$\hat{\boldsymbol{B}}=\left[\boldsymbol{\Phi}_A(0,0)\boldsymbol{B}(0)\ \ \boldsymbol{\Phi}_A(0,1)\boldsymbol{B}(1)\ \ \cdots\ \ \boldsymbol{\Phi}_A(0,T-1)\boldsymbol{B}(T-1)\right]$$

方程(3-37)变为

$$\boldsymbol{\Phi}_A(T,0)\boldsymbol{V}(0)-\boldsymbol{V}(0)\boldsymbol{\Phi}_F(T,0)=\hat{\boldsymbol{B}}\hat{\boldsymbol{W}} \tag{3-38}$$

由 $\boldsymbol{F}(t)(t\in\overline{0,T-1})$ 的非奇异性可知，上述变换过程是可逆的，故命题得证。

令 $\boldsymbol{N}_\mathrm{f}(s)\in\mathbf{R}^{n\times Tr}(s)$ 和 $\boldsymbol{D}_\mathrm{f}(s)\in\mathbf{R}^{Tr\times Tr}(s)$ 是关于 s 的右互质多项式矩阵，满足关系：

$$(\boldsymbol{\Phi}_A(T,0)-s\boldsymbol{I})^{-1}\hat{\boldsymbol{B}}=\boldsymbol{N}_\mathrm{f}(s)\boldsymbol{D}_\mathrm{f}^{-1}(s) \tag{3-39}$$

如果记

$$\boldsymbol{D}_\mathrm{f}(s)=\left[d_{ij}^\mathrm{f}(s)\right]_{Tr\times Tr},\boldsymbol{N}_\mathrm{f}(s)=\left[n_{ij}^\mathrm{f}(s)\right]_{n\times Tr}$$

且

$$\omega_1^\mathrm{f}=\max(\deg(d_{ij}^\mathrm{f}(s)),i,j=1,2,\cdots,Tr)$$

$$\omega_2^\mathrm{f}=\max(\deg(n_{ij}^\mathrm{f}(s)),i=1,2,\cdots,n,j=1,2,\cdots,Tr)$$

$$\omega^\mathrm{f}=\max(\omega_1^\mathrm{f},\omega_2^\mathrm{f})$$

则 $N_\mathrm{f}(s)$ 和 $D_\mathrm{f}(s)$ 可以被重新表示为如下形式：

$$\begin{cases}\boldsymbol{N}_\mathrm{f}(s)=\sum\limits_{i=0}^{\omega^\mathrm{f}}\boldsymbol{N}_i^\mathrm{f}s^i,\boldsymbol{N}_i^\mathrm{f}\in\mathbf{R}^{n\times Tr}\\ \boldsymbol{D}_\mathrm{f}(s)=\sum\limits_{i=0}^{\omega^\mathrm{f}}\boldsymbol{D}_i^\mathrm{f}s^i,\boldsymbol{D}_i^\mathrm{f}\in\mathbf{R}^{Tr\times Tr}\end{cases} \tag{3-40}$$

以同样的方式，令 $\boldsymbol{N}_\mathrm{r}(s)=\left[n_{ij}^\mathrm{r}(s)\right]_{n\times Tr}$ 和 $\boldsymbol{D}_\mathrm{r}(s)=\left[d_{ij}^\mathrm{r}(s)\right]_{Tr\times Tr}$ 是关于 s 的右互质多项式矩阵，满足如下关系：

$$(\boldsymbol{\Psi}_A(0,T)-s\boldsymbol{I})^{-1}\hat{\boldsymbol{B}}=\boldsymbol{N}_\mathrm{r}(s)\boldsymbol{D}_\mathrm{r}^{-1}(s) \tag{3-41}$$

记

$$\boldsymbol{D}_\mathrm{r}(s)=\left[d_{ij}^\mathrm{r}(s)\right]_{Tr\times Tr},\boldsymbol{N}_\mathrm{r}(s)=\left[n_{ij}^\mathrm{r}(s)\right]_{n\times Tr}$$

$$\omega_1^\mathrm{r}=\max(\deg(d_{ij}^\mathrm{r}(s)),i,j=1,2,\cdots,Tr)$$

$$\omega_2^\mathrm{r}=\max(\deg(n_{ij}^\mathrm{r}(s)),i=1,2,\cdots,n,j=1,2,\cdots,Tr)$$

$$\omega^\mathrm{r}=\max(\omega_1^\mathrm{r},\omega_2^\mathrm{r})$$

则 $\boldsymbol{N}_{\mathrm{r}}(s)$ 和 $\boldsymbol{D}_{\mathrm{r}}(s)$ 可以被重新表示为如下形式：

$$\begin{cases}\boldsymbol{N}_{\mathrm{r}}(s)=\sum\limits_{i=0}^{\omega^{\mathrm{r}}}\boldsymbol{N}_i^{\mathrm{r}}s^i,\boldsymbol{N}_i^{\mathrm{r}}\in\mathbf{R}^{n\times Tr}\\ \boldsymbol{D}_{\mathrm{r}}(s)=\sum\limits_{i=0}^{\omega^{\mathrm{r}}}\boldsymbol{D}_i^{\mathrm{r}}s^i,\boldsymbol{D}_i^{\mathrm{r}}\in\mathbf{R}^{Tr\times Tr}\end{cases}\tag{3-42}$$

有了上面这些准备工作，利用定理 3.5、定理 3.6 和文献[103]中关于推广的Sylvester 矩阵方程的结论，我们可以得到下面的两个定理。

定理 3.7 考虑前向离散周期 Sylvester 矩阵方程(3-23)。记 $\tilde{\boldsymbol{B}}=\left[\boldsymbol{\Phi}_A(T,1)\boldsymbol{B}(0)\ \ \boldsymbol{\Phi}_A(T,2)\boldsymbol{B}(1)\ \ \cdots\ \ \boldsymbol{\Phi}_A(T,T)\boldsymbol{B}(T-1)\right]$。多项式矩阵 $\boldsymbol{N}_{\mathrm{f}}(s)$、$\boldsymbol{D}_{\mathrm{f}}(s)$ 由式(3-40)给出，且满足关系式(3-39)。若矩阵 $\boldsymbol{F}(t)\left(t\in\overline{0,T-2}\right)$ 是非奇异的，且 $(s\boldsymbol{I}-\boldsymbol{\Phi}_A(T,0))$ 和 $\tilde{\boldsymbol{B}}$ 是 $\boldsymbol{\Phi}_F(T,0)$ 左互质的，则有以下结论。

(1) 对于任意的矩阵 $\boldsymbol{Z}\in\mathbf{R}^{Tr\times n}$，由下式

$$\begin{aligned}\tilde{\boldsymbol{W}}&=\left[\tilde{\boldsymbol{W}}^{\mathrm{T}}(0)\ \ \tilde{\boldsymbol{W}}^{\mathrm{T}}(1)\ \ \cdots\ \ \tilde{\boldsymbol{W}}^{\mathrm{T}}(T-1)\right]^{\mathrm{T}}\\&=\boldsymbol{D}_0^{\mathrm{f}}\boldsymbol{Z}+\boldsymbol{D}_1^{\mathrm{f}}\boldsymbol{Z}\boldsymbol{\Phi}_F(T,0)+\cdots+\boldsymbol{D}_{\omega^{\mathrm{f}}}^{\mathrm{f}}\boldsymbol{Z}\boldsymbol{\Phi}_F^{\omega^{\mathrm{f}}}(T,0)\end{aligned}\tag{3-43}$$

$$\boldsymbol{W}(t)=\tilde{\boldsymbol{W}}(t)\boldsymbol{\Phi}_F^{-1}(t,0),t\in\overline{0,T-1}\tag{3-44}$$

$$\boldsymbol{V}(0)=\boldsymbol{N}_0^{\mathrm{f}}\boldsymbol{Z}+\boldsymbol{N}_1^{\mathrm{f}}\boldsymbol{Z}\boldsymbol{\Phi}_F(T,0)+\cdots+\boldsymbol{N}_{\omega^{\mathrm{f}}}^{\mathrm{f}}\boldsymbol{Z}\boldsymbol{\Phi}_F^{\omega^{\mathrm{f}}}(T,0)\tag{3-45}$$

$$\boldsymbol{V}(t)=(\boldsymbol{A}(t-1)\boldsymbol{V}(t-1)-\boldsymbol{B}(t-1)\boldsymbol{W}(t-1))\boldsymbol{F}^{-1}(t-1),t\in\overline{0,T-1}\tag{3-46}$$

给出的矩阵 $\boldsymbol{W}(t),\boldsymbol{V}(t)\left(t\in\overline{0,T-1}\right)$，满足前向离散周期 Sylvester 矩阵方程(3-23)。

(2) 满足前向周期 Sylvester 矩阵方程(3-23)的所有矩阵 $\boldsymbol{W}(t)\in\mathbf{R}^{r\times n}$，$\boldsymbol{V}(t)\in\mathbf{R}^{n\times n}\left(t\in\overline{0,T-1}\right)$ 可以参数化为方程(3-43)~方程(3-46)，当且仅当 $\boldsymbol{N}_{\mathrm{f}}(s)$ 和 $\boldsymbol{D}_{\mathrm{f}}(s)$ 是 $\boldsymbol{\Phi}_F(T,0)$ 左互质的。

定理 3.8 考虑逆向离散周期 Sylvester 矩阵方程(3-24)。记 $\hat{\boldsymbol{B}}=\left[\boldsymbol{\Psi}_A(0,0)\boldsymbol{B}(0)\ \ \boldsymbol{\Psi}_A(0,1)\boldsymbol{B}(1)\ \ \cdots\ \ \boldsymbol{\Psi}_A(0,T-1)\boldsymbol{B}(T-1)\right]$。多项式矩阵 $\boldsymbol{N}_{\mathrm{r}}(s)$ 和 $\boldsymbol{D}_{\mathrm{r}}(s)$ 由式(3-42)给出，且满足关系(3-41)。若矩阵 $\boldsymbol{F}(t)\left(t\in\overline{0,T-1}\right)$ 是非奇异的，且 $(s\boldsymbol{I}-\boldsymbol{\Psi}_A(0,T))$ 和 $\hat{\boldsymbol{B}}$ 是 $\boldsymbol{\Psi}_F(0,T)$ 左互质的，则

(1) 对于任意的矩阵 $\boldsymbol{Z}\in\mathbf{R}^{Tr\times n}$，有

$$\begin{aligned}\hat{\boldsymbol{W}} &= \left[\hat{\boldsymbol{W}}^{\mathrm{T}}(0) \quad \hat{\boldsymbol{W}}^{\mathrm{T}}(1) \quad \cdots \quad \hat{\boldsymbol{W}}^{\mathrm{T}}(T-1)\right]^{\mathrm{T}} \\ &= \boldsymbol{D}_0^{\mathrm{r}}\boldsymbol{Z} + \boldsymbol{D}_1^{\mathrm{r}}\boldsymbol{Z}\boldsymbol{\Psi}_F(T,0) + \cdots + \boldsymbol{D}_{\omega^{\mathrm{r}}}^{\mathrm{r}}\boldsymbol{Z}\boldsymbol{\Phi}_F^{\omega^{\mathrm{r}}}(0,T)\end{aligned} \tag{3-47}$$

$$\boldsymbol{W}(t) = \hat{\boldsymbol{W}}(t)\boldsymbol{\Psi}_F^{-1}(t+1,T), t \in \overline{0,T-1} \tag{3-48}$$

$$\boldsymbol{V}(0) = \boldsymbol{N}_0^{\mathrm{r}}\boldsymbol{Z} + \boldsymbol{N}_1^{\mathrm{r}}\boldsymbol{Z}\boldsymbol{\Psi}_F(0,T) + \cdots \boldsymbol{N}_{\omega^{\mathrm{r}}}^{\mathrm{r}}\boldsymbol{Z}\boldsymbol{\Psi}_F^{\omega^{\mathrm{r}}}(0,T) \tag{3-49}$$

$$\boldsymbol{V}(t) = (\boldsymbol{A}(t)\boldsymbol{V}(t+1) - \boldsymbol{B}(t)\boldsymbol{W}(t))(\boldsymbol{F}(t))^{-1}, t \in \overline{T-1,1} \tag{3-50}$$

(2) 满足逆向周期 Sylvester 矩阵方程(3-24)的所有矩阵 $\boldsymbol{W}(t) \in \mathbf{R}^{r\times n}$，$\boldsymbol{V}(t) \in \mathbf{R}^{n\times n}\left(t \in \overline{0,T-1}\right)$可以参数化为方程(3-48)~方程(3-50)，当且仅当 $\boldsymbol{N}_{\mathrm{r}}(s)$ 和 $\boldsymbol{D}_{\mathrm{r}}(s)$ 是 $\boldsymbol{\Psi}_F(T,0)$ 左互质的。

推论 3.1　考虑前向离散周期 Sylvester 矩阵方程(3-23)。记 $\tilde{\boldsymbol{B}} = [\boldsymbol{\Phi}_A(T,1)\boldsymbol{B}(0) \quad \boldsymbol{\Phi}_A(T,2)\boldsymbol{B}(1) \quad \cdots \quad \boldsymbol{\Phi}_A(T,T)\boldsymbol{B}(T-1)]$。若矩阵 $\boldsymbol{F}(i)\left(i \in \overline{0,T-2}\right)$ 是非奇异的，且下面的两个条件之一成立，则方程(3-23)的解 $(\boldsymbol{V}(\cdot),\boldsymbol{W}(\cdot))$ 的自由度是 Trm。

(1) 矩阵 $\boldsymbol{\Phi}_F(T,0)$ 的特征值不同于系统(3-20)的极点。

(2) 周期矩阵对 $(\boldsymbol{A}(\cdot),\boldsymbol{B}(\cdot))$ 是完全能达的。

证明　由第一个条件可知，对于任意的 $s \in \lambda(\boldsymbol{\Phi}_F(T,0))$，都有 $s\boldsymbol{I} - \boldsymbol{\Phi}_A(T,0)$ 非奇异，这就使得

$$\operatorname{rank}\left[s\boldsymbol{I} - \boldsymbol{\Phi}_A(T,0) \quad \tilde{\boldsymbol{B}}\right] = n, \forall s \in \lambda(\boldsymbol{\Phi}_F(T,0)) \tag{3-51}$$

也就是说，矩阵 $(s\boldsymbol{I} - \boldsymbol{\Phi}_A(T,0))$ 和 $\tilde{\boldsymbol{B}}$ 是 $\boldsymbol{\Phi}_F(T,0)$ 左互质的。

由第二个条件，矩阵对 $(\boldsymbol{A}(\cdot),\boldsymbol{B}(\cdot))$ 是完全能达的，可知：

$$\operatorname{rank}(\tilde{\boldsymbol{B}}) = n$$

故

$$\operatorname{rank}\left[s\boldsymbol{I} - \boldsymbol{\Phi}_A(T,0) \quad \tilde{\boldsymbol{B}}\right] = n, \forall s \in \lambda(\boldsymbol{\Phi}_F(T,0))$$

同样，对于逆向离散周期 Sylvester 矩阵方程(3-24)，有下面的推论。

推论 3.2　考虑逆向离散周期 Sylvester 矩阵方程(3-24)。记 $\hat{\boldsymbol{B}} = [\boldsymbol{B}(0) \quad \boldsymbol{\Psi}_A(0,1)\boldsymbol{B}(1) \quad \cdots \quad \boldsymbol{\Psi}_A(0,T-1)\boldsymbol{B}(T-1)]$。若 $\boldsymbol{F}(t)\left(t \in \overline{0,T-2}\right)$ 是非奇异的，且下面的两个条件之一成立，则方程(3-24)的解 $(\boldsymbol{V}(\cdot),\boldsymbol{W}(\cdot))$ 的自由度是 Trm。

(1) 矩阵 $\boldsymbol{\Psi}_A(0,T)$ 的特征值不同于系统(3-20)的极点。

(2) 周期矩阵对 $(\boldsymbol{A}^{\mathrm{T}}(\cdot),\boldsymbol{B}^{\mathrm{T}}(\cdot))$ 是完全能观测的。

证明　由第一个条件可知，对于任意的 $s\in\lambda(\boldsymbol{\Psi}_F(T,0))$，都有 $s\boldsymbol{I}-\boldsymbol{\Psi}_A(0,T)$ 非奇异，这就使得

$$\operatorname{rank}\begin{bmatrix} s\boldsymbol{I}-\boldsymbol{\Psi}_A(0,T) & \hat{\boldsymbol{B}} \end{bmatrix}=n,\forall s\in\lambda(\boldsymbol{\Psi}_F(0,T))$$

也就是说，矩阵 $(s\boldsymbol{I}-\boldsymbol{\Psi}_A(0,T))$ 和 $\hat{\boldsymbol{B}}$ 是 $\boldsymbol{\Psi}_F(0,T)$ 左互质的。

由第二个条件，矩阵对 $(\boldsymbol{A}^{\mathrm{T}}(\cdot),\boldsymbol{B}^{\mathrm{T}}(\cdot))$ 是完全能达的，可知

$$\operatorname{rank}(\hat{\boldsymbol{B}})=n$$

故

$$\operatorname{rank}\begin{bmatrix} s\boldsymbol{I}-\boldsymbol{\Psi}_A(0,T) & \hat{\boldsymbol{B}} \end{bmatrix}=n,\forall s\in\lambda(\boldsymbol{\Psi}_F(0,T))$$

注解 3.6　当前向离散周期 Sylvester 矩阵方程(3-23)被用来处理极点配置问题，并且零极点是欲配置的极点时，我们可以将零极点放在矩阵 $\boldsymbol{F}(T-1)$ 中，因为要保证矩阵 $\boldsymbol{F}(i)\left(i\in\overline{0,T-2}\right)$ 是非奇异的。这样，闭环系统的极点就可以被配置到任何想要的地方。

3.4.3　数值算例

例 3.3　考虑逆向离散周期 Sylvester 矩阵方程(3-24)。已知矩阵：

$$\boldsymbol{A}(t)=\begin{cases}\begin{bmatrix}0 & 1\\ 3 & 0\end{bmatrix}, & t=3k\\ \begin{bmatrix}0 & 1\\ 1 & 2\end{bmatrix}, & t=3k+1\\ \begin{bmatrix}0 & 1\\ 2 & 1\end{bmatrix}, & t=3k+2\end{cases}$$

$$\boldsymbol{B}(t)=\begin{bmatrix}0\\ 1\end{bmatrix}$$

$$\boldsymbol{F}(t)=\begin{cases}\begin{bmatrix}1 & 2\\ 4 & 2\end{bmatrix}, & t=3k\\ \begin{bmatrix}2 & 3\\ 1 & 2\end{bmatrix}, & t=3k+1\\ \begin{bmatrix}-0.5 & 0\\ 0 & 0.5\end{bmatrix}, & t=3k+2\end{cases}$$

式中，$k\in\mathbf{Z}$。容易算得

$$\boldsymbol{\Psi}_A(0,3)=\begin{bmatrix}4 & 3\\ 6 & 3\end{bmatrix},\hat{\boldsymbol{B}}=\begin{bmatrix}0 & 1 & 2\\ 1 & 0 & 3\end{bmatrix}$$

求解因式分解为

$$(\boldsymbol{\Psi}_A(0,3)-s\boldsymbol{I})^{-1}\hat{\boldsymbol{B}}=\boldsymbol{N}_{\mathrm{r}}(s)\boldsymbol{D}_{\mathrm{r}}^{-1}(s)$$

得到右互质多项式矩阵：

$$\boldsymbol{N}_{\mathrm{r}}(s)=\begin{bmatrix}1 & 0 & 0\\ 0 & 1 & 0\end{bmatrix},\ \boldsymbol{D}_{\mathrm{r}}(s)=\begin{bmatrix}6 & 3-s & 3\\ 4-s & 3 & 2\\ 0 & 0 & -1\end{bmatrix}$$

故

$$\boldsymbol{N}_0^{\mathrm{r}}=\begin{bmatrix}1 & 0 & 0\\ 0 & 1 & 0\end{bmatrix},\ \boldsymbol{D}_0^{\mathrm{r}}=\begin{bmatrix}6 & 3 & 3\\ 4 & 3 & 2\\ 0 & 0 & -1\end{bmatrix},\ \boldsymbol{D}_1^{\mathrm{r}}=\begin{bmatrix}0 & -1 & 0\\ -1 & 0 & 0\\ 0 & 0 & 0\end{bmatrix}$$

令 $\boldsymbol{Z}=\begin{bmatrix}z_{11} & z_{12}\\ z_{21} & z_{22}\\ z_{31} & z_{32}\end{bmatrix}$ 为一个任意的实矩阵，根据定理 3.8，可以得到

$$\boldsymbol{W}(0)=\begin{bmatrix}-16z_{11}-\dfrac{15}{2}z_{21}-8z_{31}+5z_{22}+10z_{12}+5z_{32}\\ 7z_{11}+\dfrac{7}{2}z_{21}+\dfrac{7}{2}z_{31}-\dfrac{5}{2}z_{22}-4z_{12}-2z_{32}\end{bmatrix}^{\mathrm{T}}$$

$$W(1)=\begin{bmatrix}\dfrac{17}{2}z_{11}+6z_{21}+4z_{31}-6z_{12}-3z_{22}-2z_{32}\\-11z_{11}-9z_{21}-6z_{31}+7z_{12}+6z_{22}+4z_{32}\end{bmatrix}^{\mathrm{T}}$$

$$W(2)=\begin{bmatrix}-Z_{31} & -Z_{32}\end{bmatrix},\ V(0)=\begin{bmatrix}z_{11} & z_{12}\\z_{21} & z_{22}\end{bmatrix}$$

$$V(1)=\begin{bmatrix}-\dfrac{16}{3}z_{11}-\dfrac{8}{3}z_{21}-\dfrac{8}{3}z_{31}+\dfrac{10}{3}z_{12}+\dfrac{5}{3}z_{22}+\dfrac{5}{3}z_{32}\\-\dfrac{1}{2}z_{11}\\\dfrac{7}{3}z_{11}+\dfrac{7}{6}z_{21}+\dfrac{7}{6}z_{31}-\dfrac{4}{3}z_{12}-\dfrac{2}{3}z_{22}-\dfrac{2}{3}z_{32}\\\dfrac{1}{2}z_{12}\end{bmatrix}$$

$$V(2)=\begin{bmatrix}2z_{21}-z_{22}\\4z_{11}+2z_{21}+2z_{31}-2z_{12}-z_{22}-z_{32}\\-3z_{21}+2z_{22}\\-6z_{11}-3z_{21}-3z_{31}+4z_{12}+2z_{22}+2z_{32}\end{bmatrix}$$

容易验证这些解确实满足方程(3-24)。

3.5 周期调节矩阵方程的参数化解

3.5.1 问题提出

周期调节方程和周期离散系统密切相关，具有如下的形式：

$$A_kV_k-V_{k+1}F_k=B_kW_k+R_k,\ k\in I[0,T-1],\quad V_0=V_T,\quad W_0=W_T \tag{3-52}$$

$$A_kV_{k+1}-V_kF_k=B_kW_k+R_k,\ k\in I[0,T-1],\quad V_0=V_T,\quad W_0=W_T \tag{3-53}$$

式中，$A_k\in\mathbf{R}^{n\times n},B_k\in\mathbf{R}^{n\times r},F_k\in\mathbf{R}^{m\times m}$，$k\in I[0,T-1]$，它们都是已知的以$T$为周期的矩阵。$V_k\in\mathbf{R}^{n\times n},W_k\in\mathbf{R}^{r\times m}$ $\left(k\in I[0,T-1]\right)$是未知矩阵，被称为周期调节方程。

当$R_k=0$时，上述两个方程可以转化为 Sylvester 方程：

$$A_kV_k-V_{k+1}F_k=B_kW_k,\ k\in I[0,T-1],\quad V_0=V_T,\quad W_0=W_T \tag{3-54}$$

$$A_kV_{k+1}-V_kF_k=B_kW_k,\ k\in I[0,T-1],\quad V_0=V_T,\quad W_0=W_T \tag{3-55}$$

当离散周期系统，通过状态反馈处理极点配置问题时，我们遇到了 FDPSE (3-54)。当处理离散周期系统中的状态观测器设计问题时，我们遇到了 FDPSE (3-55)。此外求解周期 Sylvester 矩阵方程，可以根据求解周期 Lyapunov 方程来实现。在一些文献中对周期离散 Sylvester 矩阵方程进行了讨论，例如，通过将 A_k、B_k 转化成周期实 Schur 形，Sylvester 矩阵方程的特殊形式的解 X_k，可以通过 Bartels-Stewart 方法计算出来。

当 T=1 时，方程（3-54）和方程（3-55）退化成

$$AV-VF=BW \tag{3-56}$$

当 T=1 时，方程(3-52)和方程(3-53)退化成

$$AV-VF=BW+R \tag{3-57}$$

令 $A\in\mathbf{R}^{n\times n},B\in\mathbf{R}^{n\times r},C\in\mathbf{R}^{m\times n}$，定义

$$Q_c(A,B,k)=\begin{bmatrix}B & AB & \cdots & A^{k-1}B\end{bmatrix}$$

$$Q_0(A,C,k)=Q_c^T(A^T,C^T,k)=\begin{bmatrix}C\\ CA\\ \vdots\\ CA^{k-1}\end{bmatrix}$$

对于如下多项式：

$$f(\lambda,p)=\lambda^p+f_{p-1}\lambda^{p-1}+\cdots+f_1s+f_0$$

定义 $f(\lambda,p)$ 的对称算子为

$$S(f,p)=\begin{bmatrix}f_1 & f_2 & \cdots & f_{p-1} & 1\\ f_2 & f_3 & \cdots & 1 & \\ \vdots & \vdots & \iddots & & \\ f_{p-1} & 1 & & & \\ 1 & & & & \end{bmatrix}$$

相似地，我们可以引进如下矩阵多项式：

$$D(\lambda,\omega)=D_\omega\lambda^\omega+D_{\omega-1}\lambda^{\omega-1}+\cdots+D_1\lambda+D_0$$

定义 $D(\lambda,\omega)$ 对称算子为

$$S(\boldsymbol{D},\omega)=\begin{bmatrix} \boldsymbol{D}_1 & \boldsymbol{D}_2 & \cdots & \boldsymbol{D}_{\omega-1} & \boldsymbol{D}_\omega \\ \boldsymbol{D}_2 & \boldsymbol{D}_3 & \cdots & \boldsymbol{D}_\omega & \\ \vdots & \vdots & \iddots & & \\ \boldsymbol{D}_{\omega-1} & \boldsymbol{D}_\omega & & & \\ \boldsymbol{D}_\omega & & & & \end{bmatrix}$$

矩阵 $\boldsymbol{A}_t\in\mathbf{R}^{n\times n}, t\in\{0,1,\cdots,T-1\}$，并且周期为 T，定义：

$$\boldsymbol{\varPhi}_A(j,i)=\boldsymbol{A}(j-1)\boldsymbol{A}(j-2)\cdots\boldsymbol{A}(i),\quad \forall_j>i$$
$$\boldsymbol{\varPhi}_A(j,i)=\boldsymbol{I}_n$$
$$\boldsymbol{\varPsi}_A(j,i)=\boldsymbol{A}(j-1)\boldsymbol{A}(j-2)\cdots\boldsymbol{A}(i),\quad \forall_j<i$$
$$\boldsymbol{\varPsi}_A(j,i)=\boldsymbol{I}_n$$

下面我们将引用广义 Sylvester 矩阵方程的两个结论。

引理 3.11　令 $\boldsymbol{A}\in\mathbf{R}^{n\times n},\boldsymbol{B}\in\mathbf{R}^{n\times r}$ 是两个已知矩阵，如果存在一个标量 ω 和一系列矩阵 $\boldsymbol{D}_i\in\mathbf{R}^{Tr\times Tr}\quad(i=0,1,\cdots,\omega)$ 满足

$$\boldsymbol{BD}_0+\boldsymbol{ABD}_1+\cdots+\boldsymbol{A}^{\omega-1}\boldsymbol{BD}_{\omega-1}+\boldsymbol{A}^{\omega}\boldsymbol{BD}_\omega=0$$

$$\begin{cases}\boldsymbol{V}=\boldsymbol{Q}_{\mathrm{c}}(\boldsymbol{A},\boldsymbol{B},\omega)\boldsymbol{S}(\boldsymbol{D},\omega)\boldsymbol{Q}_{\mathrm{o}}(\boldsymbol{F},\boldsymbol{Z},\omega)\\ \boldsymbol{W}=-\boldsymbol{D}_0\boldsymbol{Z}-\boldsymbol{D}_1\boldsymbol{ZF}-\cdots-\boldsymbol{D}_\omega\boldsymbol{ZF}^{\omega}\end{cases}\tag{3-58}$$

满足广义 Sylvester 矩阵方程(3-56)。式中，$\boldsymbol{Z}\in\mathbf{R}^{Tr\times n}$ 是任意参数矩阵方程。

进一步，如果 $\boldsymbol{A}\in\mathbf{R}^{n\times n},\boldsymbol{B}\in\mathbf{R}^{n\times r},\boldsymbol{F}^{n\times r}$ 对任意 $\lambda\in\sigma(\boldsymbol{F})$ 满足

$$\operatorname{rank}[\boldsymbol{A}-\lambda\boldsymbol{I}\quad \boldsymbol{B}]=n$$

且矩阵

$$\boldsymbol{D}(\lambda,\omega)=\sum_{i=0}^{\omega}\boldsymbol{D}_i\lambda^i,\forall\lambda\in\sigma(\boldsymbol{F})$$

都是非奇异的，则所有满足矩阵方程(3-56)的矩阵 $\boldsymbol{V}$ 和 $\boldsymbol{W}$ 可以参数化为方程(3-58)。

引理 3.12　令 $\boldsymbol{A}\in\mathbf{R}^{n\times n},\boldsymbol{B}\in\mathbf{R}^{n\times r},\mathbf{R}^{n\times p}$ 是已知矩阵，如果存在两个标量 ψ、q 和一系列矩阵 $\boldsymbol{D}_i^*\in\mathbf{R}^{r\times q}\quad(i=0,1,\cdots,\psi)$ 满足

$$\boldsymbol{BD}_0^*+\boldsymbol{ABD}_1^*+\cdots+\boldsymbol{A}^{\psi-1}\boldsymbol{BD}_{\psi-1}^*+\boldsymbol{A}^{\psi}\boldsymbol{BD}_{\psi-1}^*=\boldsymbol{V}$$

$$\boldsymbol{VW}=\boldsymbol{R}$$

则调节矩阵方程(3-57)的特解可以描述为

$$\begin{cases} \boldsymbol{X}^* = \boldsymbol{Q}_c(\boldsymbol{A},\boldsymbol{B},\psi)\boldsymbol{S}(\boldsymbol{D}^*,\psi)\boldsymbol{Q}_o(\boldsymbol{F},\boldsymbol{W},\psi) \\ \boldsymbol{Y}^* = -\boldsymbol{D}_0^*\boldsymbol{Z} - \boldsymbol{D}_1^*\boldsymbol{Z}\boldsymbol{F} - \cdots - \boldsymbol{D}_\psi^*\boldsymbol{Z}\boldsymbol{F}^\psi \end{cases}$$

3.5.2 主要结果

在本节中，我们将给出周期调节矩阵方程(3-52)和方程(3-53)的参数化解。

定理 3.9 如果 $\boldsymbol{F}_k(k\in \boldsymbol{I}[0,T-2])$ 是满秩矩阵，方程(3-52)可以写成如下方程：

$$\begin{cases} \boldsymbol{\Phi}_A(\boldsymbol{T},0)\boldsymbol{V}_0 - \boldsymbol{V}_0\boldsymbol{\Phi}_F(T,0) = \boldsymbol{B}\boldsymbol{W} + \boldsymbol{R} \\ \boldsymbol{V}_k = (\boldsymbol{A}_{k-1}\boldsymbol{V}_{k-1} - \boldsymbol{B}_{k-1}\boldsymbol{W}_{k-1} - \boldsymbol{R}_{k-1})\boldsymbol{F}_{k-1}^{-1}, \quad k\in \boldsymbol{I}[1,T-1] \end{cases} \tag{3-59}$$

式中，

$$\boldsymbol{W} = \begin{bmatrix} \boldsymbol{W}_0^{\mathrm{T}} & \boldsymbol{W}_1^{\mathrm{T}} & \cdots & \boldsymbol{W}_{T-1}^{\mathrm{T}} \end{bmatrix}^{\mathrm{T}}, \boldsymbol{W}_j = \boldsymbol{W}_j\boldsymbol{\Phi}_F(j,0), j\in \boldsymbol{I}[0,T-1] \tag{3-60}$$

$$\boldsymbol{B} = [\boldsymbol{\Phi}_A(T,1)\boldsymbol{B}_0 \quad \boldsymbol{\Phi}_A(T,2)\boldsymbol{B}_1 \quad \cdots \quad \boldsymbol{\Phi}_A(T,T)\boldsymbol{B}_{T-1}] \tag{3-61}$$

$$\boldsymbol{R} = \sum_{j=0}^{T-1}\boldsymbol{\Phi}_A(T,j+1)\boldsymbol{R}_j\boldsymbol{\Phi}_F(j,0) \tag{3-62}$$

证明 方程(3-52)可以写成

$$\begin{array}{c} \boldsymbol{A}_0\boldsymbol{V}_0 - \boldsymbol{V}_1\boldsymbol{F}_0 = \boldsymbol{B}_0\boldsymbol{W}_0 + \boldsymbol{R}_0 \\ \vdots \end{array} \tag{3-63}$$

$$\boldsymbol{A}_{T-3}\boldsymbol{V}_{T-3} - \boldsymbol{V}_{T-2}\boldsymbol{F}_{T-3} = \boldsymbol{B}_{T-3}\boldsymbol{W}_{T-3} + \boldsymbol{R}_{T-3} \tag{3-64}$$

$$\boldsymbol{A}_{T-2}\boldsymbol{V}_{T-2} - \boldsymbol{V}_{T-1}\boldsymbol{F}_{T-2} = \boldsymbol{B}_{T-2}\boldsymbol{W}_{T-2} + \boldsymbol{R}_{T-2} \tag{3-65}$$

$$\boldsymbol{A}_{T-1}\boldsymbol{V}_{T-1} - \boldsymbol{V}_0\boldsymbol{F}_{T-1} = \boldsymbol{B}_{T-1}\boldsymbol{W}_{T-1} + \boldsymbol{R}_{T-1} \tag{3-66}$$

用 $\boldsymbol{F}_{T-2}$ 同时右乘方程(3-66)的两边，并且结合方程(3-65)可以得到

$$\begin{aligned} &\boldsymbol{\Phi}_A(T,T-2)\boldsymbol{V}_{T-2} - \boldsymbol{V}_0\boldsymbol{\Phi}_F(T,T-2) \\ &= \boldsymbol{\Phi}_A(T,T-1)(\boldsymbol{B}_{T-2}\boldsymbol{W}_{T-2} + \boldsymbol{R}_{T-2}) + \boldsymbol{B}_{T-1}\boldsymbol{W}_{T-1}\boldsymbol{F}_{T-2} + \boldsymbol{R}_{T-1}\boldsymbol{F}_{T-2} \end{aligned} \tag{3-67}$$

用 $\boldsymbol{F}_{T-3}$ 同时右乘方程(3-67)的两边，并且将方程(3-64)代入，我们可以得到

$$\boldsymbol{\Phi}_A(T,T-3)\boldsymbol{V}_{T-3} - \boldsymbol{V}_0\boldsymbol{\Phi}_F(T,T-3) = \boldsymbol{\Phi}_A(T,T-2)(\boldsymbol{B}_{T-3}\boldsymbol{W}_{T-3} + \boldsymbol{R}_{T-3})$$

$$+\boldsymbol{\Phi}_A(T,T-1)(\boldsymbol{B}_{T-2}\boldsymbol{W}_{T-2} + \boldsymbol{R}_{T-2}) + \boldsymbol{B}_{T-1}\boldsymbol{W}_{T-1}\boldsymbol{F}_{T-2}\boldsymbol{F}_{T-3} + \boldsymbol{R}_{T-1}\boldsymbol{F}_{T-2}\boldsymbol{F}_{T-3}$$

重复上述过程，直到方程(3-63)被代入，我们可以得到

$$\begin{aligned}&\boldsymbol{\Phi}_A(T,0)\boldsymbol{V}_0-\boldsymbol{V}_0\boldsymbol{\Phi}_F(T,0)\\&=\sum_{j=0}^{T-1}\boldsymbol{\Phi}_A(T,j+1)\boldsymbol{B}_j\boldsymbol{W}_j\boldsymbol{\Phi}_F(j,0)+\sum_{j=0}^{T-1}\boldsymbol{\Phi}_A(T,j+1)\boldsymbol{R}_j\boldsymbol{\Phi}_F(j,0)\end{aligned} \tag{3-68}$$

注意到式(3-60)和式(3-61)，式（3-68）为方程(3-59)的第一个式子。这个过程是可逆的，因为矩阵 $\boldsymbol{F}_k\left(k\in\boldsymbol{I}[0,T-2]\right)$ 是可逆矩阵。

定理 3.10　如果 $\boldsymbol{F}_k\left(k\in\boldsymbol{I}[1,T-1]\right)$ 是非奇异矩阵，方程(3-53)可以等效为

$$\begin{cases}\boldsymbol{\Psi}_A(0,T)\boldsymbol{V}_0-\boldsymbol{V}_0\boldsymbol{\Psi}_F(0,T)=\boldsymbol{B}\boldsymbol{W}+\boldsymbol{R}\\\boldsymbol{V}_k=(\boldsymbol{A}_k\boldsymbol{V}_{k+1}-\boldsymbol{B}_k\boldsymbol{W}_k)\boldsymbol{F}_k^{-1},\quad k\in\boldsymbol{I}[1,T-1]\end{cases} \tag{3-69}$$

式中，

$$\boldsymbol{W}=\left[\boldsymbol{W}_0^{\mathrm{T}}\quad\boldsymbol{W}_1^{\mathrm{T}}\quad\cdots\quad\boldsymbol{W}_{T-1}^{\mathrm{T}}\right]^{\mathrm{T}},\ \boldsymbol{W}_j=\boldsymbol{W}_j\boldsymbol{\psi}_F(j+1,T),j\in\boldsymbol{I}[0,T-1]$$

$$\boldsymbol{B}=[\boldsymbol{\psi}_A(0,0)\boldsymbol{B}_0\quad\boldsymbol{\psi}_A(0,1)\boldsymbol{B}_1\quad\cdots\quad\boldsymbol{\psi}_A(0,T-1)\boldsymbol{B}_{T-1}] \tag{3-70}$$

$$\boldsymbol{R}=\sum_{j=0}^{T-1}\boldsymbol{\psi}_A(0,j)\boldsymbol{R}_j\boldsymbol{\psi}_F(j+1,T) \tag{3-71}$$

证明　方程(3-53)可以写成

$$\boldsymbol{A}_0\boldsymbol{V}_1-\boldsymbol{V}_0\boldsymbol{F}_0=\boldsymbol{B}_0\boldsymbol{W}_0+\boldsymbol{R}_0 \tag{3-72}$$

$$\boldsymbol{A}_1\boldsymbol{V}_2-\boldsymbol{V}_1\boldsymbol{F}_1=\boldsymbol{B}_1\boldsymbol{W}_1+\boldsymbol{R}_1 \tag{3-73}$$

$$\boldsymbol{A}_2\boldsymbol{V}_3-\boldsymbol{V}_2\boldsymbol{F}_2=\boldsymbol{B}_2\boldsymbol{W}_2+\boldsymbol{R}_2 \tag{3-74}$$

$$\vdots$$

$$\boldsymbol{A}_{T-1}\boldsymbol{V}_T-\boldsymbol{V}_{T-1}\boldsymbol{F}_{T-1}=\boldsymbol{B}_{T-1}\boldsymbol{W}_{T-1}+\boldsymbol{R}_{T-1} \tag{3-75}$$

在方程(3-72)两边同时右乘 $\boldsymbol{F}_1$，可以得到

$$\boldsymbol{A}_0\boldsymbol{V}_1\boldsymbol{F}_1-\boldsymbol{V}_0\boldsymbol{F}_0\boldsymbol{F}_1=(\boldsymbol{B}_0\boldsymbol{W}_0+\boldsymbol{R}_0)\boldsymbol{F}_1$$

将方程(3-73)代入上式，得

$$\boldsymbol{\Psi}_A(0,2)\boldsymbol{V}_2-\boldsymbol{V}_0\boldsymbol{\Psi}_F(0,2)=\boldsymbol{\Psi}_A(0,1)(\boldsymbol{B}_1\boldsymbol{W}_1+\boldsymbol{R}_1)+\boldsymbol{B}_0\boldsymbol{W}_0\boldsymbol{F}_1+\boldsymbol{R}_0\boldsymbol{F}_1 \tag{3-76}$$

用 $\boldsymbol{F}_2$ 同时右乘这个方程的两边，并且结合方程(3-74)，我们可以得到

$$\begin{aligned}&\boldsymbol{\Psi}_A(0,3)\boldsymbol{V}_3-\boldsymbol{V}_0\boldsymbol{\Psi}_F(0,3)\\&=\boldsymbol{\Psi}_A(0,2)(\boldsymbol{B}_2\boldsymbol{W}_2+\boldsymbol{R}_2)+\boldsymbol{\Psi}_A(0,1)(\boldsymbol{B}_1\boldsymbol{W}_1+\boldsymbol{R}_1)\boldsymbol{F}_2+(\boldsymbol{B}_0\boldsymbol{W}_0+\boldsymbol{R}_0)\boldsymbol{F}_1\boldsymbol{F}_2\end{aligned}$$

重复上述过程，直到方程(3-75)被代入，我们可以得到

$$\begin{aligned}&\boldsymbol{\Psi}_A(0,T)\boldsymbol{V}_0-\boldsymbol{V}_0\boldsymbol{\Psi}_F(0,T)\\&=\sum_{j=0}^{T-1}\boldsymbol{\Psi}_A(0,j)\boldsymbol{B}_j\boldsymbol{W}_j\boldsymbol{\Psi}_F(j+1,T)+\sum_{j=0}^{T-1}\boldsymbol{\Psi}_A(0,j)\boldsymbol{R}_j\boldsymbol{\Psi}_F(j+1,T)\end{aligned}\tag{3-77}$$

利用假设

$$\boldsymbol{W}=\left[\boldsymbol{W}_0^{\mathrm{T}}\quad \boldsymbol{W}_1^{\mathrm{T}}\quad\cdots\quad \boldsymbol{W}_{T-1}^{\mathrm{T}}\right]^{\mathrm{T}},\boldsymbol{W}_j=\boldsymbol{W}_j\boldsymbol{\Psi}_F(j+1,T),j\in\boldsymbol{I}[0,T-1]$$

$$\boldsymbol{B}=[\boldsymbol{\Psi}_A(0,0)\boldsymbol{B}_0\quad \boldsymbol{\Psi}_A(0,1)\boldsymbol{B}_1\quad\cdots\quad \boldsymbol{\Psi}_A(0,T-1)\boldsymbol{B}_{T-1}]$$

$$\boldsymbol{R}=\sum_{j=0}^{T-1}\boldsymbol{\Psi}_A(0,j)\boldsymbol{R}_j\boldsymbol{\Psi}_F(j+1,T)$$

方程(3-53)可以写成

$$\boldsymbol{\Psi}_A(0,T)\boldsymbol{V}_0-\boldsymbol{V}_0\boldsymbol{\Psi}_F(0,T)=\boldsymbol{B}\boldsymbol{W}+\boldsymbol{R}$$

通过非奇异矩阵 $\boldsymbol{F}_k\left(k\in\boldsymbol{I}[T-1,1]\right)$，方程(3-53)可以等效为方程(3-70)的第二个式子。这个过程是可逆的，因为矩阵 $\boldsymbol{F}_k(k\in\boldsymbol{I}[T-1,1])$ 是可逆矩阵。

注解 3.7　当 $\boldsymbol{R}_k=0$ 时，周期调节方程(3-52)和方程(3-53)转化为 Sylvester 矩阵方程，上述定理表明 Sylvester 矩阵方程可以转化为广义的时不变 Sylvester 矩阵方程。

在下面的内容中，我们将会提出一个命题，命题的证明过程，我们在这里省略。

命题 3.1　如果 $(\boldsymbol{V}_k^*,\boldsymbol{W}_k^*),k\in\boldsymbol{I}[0,T-1]$ 是调节矩阵方程(3-52)(或方程(3-53))的特解，$(\boldsymbol{V}_k,\boldsymbol{W}_k),k\in\boldsymbol{I}[0,T-1]$ 是 Sylvester 矩阵方程(3-54)(或方程(3-55))的通解，那么调节矩阵方程(3-52)(或方程(3-53))的通解为 $\boldsymbol{V}_k=\boldsymbol{V}_k+\boldsymbol{V}_k^*$, $\boldsymbol{W}_k=\boldsymbol{W}_k+\boldsymbol{W}_k^*$, $k\in\boldsymbol{I}[0,T-1]$。

根据命题 3.1 的论述，若想获得方程(3-52)的参数解。我们仅需要求出齐次方程(3-54)的通解和非奇异矩阵方程(3-59)的特解。

命题 3.2　令 $\boldsymbol{A}_t\in\mathbf{R}^{n\times n},\boldsymbol{B}_t\in\mathbf{R}^{n\times n}$, $\boldsymbol{F}_t\in\mathbf{R}^{n\times m}$ 为以 T 为周期的矩阵方程，并且 $\boldsymbol{F}_k\left(k\in\boldsymbol{I}[0,\ T-1]\right)$ 全部为非奇异矩阵，矩阵 $\boldsymbol{B}$ 由方程(3-61)得到。如果对任意 $\lambda\in\sigma\ (\boldsymbol{\Phi}_F(T,0))$ 满足 $\operatorname{rank}[\boldsymbol{\Phi}_A(T,\ 0)-\lambda\boldsymbol{I}\quad \boldsymbol{B}]=n$，并且存在一个标量 ω 和一系列矩阵 $\boldsymbol{D}_i\in\mathbf{R}^{Tr\times Tr}\quad\left(i=0,\ 1,\ \cdots,\ \omega\right)$ 满足

$$\boldsymbol{B}\boldsymbol{D}_0 + \boldsymbol{\Phi}_A(T,0)\boldsymbol{B}\boldsymbol{D}_1 + \cdots + \boldsymbol{\Phi}_A(T,0)^{\omega-1}\boldsymbol{B}\boldsymbol{D}_{\omega-1} + \boldsymbol{\Phi}_A(T,0)^{\omega}\boldsymbol{B}\boldsymbol{D}_{\omega} = 0 \tag{3-78}$$

则所有满足方程(3-54)的矩阵$\boldsymbol{W}_i \in \mathbf{R}^{r\times n}$，$\boldsymbol{V}_i \in \mathbf{R}^{n\times n}$$\left(i \in \boldsymbol{I}[0,T-1]\right)$可以参数化为

$$\boldsymbol{W}_j = \boldsymbol{W}_j\boldsymbol{\Phi}_F^{-1}(j,0),\ j \in \boldsymbol{I}[0,T-1] \tag{3-79}$$

$$\boldsymbol{V}_0 = \boldsymbol{Q}_{\mathrm{c}}(\boldsymbol{\Phi}_A(T,0),\boldsymbol{B},\omega)\boldsymbol{S}(\boldsymbol{D},\omega)\boldsymbol{Q}_{\mathrm{o}}(\boldsymbol{\Phi}_F(T,0),\boldsymbol{Z},\omega) \tag{3-80}$$

$$\boldsymbol{V}_i = (\boldsymbol{A}_{i-1}\boldsymbol{V}_{i-1} - \boldsymbol{B}_{i-1}\boldsymbol{W}_{i-1})\boldsymbol{F}_{i-1}^{-1},\ i \in \boldsymbol{I}[1,T-1] \tag{3-81}$$

式中，

$$\boldsymbol{W} = \begin{bmatrix} \boldsymbol{W}_0^{\mathrm{T}} & \boldsymbol{W}_1^{\mathrm{T}} & \cdots & \boldsymbol{W}_{T-1}^{\mathrm{T}} \end{bmatrix}^{\mathrm{T}} = -\sum_{i=0}^{\omega}\boldsymbol{D}_i\boldsymbol{Z}\boldsymbol{\Phi}_F^i(T,0) \tag{3-82}$$

式中，$\boldsymbol{Z} \in \mathbf{R}^{Tr\times n}$是任意参数矩阵。

注解 3.8 FDPSE (3-54) 被用来处理极点配置问题时，可以配置零极点，由于矩阵$\boldsymbol{F}_i\left(i \in \boldsymbol{I}[0,T-2]\right)$是非奇异矩阵，只需令矩阵$\boldsymbol{F}_{T-1}$需要拥有零极点。这种方法和现在文献里的一些方法不一样。例如，在文献[16]中，不能够配置零极点。

注解 3.9 矩阵$\boldsymbol{F}(i)\left(i=0,1,\cdots,T-1\right)$是不确定的，在一些实际应用中矩阵$\boldsymbol{F}(i)$ $\left(i=0,1,\cdots,T-1\right)$可以被自由设置，并进一步优化以达到一些附加的性能。

根据引理 3.12，我们可以得到方程 (3-59)的特解。

命题 3.3 令$\boldsymbol{A}_t \in \mathbf{R}^{n\times n},\boldsymbol{B}_t \in \mathbf{R}^{n\times n},\boldsymbol{F}_t \in \mathbf{R}^{n\times m}$为以$T$为周期的矩阵，并且$\boldsymbol{F}_k\left(k \in \boldsymbol{I}[1,T-1]\right)$全部为非奇异矩阵，矩阵$\boldsymbol{B}$和$\boldsymbol{R}$由方程(3-61)和方程(3-62)得到。如果存在两个标量ϖ和q以及一系列矩阵$\boldsymbol{D}_i \in \mathbf{R}^{Tr\times Tr}\left(i=0,1,\cdots,\varpi\right)$，$\boldsymbol{X} \in \mathbf{R}^{n\times q}$，$\boldsymbol{Y} \in \mathbf{R}^{q\times n}$满足

$$\boldsymbol{B}\boldsymbol{D}_0^* + \boldsymbol{\Phi}_A(T,0)\boldsymbol{B}\boldsymbol{D}_1^* + \cdots + \boldsymbol{\Phi}_A(T,0)^{\varpi-1}\boldsymbol{B}\boldsymbol{D}_{\varpi-1}^* + \boldsymbol{\Phi}_A(T,0)^{\varpi}\boldsymbol{B}\boldsymbol{D}_{\varpi}^* = \boldsymbol{X} \tag{3-83}$$

$$\boldsymbol{X}\boldsymbol{Y} = \boldsymbol{R} \tag{3-84}$$

则方程(3-59)的特解可以写成

$$\boldsymbol{W}_j = \boldsymbol{W}_j\boldsymbol{\Phi}_F^{-1}(j,0),\ j \in \boldsymbol{I}[0,T-1] \tag{3-85}$$

$$\boldsymbol{V}_0 = \boldsymbol{Q}_{\mathrm{c}}(\boldsymbol{\Phi}_A(T,0),\boldsymbol{B},\varpi)\boldsymbol{S}(\boldsymbol{D}^*,\varpi)\boldsymbol{Q}_{\mathrm{o}}(\boldsymbol{\Phi}_F(T,0),\boldsymbol{Y},\varpi) \tag{3-86}$$

$$\boldsymbol{V}_i = (\boldsymbol{A}_{i-1}\boldsymbol{V}_{i-1} - \boldsymbol{B}_{i-1}\boldsymbol{W}_{i-1})\boldsymbol{F}_{i-1}^{-1},\ i \in \boldsymbol{I}[1,T-1] \tag{3-87}$$

式中，

$$W=\begin{bmatrix}W_0^{\mathrm{T}} & W_1^{\mathrm{T}} & \cdots & W_{T-1}^{\mathrm{T}}\end{bmatrix}^{\mathrm{T}}=-\sum_{i=0}^{\varpi}D_i^*Z\Phi_F^i(T,0) \tag{3-88}$$

式中，$Z\in\mathbf{R}^{Tr\times n}$ 是任意参数矩阵。

定理 3.11　令 $A_t\in\mathbf{R}^{n\times n},B_t\in\mathbf{R}^{n\times n},F_t\in\mathbf{R}^{n\times m}$ 为满足方程(3-78)的以 T 为周期的矩阵，并且 $F_k(k\in I[0,T-2])$ 全部为非奇异矩阵，矩阵 B 和 R 由方程(3-61)和方程(3-83)得到。如果存在矩阵 $D_i^*\in\mathbf{R}^{r\times q}(i=0,1,\cdots,\varpi)$，$X\in\mathbf{R}^{n\times q}$，$Y\in\mathbf{R}^{q\times p}$ 满足方程(3-83)和方程(3-84)，存在矩阵 $D_i\in\mathbf{R}^{r\times r}$ ($i=0,1,\cdots,\omega$)满足方程 (3-78),则周期调节矩阵方程(3-52)的参数化解为

$$\begin{cases}W_j=W_j\Phi_F^{-1}(j,0),j\in I[0,T-1]\\V_0=Q_{\mathrm{c}}(\Phi_A(T,0),B,\omega)S(D,\ \omega)Q_{\mathrm{o}}(\Phi_F(T,0),Z,\omega)\\\qquad+Q_{\mathrm{c}}(\Phi_A(T,0),B,\omega)S(D^*,\ \omega)Q_{\mathrm{o}}(\Phi_F(T,0),W,\omega)\\V_i=(A_{i-1}V_{i-1}-B_{i-1}W_{i-1}-R_{i-1})F_{i-1}^{-1},i\in I[1,T-1]\end{cases}$$

式中，

$$W=\begin{bmatrix}W_0^{\mathrm{T}} & W_1^{\mathrm{T}} & \cdots & W_{T-1}^{\mathrm{T}}\end{bmatrix}^{\mathrm{T}}=-\sum_{i=0}^{\omega}D_iZ\Phi_F^i(T,0)-\sum_{i=0}^{\omega}D_i^*Z\Phi_F^i(T,0)$$

其中，$Z\in\mathbf{R}^{Tr\times n}$ 是任意参数矩阵方程。

对于周期调节矩阵方程(3-53)，我们可以得到下列结论。

定理 3.12　令 $A_t\in\mathbf{R}^{n\times n},B_t\in\mathbf{R}^{n\times n},F_t\in\mathbf{R}^{n\times m}$ 为周期矩阵，对任意 $\lambda\in\sigma(\Phi_F(T,0))$ 满足 $\mathrm{rank}\,[\Phi_A(T,0)-\lambda I\quad B]=n$，且矩阵 $F_k(k\in I[1,T-1])$ 全部为非奇异矩阵，矩阵 B 和 R 由方程(3-70)和方程(3-71)得到。如果矩阵 $D_i^*\in\mathbf{R}^{Tr\times q}(i=0,1,\cdots,\ \omega)$，$X\in\mathbf{R}^{n\times q}$，$Y\in\mathbf{R}^{q\times n}$ 满足

$$BD_0^*+\Phi_A(T,0)BD_1^*+\cdots+\Phi_A(T,0)^{\omega-1}BD_{\omega-1}^*+\Phi_A(T,0)^{\omega}BD_{\omega}^*=X$$

$$XY=R$$

存在矩阵 $D_i^*\in\mathbf{R}^{Tr\times Tr}(i=0,1,\cdots,\omega)$，满足

$$BD_0+\Phi_A(T,0)BD_1+\cdots+\Phi_A(T,0)^{\omega-1}BD_{\omega-1}+\Phi_A(T,0)^{\omega}BD_{\omega}=0$$

则周期调节矩阵方程(3-53)的参数化解为

$$\begin{cases} W_j = W_j \Psi_F^{-1}(j+1,T), j \in I[0,T-1] \\ V_0 = Q_c(\Psi_A(T,0), B, \omega) S(D,\ \omega) Q_o(\Psi_F(T,0), Z, \omega) \\ \qquad + Q_c(\Psi_A(T,0), B, \omega) S(D^*,\ \omega) Q_o(\Psi_F(T,0), W, \omega) \\ V_i = (A_i V_{i+i} - B_{i-1} W_{i-1}) F_i^{-1}, i \in I[1,T-1] \end{cases}$$

式中，

$$W = \begin{bmatrix} W_0^{\mathrm{T}} & W_1^{\mathrm{T}} & \cdots & W_{T-1}^{\mathrm{T}} \end{bmatrix}^{\mathrm{T}} = -\sum_{i=0}^{\omega} D_i Z \Psi_F^i(T,0) - \sum_{i=0}^{\omega} D_i^* Z \Psi_F^i(T,0)$$

其中，$Z \in \mathbf{R}^{Tr\times n}$是任意参数矩阵方程 。

下面我们将会详细地给出求解 FDPRE(3-52)的求解算法，RDPRE(3-53)和FDPRE(3-52)的算法相似，在这里我们就省略。

算法 3.5

(1)计算$\boldsymbol{\Phi}_A(T,0), \boldsymbol{\Phi}_F(T,0)$，根据方程(3-61)和方程(3-62)得到$B$和$R$。

(2)如果对任意$\lambda \in \sigma(\boldsymbol{\Phi}_F(T,0)), \mathrm{rank}[\boldsymbol{\Phi}_A(T,0) - \lambda I \quad B] = n$成立，进行下一步；反之，结束算法。

(3)求解方程(3-78)来得到$D_i, i \in I[0, \omega]$。

(4)计算方程(3-80)~方程(3-82)和方程(3-79)来得到 Sylvester 矩阵方程(3-54)的通解，把通解用V_i和W_i，$i \in I[0, T-1]$来表示。

(5)根据方程(3-83)和方程(3-84)得到$D_i^*, i \in I[0, \omega]$。

(6)计算方程(3-86)、方程(3-87)和方程(3-85)来得到周期调节矩阵方程(3-52)的特解，用V_i^*和W_i^* $(i \in I[0, T-1])$来表示。

(7)参数解用$V_i = V_i + V_i^*, W_i = W_i + W_i^*$ $(i \in I[0, T-1])$表示。

3.5.3 数值算例

考虑带有如下参数的离散周期调解方程(3-52)：

$$A(t) = \begin{cases} \begin{bmatrix} 0 & 1 \\ 3 & 0 \end{bmatrix}, & t = 2k \\ \begin{bmatrix} 0 & 1 \\ 1 & 2 \end{bmatrix}, & t = 2k+1 \end{cases}, \qquad B(t) = \begin{cases} \begin{bmatrix} 0 \\ 1 \end{bmatrix}, & t = 2k \\ \begin{bmatrix} 1 \\ 0 \end{bmatrix}, & t = 2k+1 \end{cases}$$

$$F(t) = \begin{cases} \begin{bmatrix} 1 & 0 \\ 0 & 1 \end{bmatrix}, & t = 2k \\ \begin{bmatrix} -1 & 0 \\ 0 & -3 \end{bmatrix}, & t = 2k+1 \end{cases}, \qquad R(t) = \begin{cases} \begin{bmatrix} 1 & 1 \\ 0 & 2 \end{bmatrix}, & t = 2k \\ \begin{bmatrix} 1 & 0 \\ 0 & 1 \end{bmatrix}, & t = 2k+1 \end{cases}$$

我们按照算法 3.5 来求解参数方程。

首先计算如下矩阵：

$$\boldsymbol{\Phi}_A(T,0)=\begin{bmatrix}3&0\\6&1\end{bmatrix},\quad \boldsymbol{\Phi}_F(T,0)=\begin{bmatrix}-1&0\\0&-3\end{bmatrix},\quad \boldsymbol{B}=\begin{bmatrix}1&1\\2&0\end{bmatrix},\quad \boldsymbol{R}=\begin{bmatrix}1&2\\1&6\end{bmatrix}$$

很容易证明对 $\forall\lambda\in\sigma(\boldsymbol{\Phi}_F(T,0)),\operatorname{rank}[\boldsymbol{\Phi}_A(T,0)-\lambda\boldsymbol{I}\quad\boldsymbol{B}]=n$ 是成立的。

通过方程(3-78)，我们可以得出

$$\boldsymbol{D}_0=\begin{bmatrix}-4r_1-3r_3&-4r_2-3r_4\\r_1&r_2\end{bmatrix},\boldsymbol{D}_1=\begin{bmatrix}r_1&r_2\\r_3&r_4\end{bmatrix}$$

式中，$r_i\left(i=1,2,3,4\right)$ 是任意实数。此外，通过方程(3-80)~方程(3-82)和方程(3-79)，我们可以得到相对应的周期齐次方程的通解：

$$\boldsymbol{D}_0=\begin{bmatrix}(r_1+r_3)z_{11}+(r_2+r_4)z_{21}&(r_1+r_3)z_{12}+(r_2+r_4)z_{22}\\2r_1z_{11}+2r_2z_{21}&2r_1z_{12}+2r_2z_{22}\end{bmatrix}$$

$$\boldsymbol{V}_1=\begin{bmatrix}2r_1z_{11}+2r_2z_{21}&2r_1z_{12}+2r_2z_{22}\\-2r_1z_{11}-2r_2z_{21}&-4r_1z_{12}-4r_2z_{22}\end{bmatrix}$$

$$\boldsymbol{W}_0=\left[(5r_1+3r_3)z_{11}+(r_2+r_4)z_{21}\quad(7r_1+3r_3)z_{12}+(7r_2+3r_4)z_{22}\right]$$

$$\boldsymbol{W}_1=\left[(-r_1+r_3)z_{11}+(-r_2+r_4)z_{21}\quad(-r_1+3r_3)z_{12}+(-r_2+3r_4)z_{22}\right]$$

式中，$\boldsymbol{Z}=\begin{bmatrix}z_{11}&z_{12}\\z_{21}&z_{22}\end{bmatrix}$ 是任意实数矩阵。

使 $\boldsymbol{Y}=\begin{bmatrix}1&0\\0&1\end{bmatrix}$，可以得到 $\boldsymbol{X}=\boldsymbol{R}=\begin{bmatrix}1&2\\1&6\end{bmatrix}$。这样，方程(3-83)就可以求解得

$$\boldsymbol{D}_0^*=\begin{bmatrix}\dfrac{1}{2}-4\gamma_1-3\gamma_3&3-4\gamma_2-3\gamma_4\\\gamma_1+\dfrac{1}{2}&\gamma_2-1\end{bmatrix},\boldsymbol{D}_0^*=\begin{bmatrix}2\gamma_1-1&2\gamma_2-1\\-2\gamma_1+\dfrac{1}{2}&-4\gamma_2+1\end{bmatrix}$$

式中，$\gamma_i\left(i=1,2,3,4\right)$ 是任意实数。通过方程(3-85)~方程(3-87)，周期调节方程的特解可以得到

$$\boldsymbol{V}_0^*=\begin{bmatrix}\gamma_1+\gamma_3&\gamma_2+\gamma_4\\2\gamma_1&2\gamma_2\end{bmatrix},\boldsymbol{V}_1^*=\begin{bmatrix}2\gamma_1-1&2\gamma_2-1\\-2\gamma_1+\dfrac{1}{2}&-4\gamma_2+1\end{bmatrix}$$

$$\boldsymbol{W}_0=\begin{bmatrix}5\gamma_1+3\gamma_3-\dfrac{1}{2}&7\gamma_2+3r_4-3\end{bmatrix},\boldsymbol{W}_0=\begin{bmatrix}-\gamma_1+\gamma_3-\dfrac{1}{2}&-\gamma_2+3r_4+1\end{bmatrix}$$

令 $\boldsymbol{V}_i = \boldsymbol{V}_i + \boldsymbol{V}_i^*$， $\boldsymbol{W}_i = \boldsymbol{W}_i + \boldsymbol{W}_i^*$ $(i = 0,1)$，很容易验证参数解满足方程(3-52)。

3.6　本章小结

本章介绍了几种重要的矩阵方程的求解方法。不同的矩阵方程有相应的多种解法，在本章中提到的这些矩阵方程的求解方法特别先进，并且很好地运用到实际例子中。本章中提到的求解耦合矩阵方程的迭代算法、周期 Sylvester 矩阵方程的迭代算法、周期 Sylvester 矩阵方程的参数化解、周期调节矩阵方程的参数化解，不但详细地介绍了算法而且还给出具体的数值算例，来证明了算法的准确性。

第 4 章　周期状态反馈极点配置

4.1　引　　言

利用极点配置技术来矫正线性系统的动态响应特性是现代控制领域研究的非常多的问题之一。在线性离散周期系统的框架下，已经发展了一些关于极点配置的理论和算法。文献[104]证明了能够用一组合适的状态反馈实现闭环单值性矩阵特征值的任意配置当且仅当开环周期系统是完全能达的。文献[58]讨论了具有时变状态或者输入维数的线性离散周期系统的极点配置问题，并利用存在于状态反馈增益参数中的自由度，实现了鲁棒极点配置。文献[63]将极点配置问题和鲁棒指标代价函数的梯度求解均归结于求解周期 Sylvester 方程，并给出了一种此类方程的一种解法，从而实现了鲁棒和最小范数极点配置。这一章考虑了通过周期状态反馈律实现参数化极点配置和鲁棒极点配置的问题，通过对系统单值性矩阵的一些技术处理，将周期反馈增益的求解问题归结为 Sylvester 矩阵方程的求解问题，给出了具有充分自由度的参数化解。进一步，经过推导，提供了周期系统特征值关于扰动的灵敏度指标，利用 MATLAB 优化工具箱，实现了鲁棒和最小范数极点配置。

4.2　准 备 工 作

考虑具有如下状态空间实现的线性离散周期系统：

$$\boldsymbol{x}(t+1)=\boldsymbol{A}(t)\boldsymbol{x}(t)+\boldsymbol{B}(t)\boldsymbol{u}(t) \tag{4-1}$$

式中，$t\in\mathbf{Z}$；$\boldsymbol{x}(t)\in\mathbf{R}^n$ 和 $\boldsymbol{u}(t)\in\mathbf{R}^r$ 分别是系统的状态向量和输入向量；$\boldsymbol{A}(t)\in\mathbf{R}^{n\times n}$，$\boldsymbol{B}(t)\in\mathbf{R}^{n\times r}$ 是系统的系数矩阵，并且是以 T 为周期的，即

$$\boldsymbol{A}(t+T)=\boldsymbol{A}(t),\quad \boldsymbol{B}(t+T)=\boldsymbol{B}(t),\quad \forall t\in\mathbf{Z} \tag{4-2}$$

众所周知，系统(4-1)是渐近稳定的当且仅当系统单值性矩阵

$$\boldsymbol{\varPsi}\triangleq\boldsymbol{A}(T-1)\boldsymbol{A}(T-2)\cdots\boldsymbol{A}(0) \tag{4-3}$$

的所有特征值都位于开单位圆环内。

将周期状态反馈控制律

$$\boldsymbol{u}(t)=\boldsymbol{K}(t)\boldsymbol{x}(t),\boldsymbol{K}(t+T)=\boldsymbol{K}(t),t\in\mathbf{Z} \tag{4-4}$$

应用到系统(4-1)，得到的闭环系统也是一个T周期线性离散周期系统，闭环系统的方框图如图 4-1 所示。

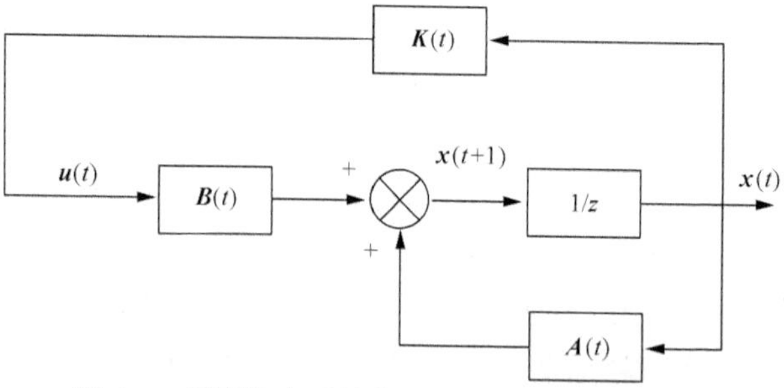

图 4-1 周期状态反馈作用下的控制系统方框图

容易求得闭环系统单值性矩阵为

$$\boldsymbol{\Psi}_{\mathrm{c}}=\boldsymbol{A}_{\mathrm{c}}(T-1)\boldsymbol{A}_{\mathrm{c}}(T-2)\cdots\boldsymbol{A}_{\mathrm{c}}(0) \tag{4-5}$$

式中，

$$\boldsymbol{A}_{\mathrm{c}}(i)\triangleq\boldsymbol{A}(i)+\boldsymbol{B}(i)\boldsymbol{K}(i),i\in\overline{0,T-1} \tag{4-6}$$

和线性周期系统(4-1)相联系的是它的提升时不变系统[105]:

$$\boldsymbol{x}^{\mathrm{L}}(t+1)=\boldsymbol{A}^{\mathrm{L}}\boldsymbol{x}^{\mathrm{L}}(t)+\boldsymbol{B}^{\mathrm{L}}\boldsymbol{u}^{\mathrm{L}}(t) \tag{4-7}$$

式中，

$$\boldsymbol{A}^{\mathrm{L}}=\boldsymbol{A}(T-1)\boldsymbol{A}(T-2)\cdots\boldsymbol{A}(0) \tag{4-8}$$

$$\boldsymbol{B}^{\mathrm{L}}=\begin{bmatrix}\boldsymbol{A}(T-1)\boldsymbol{A}(T-2)\cdots\boldsymbol{A}(1)\boldsymbol{B}(0) & \cdots & \boldsymbol{A}(T-1)\boldsymbol{B}(T-2) & \boldsymbol{B}(T-1)\end{bmatrix} \tag{4-9}$$

$$\boldsymbol{x}^{\mathrm{L}}(t)=\boldsymbol{x}(tT),\boldsymbol{u}^{\mathrm{L}}(t)=\begin{bmatrix}\boldsymbol{u}^{\mathrm{T}}(tT) & \boldsymbol{u}^{\mathrm{T}}(tT+1) & \cdots & \boldsymbol{u}^{\mathrm{T}}(tT+T-1)\end{bmatrix}^{\mathrm{T}}$$

也就是说，提升系统的状态和输入分别是由系统(4-1)的状态和输入通过有规则的取样和排列构成的。

下面给出线性离散周期系统广为人知的一个结构性质[106]。

引理 4.1 在$t=t_0$（t_0为任意时刻)时，周期矩阵对（$\boldsymbol{A}(\cdot)$，$\boldsymbol{B}(\cdot)$）的能达子空间和矩阵对（$\boldsymbol{A}^{\mathrm{L}},\boldsymbol{B}^{\mathrm{L}}$）的能达子空间是一致的。

在本节结束前，介绍一下多项式矩阵对互质分解的概念[103]。

定义 4.1　多项式矩阵 $\boldsymbol{N}(s)\in\mathbf{R}^{n\times r}(s)$ 和 $\boldsymbol{D}(s)\in\mathbf{R}^{r\times r}(s)$ 被称为是右互质的，如果对任意的 $\lambda\in\mathbf{C}$，有

$$\operatorname{rank}\begin{bmatrix}\boldsymbol{N}(\lambda)\\ \boldsymbol{D}(\lambda)\end{bmatrix}=r$$

多项式矩阵 $\boldsymbol{H}(s)\in\mathbf{R}^{m\times n}(s)$ 和 $\boldsymbol{L}(s)\in\mathbf{R}^{m\times m}(s)$ 为左互质的，如果对于任意 $\lambda\in\mathbf{C}$，都有

$$\operatorname{rank}\begin{bmatrix}\boldsymbol{H}(\lambda) & \boldsymbol{L}(\lambda)\end{bmatrix}=m$$

4.3　参数化极点配置

本节所考虑的问题是用一个状态反馈律(4-4)来配置闭环系统的极点。换句话说，就是要找到矩阵 $\boldsymbol{K}(i)\left(i\in\overline{0,T-1}\right)$ 使得闭环系统具有想要的特征值。

令 $\boldsymbol{\varGamma}=\left\{s_i,s_i\in\mathbf{C},i\in\overline{1,n}\right\}$ 是欲配置的特征值集合，并且关于实轴是对称的，$\boldsymbol{F}\in\mathbf{R}^{n\times n}$ 是一个实矩阵且满足 $\sigma\left(\boldsymbol{F}\right)=\boldsymbol{\varGamma}$。显然，$\sigma(\boldsymbol{\varPsi}_{\mathrm{c}})=\boldsymbol{\varGamma}$ 当且仅当存在非奇异矩阵 $\boldsymbol{V}$，使得

$$\boldsymbol{\varPsi}_{\mathrm{c}}\boldsymbol{V}=\boldsymbol{V}\boldsymbol{F} \tag{4-10}$$

这样，系统(4-1)的周期状态反馈极点配置问题可以陈述如下。

问题 4.1　给定一个完全能达的离散时间线性周期系统(4-1)和一个矩阵 $\boldsymbol{F}\in\mathbf{R}^{n\times n}$，寻找矩阵 $\boldsymbol{K}(i)\in\mathbf{R}^{r\times n}\left(i\in\overline{0,T-1}\right)$，使得对某个非奇异矩阵 $\boldsymbol{V}\in\mathbf{R}^{n\times n}$，关系式(4-10)成立。

4.3.1　问题提出

首先，考虑提升系统(4-7)的一个常对角状态反馈律：

$$\boldsymbol{u}^{\mathrm{L}}(t)=\boldsymbol{K}^{\mathrm{L}}\boldsymbol{x}^{\mathrm{L}}(t),\ \boldsymbol{K}^{\mathrm{L}}\triangleq\operatorname{diag}\left\{\boldsymbol{K}(0),\boldsymbol{K}(1),\cdots,\ \boldsymbol{K}(T-1)\right\} \tag{4-11}$$

式中，$\boldsymbol{K}(i)\left(i\in\overline{0,T-1}\right)$ 由关系式(4-4)给出。对于周期系统(4-1)和它的提升时不变系统(4-7)之间的关系，本节给出如下简单的引理。

引理 4.2　由系统(4-1)和周期控制律(4-4)形成的闭环系统的单值性矩阵刚好等于由系统(4-7)和控制律(4-11)形成的闭环系统的系统矩阵。

令

$$\boldsymbol{M}^{\mathrm{L}}=\begin{bmatrix}0 & 0 & \cdots & 0\\ \boldsymbol{M}_{2,1}^{\mathrm{L}} & 0 & \cdots & 0\\ \vdots & \vdots & & \vdots\\ \boldsymbol{M}_{T,1}^{\mathrm{L}} & \boldsymbol{M}_{T,2}^{\mathrm{L}} & \cdots & 0\end{bmatrix},\ \boldsymbol{N}^{\mathrm{L}}=\begin{bmatrix}\boldsymbol{I}\\ \boldsymbol{A}(0)\\ \vdots\\ \boldsymbol{A}(T-2)\cdots\boldsymbol{A}(0)\end{bmatrix} \tag{4-12}$$

式中，

$$\boldsymbol{M}_{i,j}^{\mathrm{L}}=\begin{cases}\boldsymbol{B}(j-1), & i=j+1\\ \left(\prod\limits_{k=i-2}^{j}\boldsymbol{A}(k)\right)\boldsymbol{B}(j-1), & i>j+1\end{cases} \tag{4-13}$$

引理 4.3　考虑线性离散周期系统(4-1)和与它关联的提升时不变系统(4-7)。对任意周期T和任意给定的对角线性状态反馈律(4-11)，关系

$$\boldsymbol{\varPsi}_{\mathrm{c}}=\boldsymbol{A}_{\mathrm{c}}^{\mathrm{L}} \tag{4-14}$$

成立，其中，$\boldsymbol{\varPsi}_{\mathrm{c}}$由式(4-5)和式(4-6)给出，且

$$\boldsymbol{A}_{\mathrm{c}}^{\mathrm{L}}=\boldsymbol{A}^{\mathrm{L}}+\boldsymbol{B}^{\mathrm{L}}(\boldsymbol{I}-\boldsymbol{F}^{\mathrm{L}}\boldsymbol{D}^{\mathrm{L}})^{-1}\boldsymbol{F}^{\mathrm{L}}\boldsymbol{C}^{\mathrm{L}} \tag{4-15}$$

证明　当$T=1$时，引理显然成立。假设当$T=k-1$时引理也成立。

当$T=k$时，

$$\boldsymbol{A}_{\mathrm{c}}^{\mathrm{L}}=\boldsymbol{A}(k-1)\overline{\boldsymbol{A}}^{\mathrm{L}},\ \boldsymbol{B}^{\mathrm{L}}=\begin{bmatrix}\boldsymbol{A}(k-1)\overline{\boldsymbol{B}}^{\mathrm{L}} & \boldsymbol{B}(k-1)\end{bmatrix}$$

$$\boldsymbol{M}^{\mathrm{L}}=\begin{bmatrix}\overline{\boldsymbol{M}}^{\mathrm{L}} & 0\\ \overline{\boldsymbol{B}}^{\mathrm{L}} & 0\end{bmatrix},\ \boldsymbol{M}^{\mathrm{L}}=\begin{bmatrix}\overline{\boldsymbol{B}}^{\mathrm{L}}\\ \overline{\boldsymbol{A}}^{\mathrm{L}}\end{bmatrix}$$

式中，$\boldsymbol{A}^{\mathrm{L}}$、$\boldsymbol{B}^{\mathrm{L}}$、$\boldsymbol{M}^{\mathrm{L}}$、$\boldsymbol{N}^{\mathrm{L}}$与$\boldsymbol{A}(t)$、$\boldsymbol{B}(t)\left(t\in\overline{0,k-1}\right)$相联系，其中$T=k$，且满足关系式(4-8)、式(4-9)、式(4-12)。这样，由式(4-15)得

$$\boldsymbol{A}_{\mathrm{c}}^{\mathrm{L}}=\boldsymbol{A}(k-1)\overline{\boldsymbol{A}}^{\mathrm{L}}+\begin{bmatrix}\boldsymbol{A}(k-1)\overline{\boldsymbol{B}}^{\mathrm{L}}\boldsymbol{B}(k-1)\end{bmatrix}\times\begin{bmatrix}\boldsymbol{I}-\overline{\boldsymbol{K}}^{\mathrm{L}}\overline{\boldsymbol{M}}^{\mathrm{L}} & 0\\ -\boldsymbol{K}(k-1)\overline{\boldsymbol{B}}^{\mathrm{L}} & \boldsymbol{I}\end{bmatrix}^{-1}\begin{bmatrix}\overline{\boldsymbol{K}}^{\mathrm{L}}\overline{\boldsymbol{N}}^{\mathrm{L}}\\ \boldsymbol{K}(k-1)\overline{\boldsymbol{A}}^{\mathrm{L}}\end{bmatrix}$$

$$= \boldsymbol{A}(k-1)\overline{\boldsymbol{A}}^{\mathrm{L}} + \left[\boldsymbol{A}(k-1)\overline{\boldsymbol{B}}^{\mathrm{L}}\ \boldsymbol{B}(k-1)\right] \times \begin{bmatrix} (\boldsymbol{I}-\overline{\boldsymbol{K}}^{\mathrm{L}}\overline{\boldsymbol{M}}^{\mathrm{L}})^{-1} & 0 \\ \boldsymbol{K}(k-1)\overline{\boldsymbol{B}}^{\mathrm{L}}(\boldsymbol{I}-\overline{\boldsymbol{K}}^{\mathrm{L}}\overline{\boldsymbol{M}}^{\mathrm{L}})^{-1} & \boldsymbol{I} \end{bmatrix} \begin{bmatrix} \overline{\boldsymbol{K}}^{\mathrm{L}}\overline{\boldsymbol{N}}^{\mathrm{L}} \\ \boldsymbol{K}(k-1)\overline{\boldsymbol{A}}^{\mathrm{L}} \end{bmatrix}$$

$$= \boldsymbol{A}(k-1)[\overline{\boldsymbol{A}}^{\mathrm{L}} + \overline{\boldsymbol{B}}^{\mathrm{L}}(\boldsymbol{I}-\overline{\boldsymbol{K}}^{\mathrm{L}}\overline{\boldsymbol{M}}^{\mathrm{L}})^{-1}\overline{\boldsymbol{K}}^{\mathrm{L}}\overline{\boldsymbol{N}}^{\mathrm{L}}] + \boldsymbol{B}(k-1)\boldsymbol{K}(k-1)[\ \overline{\boldsymbol{A}}^{\mathrm{L}} + \overline{\boldsymbol{B}}^{\mathrm{L}}(\boldsymbol{I}-\overline{\boldsymbol{K}}\overline{\boldsymbol{M}})^{-1}$$
$$\times \overline{\boldsymbol{K}}^{\mathrm{L}}\overline{\boldsymbol{N}}^{\mathrm{L}}] = \boldsymbol{A}_{\mathrm{c}}(k-1)[\overline{\boldsymbol{A}}^{\mathrm{L}} + \overline{\boldsymbol{B}}^{\mathrm{L}}(\boldsymbol{I}-\overline{\boldsymbol{K}}^{\mathrm{L}}\overline{\boldsymbol{M}}^{\mathrm{L}})^{-1}\overline{\boldsymbol{K}}^{\mathrm{L}}\overline{\boldsymbol{N}}^{\mathrm{L}}]$$

式中,

$$\overline{\boldsymbol{K}}^{\mathrm{L}} \triangleq \mathrm{diag}\{\boldsymbol{K}(0), \boldsymbol{K}(1), \cdots, \boldsymbol{K}(T-1)\}$$

由于 $T = k-1$ 时引理成立，所以

$$\boldsymbol{A}_{\mathrm{c}}(k-2)\boldsymbol{A}_{\mathrm{c}}(k-3)\cdots\boldsymbol{A}_{\mathrm{c}}(0) = \overline{\boldsymbol{A}}^{\mathrm{L}} + \overline{\boldsymbol{B}}^{\mathrm{L}}(\boldsymbol{I}-\overline{\boldsymbol{K}}^{\mathrm{L}}\overline{\boldsymbol{M}}^{\mathrm{L}})^{-1}\overline{\boldsymbol{K}}^{\mathrm{L}}\overline{\boldsymbol{N}}^{\mathrm{L}}$$

进而有

$$\boldsymbol{A}_{\mathrm{c}}^{\mathrm{L}} = \boldsymbol{A}_{\mathrm{c}}^{\mathrm{L}}(k-1)\boldsymbol{A}_{\mathrm{c}}^{\mathrm{L}}(k-2)\cdots\boldsymbol{A}_{\mathrm{c}}^{\mathrm{L}}(0) = \boldsymbol{\varPsi}_{\mathrm{c}}$$

也就是说当 $T = \boldsymbol{K}$ 时，关系(4-14)成立。根据数学归纳法，引理得证。

注意到增益闭环系统矩阵 $\boldsymbol{A}_{\mathrm{c}}^{\mathrm{L}}$ 中的增益矩阵 $\boldsymbol{K}^{\mathrm{L}}$ 表现出非线性，因此是比较难以求解的。下面，通过利用矩阵 $\boldsymbol{M}$ 的特殊结构，给出一个求解这些增益的简单方法。

引理 4.4　令 $\boldsymbol{P} = \boldsymbol{I} - \boldsymbol{K}^{\mathrm{L}}\boldsymbol{M}^{\mathrm{L}}$，其中，$\boldsymbol{K}^{\mathrm{L}}$ 和 $\boldsymbol{M}^{\mathrm{L}}$ 分别由式(4-11)和式(4-12)给出。记

$$\boldsymbol{Y} = \boldsymbol{P}^{-1} = \begin{bmatrix} \boldsymbol{Y}_{11} & \boldsymbol{Y}_{12} & \cdots & \boldsymbol{Y}_{1T} \\ \boldsymbol{Y}_{21} & \boldsymbol{Y}_{22} & \cdots & \boldsymbol{Y}_{2T} \\ \vdots & \vdots & & \vdots \\ \boldsymbol{Y}_{T1} & \boldsymbol{Y}_{T2} & \cdots & \boldsymbol{Y}_{TT} \end{bmatrix} \tag{4-16}$$

则对 $i \in \overline{1,T}$，$j \in \overline{1,T}$，$\boldsymbol{Y}_{i,j}$ 可以显式地表达为

$$\boldsymbol{Y}_{ij} = \begin{cases} 0, & i < j \\ \boldsymbol{I}, & i = j \\ \boldsymbol{K}(j)\boldsymbol{M}_{ij}^{\mathrm{L}}, & i = j+1 \\ \boldsymbol{K}(i-1)\boldsymbol{M}_{ij}^{\mathrm{L}} + \boldsymbol{K}(i-1)\sum\limits_{k=j+1}^{i-1}\boldsymbol{M}_{ik}^{\mathrm{L}}\boldsymbol{Y}_{kj}, & i > j+1 \end{cases} \tag{4-17}$$

证明　利用矩阵 $\boldsymbol{K}^{\mathrm{L}}$ 和 $\boldsymbol{M}^{\mathrm{L}}$ 的特殊结构，可以得到

$$\boldsymbol{P}=\begin{bmatrix} \boldsymbol{I} & 0 & 0 & 0 \\ -\boldsymbol{K}(1)\boldsymbol{M}_{2,1}^{\mathrm{L}} & \boldsymbol{I} & 0 & 0 \\ \vdots & \vdots & & \vdots \\ -\boldsymbol{K}(T-1)\boldsymbol{M}_{T,1}^{\mathrm{L}} & -\boldsymbol{K}(T-1)\boldsymbol{M}_{T,2}^{\mathrm{L}} & \cdots & \boldsymbol{I} \end{bmatrix}$$

只需要证明 $\boldsymbol{PY}=\boldsymbol{I}$ 即可。

当 $i<j$ 时，显然有

$$\sum_{k=1}^{T}\boldsymbol{P}_{i,k}\boldsymbol{Y}_{k,j}=\sum_{k=j}^{i}\boldsymbol{P}_{i,k}\boldsymbol{Y}_{k,j}=0$$

当 $i=j$ 时，

$$\sum_{k=1}^{T}\boldsymbol{P}_{i,k}\boldsymbol{Y}_{k,j}=\sum_{k=j}^{i}\boldsymbol{P}_{i,k}\boldsymbol{Y}_{k,j}=\boldsymbol{P}_{i,i}\boldsymbol{Y}_{i,i}=\boldsymbol{I}$$

当 $i=j+1$ 时，

$$\begin{aligned}\sum_{k=1}^{T}\boldsymbol{P}_{i,k}\boldsymbol{Y}_{k,j}&=\sum_{k=j}^{i}\boldsymbol{P}_{i,k}\boldsymbol{Y}_{k,j}\\&=\boldsymbol{P}_{i,i-1}\boldsymbol{Y}_{i-1,i-1}+\boldsymbol{P}_{i,i}\boldsymbol{Y}_{i,i-1}\\&=-\boldsymbol{K}(i-1)\boldsymbol{M}_{i,i-1}^{\mathrm{L}}+\boldsymbol{K}(i-1)\boldsymbol{M}_{i,i-1}^{\mathrm{L}}\\&=0\end{aligned}$$

当 $i>j+1$ 时，

$$\begin{aligned}&\sum_{k=1}^{T}\boldsymbol{P}_{i,k}\boldsymbol{Y}_{k,j}=\sum_{k=j}^{i}\boldsymbol{P}_{i,k}\boldsymbol{Y}_{k,j}\\&=\boldsymbol{P}_{i,j}\boldsymbol{Y}_{j,j}+\sum_{k=j+1}^{i-1}\boldsymbol{P}_{i,k}\boldsymbol{Y}_{k,j}+\boldsymbol{P}_{i,i}\boldsymbol{Y}_{i,j}\\&=-\boldsymbol{K}(i-1)\boldsymbol{M}_{i,j}^{\mathrm{L}}-\boldsymbol{K}(i-1)\sum_{k=j+1}^{i-1}\boldsymbol{M}_{i,k}^{\mathrm{L}}\boldsymbol{Y}_{k,j}+\boldsymbol{K}(i-1)\boldsymbol{M}_{i,j}^{\mathrm{L}}+\boldsymbol{K}(i-1)\sum_{k=j+1}^{i-1}\boldsymbol{M}_{i,k}^{\mathrm{L}}\boldsymbol{Y}_{k,j}\\&=0\end{aligned}$$

这样，引理得证。

利用引理 4.4，我们可以进一步得到下面的命题。

命题 4.1　令

$$X \triangleq \begin{bmatrix} X_1^{\mathrm{T}} & X_2^{\mathrm{T}} & \cdots & X_1^{\mathrm{T}} \end{bmatrix}^{\mathrm{T}} = (I - K^{\mathrm{L}} M^{\mathrm{L}})^{-1} K^{\mathrm{L}} N^{\mathrm{L}} \tag{4-18}$$

式中，$X_i \in R^{r \times n}$，$i \in \overline{1,T}$，K^{L}，M^{L} 和 N^{L} 分别由式(4-11)和式(4-12)给出，矩阵 Y 如式(4-16)所定义。则对 $i \in \overline{1,T}$，$j \in \overline{1,T}$，有关系式：

$$Y_{ij} = \begin{cases} 0, & i < j \\ I, & i = j \\ K(i-1)B(j-1), & i = j+1 \\ K(i-1)\left(\prod\limits_{k=i-2}^{j} A_{\mathrm{c}}(k)\right)B(j-1), & i > j+1 \end{cases} \tag{4-19}$$

且

$$X_i = \begin{cases} K(0), & i = 1 \\ K(i-1)A_{\mathrm{c}}(i-2)\cdots A_{\mathrm{c}}(0), & i \in \overline{2,T} \end{cases} \tag{4-20}$$

证明　根据关系式(4-13)，欲证明式(4-17)成立，仅需证明式(4-19)对 $i > j+1$ 成立即可。下面我们采用数学归纳法进行证明。

当 $i = j+1+1$ 时，由式(4-13)和式(4-17)，有

$$\begin{aligned} Y_{j+2,\,j} &= K(j+1)A(j)B(j-1) + K(j+1)C(j+1)B(j)K(j)B(j-1) \\ &= K(j+1)\big(A(j) + B(j)K(j)\big)B(j-1) \\ &= K(j+1)A_{\mathrm{c}}(j)B(j-1) \end{aligned}$$

假设对任意的 $i = j+1+k$，$k \in \overline{1,l}$，关系式(4-19)都成立。下面证明当 $i = j+1+l+1$ 时，式(4-19)仍然成立。

利用关系式(4-13)和式(4-17)，可以得到

$$\begin{aligned} Y_{j+l+2,\,j} &= K(j+l+1)\Big[M_{j+l+2,\,j}^{\mathrm{L}} + M_{j+l+2,\,j+1}^{\mathrm{L}} Y_{j+1,\,j} + \cdots + M_{j+l+2,\,j+l+1}^{\mathrm{L}} Y_{j+l+1,\,j}\Big] \\ &= K(j+l+1)\left[\prod_{k=j+l}^{j} A(k)B(j-1) + \prod_{k=j+l}^{j+1} A(k)B(j)K(j)B(j-1)\right. \\ &\qquad \left. + \cdots + B(j+l)K(j+l)\prod_{k=j+l-1}^{j} A_{\mathrm{c}}(k)B(j-1)\right] \end{aligned}$$

$$
\begin{aligned}
&= \boldsymbol{K}(j+l+1)\left[\left(\prod_{k=j+l}^{j+1}\boldsymbol{A}(k)\right)\big(\boldsymbol{A}(j)+\boldsymbol{B}(j)\boldsymbol{K}(j)\big)\right.\\
&\quad\left.+\cdots+\boldsymbol{B}(j+l)\boldsymbol{K}(j+l)\prod_{k=j+l-1}^{j}\boldsymbol{A}_{\mathrm{c}}(k)\right]\boldsymbol{B}(j-1)\\
&= \boldsymbol{K}(j+l+1)\left[\left(\prod_{k=j+l}^{j+2}\boldsymbol{A}(k)\right)\boldsymbol{A}(j+1)\boldsymbol{A}_{\mathrm{c}}(j)\right.\\
&\quad\left.+\cdots+\boldsymbol{B}(j+l)\boldsymbol{K}(j+l)\prod_{k=j+l-1}^{j}\boldsymbol{A}_{\mathrm{c}}(k)\right]\boldsymbol{B}(j-1)\\
&\quad\vdots\\
&= \boldsymbol{K}(j+l+1)\left[\boldsymbol{A}(j+l)\left(\prod_{k=j+l-1}^{j}\boldsymbol{A}_{\mathrm{c}}(k)\right)\right.\\
&\quad\left.+\boldsymbol{B}(j+l)\boldsymbol{K}(j+l)\left(\prod_{k=j+l-1}^{j}\boldsymbol{A}_{\mathrm{c}}(k)\right)\right]\boldsymbol{B}(j-1)\\
&= \boldsymbol{K}(j+l+1)\left(\prod_{k=j+l}^{j}\boldsymbol{A}_{\mathrm{c}}(k)\right)\boldsymbol{B}(j-1)
\end{aligned}
$$

由归纳法，式(4-19)成立。

又有

$$
\begin{aligned}
\boldsymbol{X}=\boldsymbol{Y}\boldsymbol{K}^{\mathrm{L}}\boldsymbol{N}^{\mathrm{L}}&=\begin{bmatrix}
\boldsymbol{I} & 0 & \cdots & 0\\
\boldsymbol{K}(1)\boldsymbol{B}(0) & \boldsymbol{I} & \cdots & 0\\
\vdots & \vdots & & \vdots\\
\boldsymbol{K}(T-1)\prod\limits_{k=T-2}^{1}\boldsymbol{A}_{\mathrm{c}}(k)\boldsymbol{B}(0) & \boldsymbol{K}(T-1)\prod\limits_{k=T-2}^{2}\boldsymbol{A}_{\mathrm{c}}(k)\boldsymbol{B}(1) & \cdots & \boldsymbol{I}
\end{bmatrix}\\
&\quad\times\begin{bmatrix}
\boldsymbol{K}(0)\\
\boldsymbol{K}(1)\boldsymbol{A}(0)\\
\vdots\\
\boldsymbol{K}(T-1)\boldsymbol{A}(T-2)\cdots\boldsymbol{A}(0)
\end{bmatrix}\\
&=\begin{bmatrix}
\boldsymbol{K}(0)\\
\boldsymbol{K}(1)\big(\boldsymbol{A}(0)+\boldsymbol{B}(0)\boldsymbol{K}(0)\big)\\
\vdots\\
\boldsymbol{K}(T-1)\big(\boldsymbol{A}(T-2)+\boldsymbol{B}(T-2)\boldsymbol{K}(T-2)\big)\cdots\big(\boldsymbol{A}(0)+\boldsymbol{B}(0)\boldsymbol{K}(0)\big)
\end{bmatrix}
\end{aligned}
$$

$$= \begin{bmatrix} \boldsymbol{K}(0) \\ \boldsymbol{K}(1)\boldsymbol{A}_{\mathrm{c}}(0) \\ \vdots \\ \boldsymbol{K}(T-1)\boldsymbol{A}_{\mathrm{c}}(T-2)\cdots\boldsymbol{A}_{\mathrm{c}}(0) \end{bmatrix}$$

可以得出关系式(4-20)成立。

4.3.2 参数化控制器设计

利用关系式(4-14)和式(4-15)，方程(4-10)可以写成如下的推广的 Sylvester 矩阵方程的形式：

$$\boldsymbol{A}^{\mathrm{L}}\boldsymbol{V} + \boldsymbol{B}^{\mathrm{L}}\boldsymbol{W} = \boldsymbol{V}\boldsymbol{F} \tag{4-21}$$

式中，

$$\boldsymbol{W} = \boldsymbol{X}\boldsymbol{V} \tag{4-22}$$

$\boldsymbol{X}$ 由关系式(4-18)给出。显然，只要从方程(4-21)中解出矩阵对$(\boldsymbol{V},\boldsymbol{W})$,就可以从式(4-22)中求出矩阵 $\boldsymbol{X}$ 。进一步，可以从关系式(4-20)中得到反馈增益。为此，需要求解方程(4-21)。

介绍下面的多项式矩阵分解：

$$(z\boldsymbol{I} - \boldsymbol{A}^{\mathrm{L}})^{-1}\boldsymbol{B}^{\mathrm{L}} = \boldsymbol{N}(z)\boldsymbol{D}^{-1}(z) \tag{4-23}$$

式中， $\boldsymbol{N}(z) \in \mathbf{R}^{n\times Tr}$， $\boldsymbol{D}(z) \in \mathbf{R}^{Tr\times Tr}$ 是关于 z 的右互质矩阵多项式。

记 $\boldsymbol{D}(z) = \left[d_{ij}(z)\right]_{Tr\times Tr}$， $\boldsymbol{N}(z) = \left[n_{ij}(z)\right]_{n\times Tr}$， $\omega = \max\left\{\omega_1, \omega_2\right\}$， 其中：

$$\omega_1 = \max_{i,\, j\in\overline{1,Tr}}\left\{\deg(d_{ij}(z))\right\},\ \omega_2 = \max_{i\in\overline{1,n},\ j=\overline{1,Tr}}\left\{\deg(n_{ij}(z))\right\}$$

则 $\boldsymbol{N}(z)$ 和 $\boldsymbol{D}(z)$ 可以写成如下形式：

$$\begin{cases} \boldsymbol{N}(z) = \sum\limits_{i=0}^{\omega}\boldsymbol{N}_i z^i,\ \ \boldsymbol{N}_i \in \mathbf{C}^{n\times Tr} \\ \boldsymbol{D}(z) = \sum\limits_{i=0}^{\omega}\boldsymbol{D}_i z^i,\ \ \boldsymbol{D}_i \in \mathbf{C}^{Tr\times Tr} \end{cases} \tag{4-24}$$

有了上述准备工作，可以介绍下面引理[103]。

引理 4.5　若矩阵对 $\left(\boldsymbol{A}^{\mathrm{L}}, \boldsymbol{B}^{\mathrm{L}}\right)$， $\boldsymbol{A}^{\mathrm{L}} \in \mathbf{R}^{n\times n}$ ， $\boldsymbol{B}^{\mathrm{L}} \in \mathbf{R}^{n\times Tr}$ 是能控的，$\boldsymbol{N}(z) \in \mathbf{R}^{n\times Tr}(z)$ 和 $\boldsymbol{D}(z) \in \mathbf{R}^{Tr\times Tr}\left(z\right)$ 是一对满足互质分解(4-23)的右互质矩阵，且

$\left(N(z),\ D(z)\right)$具有展开式(4-25)，则对任意矩阵$F\in\mathbf{R}^{n\times n}$，推广的 Sylvester 矩阵方程的解可以表示为

$$\begin{cases}V(Z)=N_0Z+N_1ZF+\cdots+N_\omega ZF^\omega\\W(Z)=D_0Z+D_1ZF+\cdots+D_\omega ZF\end{cases}\tag{4-25}$$

式中，$Z\in\mathbf{R}^{Tr\times n}$是一个任意参数矩阵，代表了存在于解$\left(V(Z),W(Z)\right)$中的自由度。

注解 4.1　为了推导广义 Sylvester 矩阵方程(4-21)的完全参数化解，需要计算右互质分解矩阵$N(z)$和$D(z)$，因此需要求解右互质分解(4-23)。对于右互质分解算法，可以参考文献[107]、文献[108]或者文献[109]。

记

$$\Omega=\left\{Z\ \middle|\ \det\left(\sum_{i=0}^{\omega}N_iZF^i\right)\neq 0\right\}\tag{4-26}$$

根据方程(4-22)和方程(4-20)，问题 4.1 的解集可以有如下刻画：

$$\Gamma=\left\{\begin{pmatrix}K(0)\\K(1)\\\vdots\\K(T-1)\end{pmatrix}\ \middle|\ \begin{cases}X(Z)=W(Z)V^{-1}(Z),\ Z\in\Omega\\K(0)=X_1,\ \det\left(A_{\mathrm{c}}(0)\right)\neq 0\\K(i)=X_{i+1}\prod_{j=0}^{i-1}A_{\mathrm{c}}^{-1}(j),\ \det\left(A_{\mathrm{c}}(i)\right)\neq 0, i\in\overline{1,T-1}\end{cases}\right\}\tag{4-27}$$

注解 4.2　因为矩阵$\Psi_{\mathrm{c}}=\prod_{i=T-1}^{0}A_{\mathrm{c}}(i)$没有零特征值可以保证矩阵$A_{\mathrm{c}}(i)$ $\left(i\in\overline{0,T-1}\right)$的非奇异性，因此，当闭环系统的特征值不被要求配置到零时，式(4-27)中的条件$\det(A_{\mathrm{c}}(i))\neq 0$ $\left(i\in\overline{0,T-2}\right)$可以去掉。

由于离散时不变系统的能达性包含了能控性[110],根据引理 4.1 可知，当周期矩阵对$(A(\cdot),B(\cdot))$完全能达时，时不变矩阵对$(A^{\mathrm{L}},B^{\mathrm{L}})$是能控的。总结上述过程，得到下面的定理。

定理 4.1　对于完全能达的线性离散周期系统(4-1)，问题 4.1 的整个解集可以被式(4-25)、式(4-26)和式(4-27)表示。

基于定理 4.1，可以描述求解问题 4.1 的算法如下。

算法 4.1　参数化状态反馈极点配置。

(1) 检验离散周期系统 (4-1) 是否是完全能达的，如果不是能达的，算法失效，如果是，进入下一步。

(2) 根据式 (4-8) 和式 (4-9)，计算 $\boldsymbol{A}^{\mathrm{L}}$、$\boldsymbol{B}^{\mathrm{L}}$。

(3) 解互质分解式(4-23)求得多项式矩阵 $\boldsymbol{N}(z)$ 和 $\boldsymbol{D}(z)$，并进一步根据式(4-24)获得矩阵 $\boldsymbol{N}_i$、$\boldsymbol{D}_i$ $\left(i\in\overline{0,\omega}\right)$。

(4) 根据式(4-25)、式(4-26)和式(4-27)计算矩阵 $\boldsymbol{K}(i)$ $\left(i\in\overline{0,T-1}\right)$。

4.4　鲁棒和最小范数极点配置

4.4.1　问题提出

4.3 节提出的参数化算法为周期状态反馈极点配置问题提供了充分的显式解，因此通过在反馈增益矩阵 $\boldsymbol{K}(i)$ $\left(i\in\overline{0,T-1}\right)$ 和矩阵 V 上施加一些额外的条件，自由参数 $\boldsymbol{Z}$ 就可以用来达到一些系统性能。一方面，从实践的观点来看需要反馈矩阵具有较小的范数[63]。直觉上来说, 这种要求是源于事实：小的增益意味着小的控制信号，进而拥有较少的能量消耗。由于小的增益也有利于减少噪声放大，从这个意义上讲，小增益也是鲁棒的[111]。另一方面，从极点配置的角度来看，欲配置的闭环极点应当对存在于系统矩阵中的变化尽可能不敏感。这样，鲁棒状态反馈极点配置问题可以描述如下。

问题 4.2　给定一个完全能达的线性离散周期系统 (4-1) 和一个矩阵 $\boldsymbol{F}\in\mathbf{R}^{n\times n}$，找到矩阵 $\boldsymbol{K}(i)$ $\left(i\in\overline{0,T-1}\right)$，使得

(1) 对某个非奇异矩阵 $\boldsymbol{V}\in\mathbf{R}^{n\times n}$，关系式 (4-10) 成立。

(2) 闭环系统的特征值对存在于系统中的扰动尽可能不敏感，且反馈增益尽可能的小。

4.4.2　主要结果

为了量测周期反馈增益的大小，可以引入如下的指标函数：

$$J_1(\boldsymbol{Z})\triangleq\sum_{l=0}^{T-1}\left\|\boldsymbol{K}(l)\right\|_{\mathrm{F}}^2$$

为了寻求一个可以刻画闭环系统特征值对于扰动灵敏度的指标，需要借助于下面的引理。

引理 4.6　假设 $\boldsymbol{\Psi}=\boldsymbol{A}(T-1)\boldsymbol{A}(T-2)\cdots\boldsymbol{A}(0)\in\mathbf{R}^{n\times n}$ 是可对角化的，且 $\boldsymbol{Q}\in\mathbf{C}^{n\times n}$ 是一个非奇异矩阵，满足 $\boldsymbol{\Psi}=\boldsymbol{Q}^{-1}\boldsymbol{\Lambda}\boldsymbol{Q}\in\mathbf{R}^{n\times n}$,其中，$\boldsymbol{\Lambda}=\mathrm{diag}\{\lambda_1,\lambda_2,\cdots,\lambda_n\}$ 是矩阵 $\boldsymbol{\Psi}$ 的约当标准型。$\boldsymbol{\Delta}_i(\varepsilon)\in\mathbf{R}^{n\times n}\left(i\in\overline{0,T-1}\right)$ 是关于标量 $\varepsilon>0$ 的矩阵函数，满足关系：

$$\lim_{\varepsilon\to 0}\frac{\boldsymbol{\Delta}_i(\varepsilon)}{\varepsilon}=\boldsymbol{\Delta}_i \tag{4-28}$$

式中，$\boldsymbol{\Delta}_i\in\mathbf{R}^{n\times n}\left(i\in\overline{0,T-1}\right)$ 都是常矩阵。那么对于矩阵

$$\boldsymbol{\Psi}(\varepsilon)=(\boldsymbol{A}(T-1)+\boldsymbol{\Delta}_{T-1}(\varepsilon))(\boldsymbol{A}(T-2)+\boldsymbol{\Delta}_{T-2}(\varepsilon))\cdots(\boldsymbol{A}(0)+\boldsymbol{\Delta}_0(\varepsilon))$$

的任意特征值 λ,下面关系总成立：

$$\min\{|\lambda_i-\lambda|\}\leqslant\varepsilon nk_{\mathrm{F}}(\boldsymbol{Q})\left(\sum_{i=0}^{T-1}\|\boldsymbol{A}(i)\|_{\mathrm{F}}^{T-1}\right)\max_i\{\|\boldsymbol{\Delta}_i\|_{\mathrm{F}}\}+o(\varepsilon^2) \tag{4-29}$$

证明　根据关系式(4-28)，有

$$\boldsymbol{\Delta}_i(\varepsilon)=\boldsymbol{\Delta}_i\varepsilon+o(\varepsilon^2) \tag{4-30}$$

λ 若是矩阵 $\boldsymbol{\Psi}(\varepsilon)$ 的一个特征值，由方程(2-30)可得

$$\begin{aligned}0&=\det(\boldsymbol{Q}^{-1}(\boldsymbol{\Psi}(\varepsilon)-\lambda\boldsymbol{I})\boldsymbol{Q})\\&=\det(\boldsymbol{Q}^{-1}(\boldsymbol{\Psi}(\varepsilon)-\lambda\boldsymbol{I}+\varepsilon\boldsymbol{\Pi})\boldsymbol{Q})\\&=\det(\boldsymbol{\Lambda}-\lambda\boldsymbol{I}+\varepsilon\boldsymbol{Q}^{-1}\boldsymbol{\Pi}\boldsymbol{Q})\end{aligned} \tag{4-31}$$

式中，

$$\boldsymbol{\Pi}=\boldsymbol{\Delta}_{T-1}\left(\prod_{i=T-2}^{0}\boldsymbol{A}(i)\right)+\boldsymbol{A}(T-1)\boldsymbol{\Delta}_{T-2}\left(\prod_{i=T-3}^{0}\boldsymbol{A}(i)\right)+\cdots+\left(\prod_{i=T-1}^{0}\boldsymbol{A}(i)\right)\boldsymbol{\Delta}_0+o(\varepsilon)$$

如果矩阵 $\boldsymbol{\Lambda}-\lambda\boldsymbol{I}$ 是奇异的，必然存在指标 i，使得 $\lambda=\lambda_i$，进而关系(4-29)自动成立。如果矩阵 $\boldsymbol{\Lambda}-\lambda\boldsymbol{I}$ 是非奇异的，则从关系式(4-31) 可得

$$0=\det((\boldsymbol{\Lambda}-\lambda\boldsymbol{I})(\boldsymbol{I}+\varepsilon(\boldsymbol{\Lambda}-\lambda\boldsymbol{I})\boldsymbol{Q}^{-1}\boldsymbol{\Pi}\boldsymbol{Q}))$$

这就意味着矩阵 $\boldsymbol{I}+\varepsilon(\boldsymbol{\Lambda}-\lambda\boldsymbol{I})\boldsymbol{Q}^{-1}\boldsymbol{\Pi}\boldsymbol{Q}$ 一定是奇异的。因此，我们有

$$\left\|\varepsilon(\boldsymbol{\Lambda}-\lambda\boldsymbol{I})\boldsymbol{Q}^{-1}\boldsymbol{\Pi}\boldsymbol{Q}\right\|_{\mathrm{F}}\geqslant 1$$

进一步推导，可得

$$\begin{aligned} 1 &\leqslant \left\| \varepsilon(\boldsymbol{\Lambda}-\lambda \boldsymbol{I})^{-1} \boldsymbol{Q}^{-1} \boldsymbol{\Pi} \boldsymbol{Q} \right\|_{\mathrm{F}} \\ &\leqslant \left\| (\boldsymbol{\Lambda}-\lambda \boldsymbol{I})^{-1} \right\|_{\mathrm{F}} \varepsilon \left\| \boldsymbol{Q}^{-1} \boldsymbol{\Pi} \boldsymbol{Q} \right\|_{\mathrm{F}} \\ &\leqslant \varepsilon n \max_i \{ |\lambda_i - \lambda|^{-1} \} k_{\mathrm{F}}(\boldsymbol{Q}) \|\boldsymbol{\Pi}\|_{\mathrm{F}} \end{aligned}$$

上式等价于

$$\min_i \{ |\lambda_i - \lambda| \} \leqslant \varepsilon n k_{\mathrm{F}}(\boldsymbol{Q}) \|\boldsymbol{\Pi}\|_{\mathrm{F}} \tag{4-32}$$

式中，

$$\begin{aligned} \|\boldsymbol{\Pi}\|_{\mathrm{F}} &= \left\| \boldsymbol{\Delta}_{T-1} \Big(\prod_{i=T-2}^{0} \boldsymbol{A}(i) \Big) + \boldsymbol{A}(T-1) \boldsymbol{\Delta}_{T-2} \Big(\prod_{i=T-2}^{0} \boldsymbol{A}(i) \Big) \cdots \Big(\prod_{i=T-2}^{0} \boldsymbol{A}(i) \Big) \boldsymbol{\Delta}_0 + o(\varepsilon) \right\|_{\mathrm{F}} \\ &\leqslant \left(\prod_{i=T-2}^{0} \|\boldsymbol{A}(i)\|_{\mathrm{F}} + \|\boldsymbol{A}(T-1)\|_{\mathrm{F}} \prod_{i=T-3}^{0} \|\boldsymbol{A}(i)\|_{\mathrm{F}} \cdots \prod_{i=T-1}^{0} \|\boldsymbol{A}(i)\|_{\mathrm{F}} + \|o(\varepsilon)\|_{\mathrm{F}} \right) \max_i \{ \|\boldsymbol{\Delta}_i\|_{\mathrm{F}} \} \end{aligned} \tag{4-33}$$

另一方面，利用代数不等式：

$$\prod_{i=1}^{n} a_i \leqslant \frac{1}{n} \sum_{i=1}^{n} a_i^n, a_i \geqslant 0 \tag{4-34}$$

可得下面一系列不等式：

$$\prod_{i=T-2}^{0} \|\boldsymbol{A}(i)\|_{\mathrm{F}} \leqslant \frac{1}{T} \sum_{i=0, i \neq T-1}^{T-1} \|\boldsymbol{A}(i)\|_{\mathrm{F}}^{T-1}$$

$$\|\boldsymbol{A}(T-1)\|_{\mathrm{F}} \prod_{i=T-2}^{0} \|\boldsymbol{A}(i)\|_{\mathrm{F}} \leqslant \frac{1}{T-1} \sum_{i=0, i \neq T-2}^{T-1} \|\boldsymbol{A}(i)\|_{\mathrm{F}}^{T-1}$$

$$\vdots$$

$$\|\boldsymbol{A}(T-1)\|_{\mathrm{F}} \|\boldsymbol{A}(T-2)\|_{\mathrm{F}} \cdots \|\boldsymbol{A}(1)\|_{\mathrm{F}} \leqslant \frac{1}{T-1} \sum_{i=0, i \neq T-0}^{T-1} \|\boldsymbol{A}(i)\|_{\mathrm{F}}^{T-1}$$

利用不等式(4-33)，得

$$\|\boldsymbol{\Pi}\|_{\mathrm{F}} \leqslant \frac{1}{T-1}\left(\sum_{i=0,i\neq T-1}^{T-1}\|\boldsymbol{A}(i)\|_{\mathrm{F}}^{T-1}+\sum_{i=0,i\neq T-2}^{T-1}\|\boldsymbol{A}(i)\|_{\mathrm{F}}^{T-1}+\cdots+\sum_{i=0,i\neq 0}^{T-1}\|\boldsymbol{A}(i)\|_{\mathrm{F}}^{T-1}\right.$$
$$\left.+\|o(\varepsilon)\|_{\mathrm{F}}\right)\max_i\{\|\boldsymbol{\varDelta}_i\|_{\mathrm{F}}\}$$
$$=\left(\sum_{i=0,i\neq T-1}^{T-1}\|\boldsymbol{A}(i)\|_{\mathrm{F}}^{T-1}\right)\max_i\{\|\boldsymbol{\varDelta}_i\|_{\mathrm{F}}\}+\|o(\varepsilon)\|_{\mathrm{F}}\max_i\{\|\boldsymbol{\varDelta}_i\|_{\mathrm{F}}\} \tag{4-35}$$

将关系式(4-35)代入式(4-32)，有

$$\min_i\{|\lambda_i-\lambda|\}\leqslant \varepsilon n k_{\mathrm{F}}(\boldsymbol{Q})\left(\sum_{i=0}^{T-1}\|\boldsymbol{A}(i)\|_{\mathrm{F}}^{T-1}\right)\max_i\{\|\boldsymbol{\varDelta}_i\|_{\mathrm{F}}\}+\|o(\varepsilon)\|_{\mathrm{F}}\max_i\{\|\boldsymbol{\varDelta}_i\|_{\mathrm{F}}\})$$
$$=\varepsilon n k_{\mathrm{F}}(\boldsymbol{Q})\left(\sum_{i=0}^{T-1}\|\boldsymbol{A}(i)\|_{\mathrm{F}}^{T-1}\right)\max_i\{\|\boldsymbol{\varDelta}_i\|_{\mathrm{F}}\}+\left\|o(\varepsilon^2)\right\| \tag{4-36}$$

这就完成了证明。

如果闭环系统中存在如下扰动：

$$\boldsymbol{A}(i)+\boldsymbol{B}(i)\boldsymbol{K}(i)\rightarrow \boldsymbol{A}(i)+\boldsymbol{B}(i)\boldsymbol{K}(i)+\boldsymbol{\varDelta}_i(\varepsilon), i\in\overline{0,T-1} \tag{4-37}$$

式中，$\boldsymbol{\varDelta}_i(\varepsilon)\in\mathbf{R}^{n\times n}\left(i\in\overline{0,T-1}\right)$如引理 4.6 所述，根据关系式(4-29)，闭环系统单值性矩阵$\boldsymbol{\varPsi}_{\mathrm{c}}$的特征值关于扰动$\boldsymbol{\varDelta}_i(\varepsilon)\left(i\in\overline{0,T-1}\right)$的灵敏度可以由如下指标刻画：

$$J_2(\boldsymbol{Z})\triangleq k_{\mathrm{F}}(\boldsymbol{V})\sum_{l=0}^{T-1}\|\boldsymbol{A}(l)\|_{\mathrm{F}}^{T-1} \tag{4-38}$$

式中，矩阵$\boldsymbol{V}$满足关系式(4-10)且$\boldsymbol{F}$是一个实矩阵，拥有欲配置的特征值。这里，需要指出的是，根据引理 4.6，式(4-38) 中的特征向量矩阵本应当是$\boldsymbol{VG}$，其中，矩阵$\boldsymbol{G}$是$\boldsymbol{F}$和它的约当标准型J之间的变换矩阵，也就是说，$\boldsymbol{G}^{-1}\boldsymbol{FG}=J$。但是，利用$k_{\mathrm{F}}(\boldsymbol{V})$和$k_{\mathrm{F}}(\boldsymbol{VG})$在矩阵范数意义下的等价性，用表达式(4-38) 作为特征值灵敏度的量测也是合理的。

注解 4.3　当$T=1$时，周期系统退化为一个正常的线性时不变系统，相应地鲁棒指标变为$J_2(\boldsymbol{Z})=k_{\mathrm{F}}(\boldsymbol{V})$。这个指标是线性时不变系统中处理鲁棒极点配置问题时广泛使用的指标。从这个意义上讲，鲁棒指标(4-38) 可以看作是正常 LTI 系的鲁棒指标的推广。

注解 4.4　正如在式(4-38)中看到的，扰动是被施加在$\boldsymbol{A}(i)$上，当闭环系统的

扰动是同时由 $\boldsymbol{A}(i)$ 和 $\boldsymbol{B}(i)$ 上的扰动引起的，也就是说

$$\boldsymbol{A}(i)+\boldsymbol{B}(i)\boldsymbol{K}(i)\rightarrow \boldsymbol{A}(i)+\varDelta_{\mathrm{a}i}(\varepsilon)+\left(\boldsymbol{B}(i)+\varDelta_{\mathrm{b}i}(\varepsilon)\right)\boldsymbol{K}(i), i\in\overline{0,T-1}$$

式中，$\varDelta_{\mathrm{a}i}(\varepsilon)\in\mathbf{R}^{n\times n}$，$\varDelta_{\mathrm{b}i}(\varepsilon)\in\mathbf{R}^{n\times r}$ $\left(i\in\overline{0,T-1}\right)$ 是关于 ε 的矩阵函数，满足

$$\lim_{\varepsilon\to 0}\frac{\varDelta_{\mathrm{a}i}(\varepsilon)}{\varepsilon}=\varDelta_{\mathrm{a}i},\ \lim_{\varepsilon\to 0}\frac{\varDelta_{\mathrm{b}i}(\varepsilon)}{\varepsilon}=\varDelta_{\mathrm{b}i}$$

且 $\varDelta_{\mathrm{a}i}\in\mathbf{R}^{n\times n},\varDelta_{\mathrm{b}i}\in\mathbf{R}^{n\times r}$ $\left(i\in\overline{0,T-1}\right)$ 都是常矩阵，和引理 4.6 相似的推导可得

$$\min_i\{|\lambda_i-\lambda|\}\leqslant \varepsilon n k_{\mathrm{F}}(\boldsymbol{V})\left(\sum_{i=0}^{T-1}\|\boldsymbol{A}_{\mathrm{c}}(i)\|_{\mathrm{F}}^{T-1}\right)\max_i\{\|\varDelta_{\mathrm{a}i}\|_{\mathrm{F}}+\|\boldsymbol{K}(i)\|_{\mathrm{F}}\|\varDelta_{\mathrm{b}i}\|_{\mathrm{F}}\}+o(\varepsilon^2)$$

$$\leqslant \varepsilon n k_{\mathrm{F}}(\boldsymbol{V})\left(\sum_{i=0}^{T-1}\|\boldsymbol{A}_{\mathrm{c}}(i)\|_{\mathrm{F}}^{T-1}\right)\left(1+\sum_{i=0}^{T-1}\|\boldsymbol{K}(i)\|_{\mathrm{F}}\right)\max_i\{\|\varDelta_{\mathrm{a}i}\|_{\mathrm{F}},\|\varDelta_{\mathrm{b}i}\|_{\mathrm{F}}\}+o(\varepsilon^2)$$

在这种情况下，指标函数：

$$J_3(\boldsymbol{Z})\triangleq k_{\mathrm{F}}(\boldsymbol{V})\sum_{t=0}^{T-1}\|\boldsymbol{A}_{\mathrm{c}}(t)\|_{\mathrm{F}}^{T-1}\left(1+\sum_{i=0}^{T-1}\|\boldsymbol{K}(i)\|_{\mathrm{F}}\right)\tag{4-39}$$

可以用来刻画闭环系统的特征值关于矩阵 $\boldsymbol{A}(i)$ 和 $\boldsymbol{B}(i)$ 中存在的扰动的灵敏性。为方便起见，具体的细节不在这里讨论。

如同文献[63]所述，指标 J_1 和 J_2 之间应当存在折中。可以通过选择自由参数 $\boldsymbol{Z}$ 最小化混合目标函数：

$$J(\boldsymbol{Z})=\alpha J_1(\boldsymbol{Z})+(1-\alpha)J_2(\boldsymbol{Z})$$

式中，$0<\alpha<1$ 是一个加权因子。注意到，当 $\alpha=0$ 时，$J(\boldsymbol{Z})$ 退化成 $J_2(\boldsymbol{Z})$，这时只考虑使得范数最小；当 $\alpha=1$ 时，$J(\boldsymbol{Z})$ 退化成 $J_1(\boldsymbol{Z})$。中间值 α 导致了 $J_1(\boldsymbol{Z})$ 和 $J_2(\boldsymbol{Z})$ 之间的折中。

为了使用标准的基于梯度的搜索技术来最小化目标函数 $J(\boldsymbol{Z})$，需要计算目标数 $J(\boldsymbol{Z})$ 关于自由参数 $\boldsymbol{Z}$ 的梯度。

记 $\boldsymbol{Z}=\left|z_{i,j}\right|_{Tr\times n}$ 对于 $i\in\overline{1,Tr}$，$j\in\overline{1,n}$，$l\in\overline{0,T-1}$，直接计算可得

$$\frac{\partial k_{\mathrm{F}}(\boldsymbol{V})}{\partial z_{i,j}}=\frac{1}{2}k_{\mathrm{F}}^{-1}(\boldsymbol{V})\frac{\partial k_{\mathrm{F}}^{-2}(\boldsymbol{V})}{\partial z_{i,j}}$$

$$
=\frac{1}{2}k_{\mathrm{F}}^{-1}(\boldsymbol{V})\left(\frac{\partial\left\|\boldsymbol{V}^{-1}(\boldsymbol{Z})\right\|_{\mathrm{F}}^{2}}{\partial z_{i,j}}\left\|\boldsymbol{V}^{-1}(\boldsymbol{Z})\right\|_{\mathrm{F}}^{2}+\left\|\boldsymbol{V}^{-1}(\boldsymbol{Z})\right\|_{\mathrm{F}}^{2}+\frac{\partial\left\|\boldsymbol{V}^{-1}(\boldsymbol{Z})\right\|_{\mathrm{F}}^{2}}{\partial z_{i,j}}\right)
$$

$$
=k_{\mathrm{F}}^{-1}(\boldsymbol{V})\mathrm{tr}((\boldsymbol{V}(\boldsymbol{Z})\boldsymbol{V}^{\mathrm{T}}(\boldsymbol{Z})\boldsymbol{V}(\boldsymbol{Z}))^{-1}\frac{\partial\boldsymbol{V}(\boldsymbol{Z})}{\partial z_{i,j}}\left\|\boldsymbol{V}(\boldsymbol{Z})\right\|_{\mathrm{F}}^{2}+k_{\mathrm{F}}^{-1}(\boldsymbol{V}) \tag{4-40}
$$

$$
\left\|\boldsymbol{V}^{-1}(\boldsymbol{Z})\right\|_{\mathrm{F}}^{2}\mathrm{tr}\left(\boldsymbol{V}^{\mathrm{T}}(\boldsymbol{Z})\frac{\partial\boldsymbol{V}(\boldsymbol{Z})}{\partial z_{i,j}}\right)
$$

$$
=\left\|\boldsymbol{V}^{-1}(\boldsymbol{Z})\right\|_{\mathrm{F}}^{-1}\left\|\boldsymbol{V}(\boldsymbol{Z})\right\|_{\mathrm{F}}\mathrm{tr}\left((\boldsymbol{V}(\boldsymbol{Z})\boldsymbol{V}^{\mathrm{T}}(\boldsymbol{Z})\boldsymbol{V}(\boldsymbol{Z}))^{-1}\frac{\partial\boldsymbol{V}(\boldsymbol{Z})}{\partial z_{i,j}}\right)
$$

$$
+\left\|\boldsymbol{V}^{-1}(\boldsymbol{Z})\right\|_{\mathrm{F}}\left\|\boldsymbol{V}(\boldsymbol{Z})\right\|_{\mathrm{F}}^{-1}\mathrm{tr}\left(\boldsymbol{V}^{\mathrm{T}}(\boldsymbol{Z})\frac{\partial\boldsymbol{V}(\boldsymbol{Z})}{\partial z_{i,j}}\right) \tag{4-41}
$$

且

$$
\frac{\partial}{\partial z_{i,j}}\left\|\boldsymbol{K}(l)\right\|_{\mathrm{F}}^{2}=2\mathrm{tr}\left(\boldsymbol{K}^{\mathrm{T}}\frac{\partial\boldsymbol{K}(l)}{\partial z_{i,j}}\right) \tag{4-42}
$$

$$
\frac{\partial}{\partial z_{i,j}}\left\|\boldsymbol{A}(l)+\boldsymbol{B}(l)\boldsymbol{K}(l)\right\|_{\mathrm{F}}^{2}=2\mathrm{tr}\left(\boldsymbol{A}(l)+\boldsymbol{B}(l)\boldsymbol{K}(l)^{\mathrm{T}}\boldsymbol{B}(l)\frac{\partial\boldsymbol{K}(l)}{\partial z_{i,j}}\right) \tag{4-43}
$$

$$
\frac{\partial}{\partial z_{i,j}}\left\|\boldsymbol{A}(l)+\boldsymbol{B}(l)\boldsymbol{K}(l)\right\|_{\mathrm{F}}^{T-1}=\frac{T-1}{2}\left\|\boldsymbol{A}(l)+\boldsymbol{B}(l)\boldsymbol{K}(l)\right\|_{\mathrm{F}}^{\frac{T-3}{2}}\frac{\partial}{\partial z_{i,j}}\left\|\boldsymbol{A}(l)+\boldsymbol{B}(l)\boldsymbol{K}(l)\right\|_{\mathrm{F}}^{2} \tag{4-44}
$$

因此，$J(\boldsymbol{Z})$ 的梯度为

$$
\frac{\partial J(\boldsymbol{Z})}{\partial z_{i,j}}=\frac{\partial}{\partial z_{i,j}}(\alpha\left\|\boldsymbol{K}(l)\right\|_{\mathrm{F}}^{2}+(1-\alpha)k_{\mathrm{F}}(\boldsymbol{V})\sum_{i=T-1}^{0}\left\|\boldsymbol{A}(l)+\boldsymbol{B}(l)\boldsymbol{K}(l)\right\|_{\mathrm{F}}^{T-1})
$$

$$
=\alpha\sum_{i=0}^{T-1}\frac{\partial}{\partial z_{i,j}}\left\|\boldsymbol{K}(l)\right\|_{\mathrm{F}}^{2}+(1-\alpha)\frac{\partial k_{\mathrm{F}}(\boldsymbol{V})}{\partial z_{i,j}}\sum_{i=T-1}^{0}\left\|\boldsymbol{A}(l)+\boldsymbol{B}(l)\boldsymbol{K}(l)\right\|_{\mathrm{F}}^{T-1}
$$

$$
+k_{\mathrm{F}}(\boldsymbol{V})\sum_{i=T-1}^{0}\left\|\boldsymbol{A}(l)+\boldsymbol{B}(l)\boldsymbol{K}(l)\right\|_{\mathrm{F}}^{T-1} \tag{4-45}
$$

到此为止，剩下的工作是计算 $\dfrac{\partial \boldsymbol{V}(\boldsymbol{Z})}{\partial z_{i,j}}$ 和 $\dfrac{\partial}{\partial z_{i,j}}\boldsymbol{K}(l)\left(i \in \overline{0,Tr-1}, j \in \overline{1,n}, l \in \overline{0,T-1}\right)$。

利用式(4-24)，可得

$$\frac{\partial \boldsymbol{V}(\boldsymbol{Z})}{\partial z_{i,j}} = \frac{\partial}{\partial z_{i,j}} \sum_{i=0}^{\omega} \boldsymbol{N}_l \boldsymbol{Z} \boldsymbol{F}^l = \sum_{i=0}^{\omega} \boldsymbol{N}_l e_i e_j^{\mathrm{T}} \boldsymbol{F}^l \tag{4-46}$$

$$\frac{\partial \boldsymbol{W}(\boldsymbol{Z})}{\partial z_{i,j}} = \frac{\partial}{\partial z_{i,j}} \sum_{i=0}^{\omega} \boldsymbol{D}_l \boldsymbol{Z} \boldsymbol{F}^l = \sum_{i=0}^{\omega} \boldsymbol{D}_l e_i e_j^{\mathrm{T}} \boldsymbol{F}^l \tag{4-47}$$

式中，e_i 和 e_j 分别代表恒等矩阵 $\boldsymbol{I}_{Tr}$ 和 $\boldsymbol{I}_n$ 的第 i 列和第 j 列。另外，根据式(4-26)，可得

$$\frac{\partial \boldsymbol{K}(0)}{\partial z_{i,j}} = \frac{\partial \boldsymbol{X}_1}{\partial z_{i,j}} \tag{4-48}$$

$$\frac{\partial \boldsymbol{K}(1)}{\partial z_{i,j}} = \frac{\partial \boldsymbol{X}_2}{\partial z_{i,j}} \boldsymbol{A}_{\mathrm{c}}^{-1}(0) - \boldsymbol{X}_2 \boldsymbol{A}_{\mathrm{c}}^{-1}(0) \boldsymbol{B}(0) \frac{\partial \boldsymbol{K}(0)}{\partial z_{i,j}} \boldsymbol{A}_{\mathrm{c}}^{-1}(0) \tag{4-49}$$

$$\begin{aligned}\frac{\partial \boldsymbol{K}(T-1)}{\partial z_{i,j}} = {} & \frac{\partial \boldsymbol{X}_T}{\partial z_{i,j}} \prod_{k=0}^{T-2} \boldsymbol{A}_{\mathrm{c}}^{-1}(k) - \boldsymbol{X}_T \boldsymbol{A}_{\mathrm{c}}^{-1}(0) \boldsymbol{B}(0) \frac{\partial \boldsymbol{K}(0)}{\partial z_{i,j}} \boldsymbol{A}_{\mathrm{c}}^{-1}(0) \prod_{k=0}^{T-2} \boldsymbol{A}_{\mathrm{c}}^{-1}(k) \\ & - \boldsymbol{X}_T \boldsymbol{A}_{\mathrm{c}}^{-1}(0) \boldsymbol{A}_{\mathrm{c}}^{-1}(1) \boldsymbol{B}(1) \frac{\partial \boldsymbol{K}(1)}{\partial z_{i,j}} \boldsymbol{A}_{\mathrm{c}}^{-1}(1) \prod_{k=0}^{T-2} \boldsymbol{A}_{\mathrm{c}}^{-1}(k) \\ & + \boldsymbol{X}_T \prod_{k=0}^{T-2} \boldsymbol{A}_{\mathrm{c}}^{-1}(k) \boldsymbol{B}(T-2) \frac{\partial K(T-2)}{\partial z_{i,j}} \boldsymbol{A}_{\mathrm{c}}^{-1}(T-2)\end{aligned} \tag{4-50}$$

最后，由关系 $\boldsymbol{W} = \boldsymbol{X}\boldsymbol{V}$，得

$$\begin{aligned}\frac{\partial \boldsymbol{X}}{\partial z_{i,j}} &= \frac{\partial \boldsymbol{W}}{\partial z_{i,j}} \boldsymbol{V}^{-1} - \boldsymbol{W}\boldsymbol{V}^{-1} \frac{\partial \boldsymbol{V}}{\partial z_{i,j}} \boldsymbol{V}^{-1} \\ &= \frac{\partial \boldsymbol{W}}{\partial z_{i,j}} \boldsymbol{V}^{-1} - \boldsymbol{X} \frac{\partial \boldsymbol{V}}{\partial z_{i,j}} \boldsymbol{V}^{-1}\end{aligned} \tag{4-51}$$

算法 4.2　鲁棒和最小范数极点配置。

(1) 根据式(4-8)和式(4-9) 计算 $\boldsymbol{A}^{\mathrm{L}}, \boldsymbol{B}^{\mathrm{L}}$。

(2) 求解满足关系(4-23)的右互质多项式矩阵 $\boldsymbol{N}(z)$ 和 $\boldsymbol{D}(z)$，并进一步求得矩阵 $\boldsymbol{N}_i$， $\boldsymbol{D}_i$ $\left(i=\overline{0,\omega}\right)$。

(3) 根据式(4-25)、式(4-26)和式(4-27)构造矩阵 $\boldsymbol{V}$ 和 $\boldsymbol{K}(i)$ $\left(i\in\overline{0,T-1}\right)$ 的通解表达式。

(4) 利用显式梯度公式(2-46)~式(2-51)和基于梯度的搜索算法，解优化问题：

$$\text{Minimize } J(\boldsymbol{Z}),\boldsymbol{Z}\in\boldsymbol{\Omega}$$

$$\det(\boldsymbol{A}_{\mathrm{c}}(i))\neq 0,\quad i\in\overline{0,T-2}$$

记得到的优化决策矩阵为 $\boldsymbol{Z}_{\mathrm{opt}}$。

(5) 利用决策矩阵 $\boldsymbol{Z}_{\mathrm{opt}}$ 和表达式(4-25)，计算矩阵 $\boldsymbol{V}_{\mathrm{opt}}$ 和 $\boldsymbol{W}_{\mathrm{opt}}$。

(6) 将 $\boldsymbol{V}_{\mathrm{opt}}$ 和 $\boldsymbol{W}_{\mathrm{opt}}$ 代入式(4-27)，计算矩阵 $\boldsymbol{K}(i)$ $\left(i\in\overline{0,T-1}\right)$。

4.5　数 值 算 例

在本节，给出两个例子来说明上述方法的有效性。这两个例子分别取自文献[62]和文献[63]。

例 4.1　考虑一个周期为 3 的二阶线性离散周期时变系统：

$$\boldsymbol{x}(t+1)=\boldsymbol{A}(t)\boldsymbol{x}(t)+\boldsymbol{B}(t)\boldsymbol{u}(t),\quad t=0,1,2,\cdots$$

该系统具有如下参数矩阵：

$$\boldsymbol{A}(t)=\begin{cases}\begin{bmatrix}0&1\\3&0\end{bmatrix}, & t=3k\\ \begin{bmatrix}0&1\\1&2\end{bmatrix}, & t=3k+1\\ \begin{bmatrix}0&1\\2&1\end{bmatrix}, & t=3k+2\end{cases}$$

$$\boldsymbol{B}(t)=\begin{bmatrix}0\\1\end{bmatrix}$$

式中，$k\in\mathbf{Z}$。我们的目标是寻找周期状态反馈控制律：

$$A(t)=\begin{cases}\boldsymbol{K}(0)x(t), t=3k\\ \boldsymbol{K}(1)x(t), t=3k+1\\ \boldsymbol{K}(2)x(t), t=3k+2\end{cases}$$

使得闭环系统的两个极点分别位于 $-0.5+0.5\mathrm{i}$ 和 $-0.5-0.5\mathrm{i}$ 。

通过简单的验证可知，此系统是完全能达的。根据算法 4.1 提供的流程，可以得到满足关系(4-23)的一对右互质分解如下：

$$\boldsymbol{D}(s)=\begin{bmatrix}0 & 0 & 1\\ -6+s & -1 & -2\\ -6-s & s & -2\end{bmatrix},\ \boldsymbol{N}(s)=\begin{bmatrix}1 & 0 & 0\\ 0 & 1 & 0\end{bmatrix}$$

这样，可以容易地得到：

$$\boldsymbol{D}(s)=\begin{bmatrix}0 & 0 & 1\\ -6+s & -1 & -2\\ -6-s & s & -2\end{bmatrix},\ \boldsymbol{N}(s)=\begin{bmatrix}1 & 0 & 0\\ 0 & 1 & 0\end{bmatrix}$$

$$\boldsymbol{D}_0=\begin{bmatrix}0 & 0 & 1\\ -6 & -1 & -2\\ -6 & 0 & -2\end{bmatrix},\ \boldsymbol{D}_1=\begin{bmatrix}0 & 0 & 0\\ 1 & 0 & 0\\ -1 & 1 & 0\end{bmatrix},\ \boldsymbol{N}_0=\begin{bmatrix}1 & 0 & 0\\ 0 & 1 & 0\end{bmatrix}$$

令 $\boldsymbol{F}$ 为闭环系统的实约当标准型，即

$$\boldsymbol{F}=\begin{bmatrix}-\dfrac{1}{2} & -\dfrac{1}{2}\\ \dfrac{1}{2} & -\dfrac{1}{2}\end{bmatrix}$$

显然， $\boldsymbol{F}$ 具有欲配置的极点 $-0.5\pm0.5\mathrm{i}$ 。根据定理 4.1，参数化的周期状态反馈增益为

$$\boldsymbol{K}(0)=\begin{bmatrix}\dfrac{z_{31}z_{31}-z_{32}z_{21}}{z_{11}z_{22}-z_{12}z_{21}} & \dfrac{-z_{12}z_{31}+z_{11}z_{32}}{z_{11}z_{22}-z_{12}z_{21}}\end{bmatrix}$$

$$\boldsymbol{K}(1)=\begin{bmatrix}\dfrac{a_1z_{11}-z_{12}a_2+2z_{31}z_{22}-2z_{32}z_{31}}{a_5} & \dfrac{z_{22}a_3+z_{21}a_4}{a_5}\end{bmatrix}$$

$$\boldsymbol{K}(2)=\begin{bmatrix}-\dfrac{6z_{11}^2-b_1z_{11}+z_{12}b_2}{b_7} & \dfrac{b_1z_{11}+b_4z_{31}+b_5z_{32}+3z_{12}b_6}{b_7}\end{bmatrix}$$

式中，

$$
\begin{aligned}
a_1 &= 3z_{11} + 6z_{22} - z_{32} + z_{31} \\
a_2 &= 6z_{21} + 3z_{12} + z_{31} + z_{32} \\
a_3 &= z_{12} - 13z_{11} - 4z_{31} \\
a_4 &= 13z_{12} + z_{11} + 4z_{32} \\
a_5 &= 6z_{11}z_{22} - 6z_{12}z_{21} + 2z_{31}z_{22} - 2z_{32}z_{21} \\
b_1 &= 2z_{31} - z_{22} - 2z_{32} \\
b_2 &= 2z_{31} + 6z_{12} + z_{21} + 2z_{32} \\
b_3 &= -3z_{11} + 3z_{22} + 3z_{21} - z_{31} + z_{32} \\
b_4 &= z_{22} + z_{21} - z_{12} \\
b_5 &= z_{22} - z_{12} - z_{21} \\
b_6 &= z_{22} - z_{21} - z_{12} \\
b_7 &= 3z_{11}^2 - z_{11}z_{32} + z_{11}z_{31} + z_{12}z_{31} + 3z_{12}{}^2
\end{aligned}
$$

此外，

$$
\boldsymbol{Z} = \begin{bmatrix} z_{11} & z_{12} \\ z_{21} & z_{22} \\ z_{31} & z_{32} \end{bmatrix}
$$

是满足条件 $z_{11}z_{22} - z_{12}z_{21} \neq 0$，$a_5 \neq 0$ 和 $b_7 \neq 0$ 的任意实参数矩阵。闭环系统 $a_5 \neq 0$ 和 $b_7 \neq 0$ 的任意实参数矩阵。闭环系统的单值性矩阵为

$$
\begin{aligned}
\boldsymbol{\Psi}_{\mathrm{c}} &= \left(\boldsymbol{A}(2) + \boldsymbol{B}(2)\boldsymbol{K}(2)\right)\left(\boldsymbol{A}(1) + \boldsymbol{B}(1)\boldsymbol{K}(1)\right)\left(\boldsymbol{A}(0) + \boldsymbol{B}(0)\boldsymbol{K}(0)\right) \\
&= \begin{bmatrix} \Psi_{11} & \Psi_{12} \\ \Psi_{21} & \Psi_{22} \end{bmatrix}
\end{aligned}
$$

式中，

$$
\begin{aligned}
\Psi_{11} &= \frac{-z_{11}z_{12} + z_{12}z_{21} + z_{22}z_{12} + z_{21}z_{11}}{2z_{11}z_{22} - 2z_{12}z_{21}} \\
\Psi_{12} &= \frac{z_{11}^2 + z_{12}^2}{2z_{11}z_{22} - 2z_{12}z_{21}} \\
\Psi_{21} &= \frac{z_{22}^2 + z_{21}^2}{2z_{11}z_{22} - 2z_{12}z_{21}} \\
\Psi_{22} &= \frac{z_{21}z_{11} + z_{11}z_{22} + z_{22}z_{12} - z_{12}z_{21}}{2z_{11}z_{22} - 2z_{12}z_{21}}
\end{aligned}
$$

简单计算可知，$\boldsymbol{\Psi}_{\mathrm{c}}$ 的特征值确实为 $-0.5\pm0.5\mathrm{i}$ 。特别地，随机选取

$$\boldsymbol{Z}=\begin{bmatrix}1 & 0\\ 0 & 1\\ 1 & 2\end{bmatrix}$$

可以得到一个特解：

$$\boldsymbol{K}(0)=\begin{bmatrix}1 & 2\end{bmatrix}$$
$$\boldsymbol{K}(0)=\begin{bmatrix}-1.2500 & -2.1250\end{bmatrix}$$
$$\boldsymbol{K}(0)=\begin{bmatrix}-1.5000 & 2.0000\end{bmatrix}$$

利用这一组状态反馈增益，绘制初始条件 $\boldsymbol{x}_0=\begin{bmatrix}-5 & 5\end{bmatrix}^{\mathrm{T}}$ 下的闭环系统状态响应轨迹如图 4-2 所示。

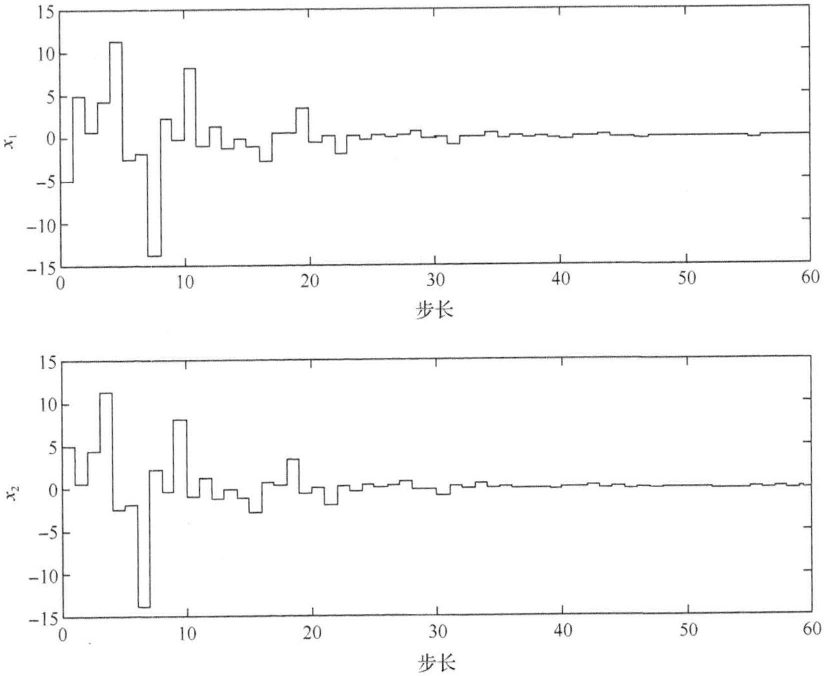

图 4-2　闭环系统状态响应

例 4.2　考虑一个三阶线性时不变离散系统：

$$\boldsymbol{x}(t+1)=\boldsymbol{A}\boldsymbol{x}(t)+\boldsymbol{B}\boldsymbol{u}(t),t=0,1,2,\cdots$$

系统参数如下：

$$
\boldsymbol{A}=\begin{bmatrix} \mathrm{e} & 0 & 0 \\ 0 & \mathrm{e}^{-1} & 0 \\ 0 & 0 & 1 \end{bmatrix},\quad \boldsymbol{B}=\begin{bmatrix} \mathrm{e}-1 & 0 \\ 1 & 1-\mathrm{e}^{-1} \\ 1 & 0 \end{bmatrix}
$$

欲采用一个周期为 2 的状态反馈控制律：

$$
\boldsymbol{u}(t)=\begin{cases} \boldsymbol{K}(0)\boldsymbol{x}(t), & t=2k \\ \boldsymbol{K}(1)\boldsymbol{x}(t), & t=2k+1 \end{cases}
$$

使得闭环系统的极点集为 $\boldsymbol{\Gamma}=\{0.6, 0.7, -0.7\}$。

首先，通过计算可得满足关系(4-23）的一对右互质分解如下：

$$
\boldsymbol{N}(s)=\begin{bmatrix} 1 & 0 & 0 & 0 \\ 0 & 1 & 0 & 0 \\ 0 & 0 & 1 & 0 \end{bmatrix}
$$

$$
\boldsymbol{D}(s)=\begin{bmatrix} (\mathrm{e}-1)^{-2}(s-\mathrm{e}^2) & 0 & (\mathrm{e}-1)^{-1}(1-s) & 0 \\ 0 & 0 & 0 & 1 \\ -(\mathrm{e}-1)^{-2}(s-\mathrm{e}^2) & 0 & (s-1)\dfrac{\mathrm{e}}{\mathrm{e}-1} & 0 \\ (\mathrm{e}-1)^{-2}(s-\mathrm{e}^2) & \dfrac{\mathrm{e}}{\mathrm{e}-1}(s-\mathrm{e}^{-2}) & \dfrac{\mathrm{e}+1}{\mathrm{e}-1}(1-s) & -\mathrm{e}^{-1} \end{bmatrix}
$$

易得

$$
\boldsymbol{N}_0=\begin{bmatrix} 1 & 0 & 0 & 0 \\ 0 & 1 & 0 & 0 \\ 0 & 0 & 1 & 0 \end{bmatrix}
$$

$$
\boldsymbol{D}_0=\begin{bmatrix} -\dfrac{\mathrm{e}^2}{(\mathrm{e}-1)^2} & 0 & \dfrac{1}{\mathrm{e}-1} & 0 \\ 0 & 0 & 0 & 1 \\ \dfrac{\mathrm{e}^2}{(\mathrm{e}-1)^2} & 0 & -\dfrac{\mathrm{e}}{\mathrm{e}-1} & 0 \\ -\dfrac{\mathrm{e}^2}{(\mathrm{e}-1)^2} & -\dfrac{1}{\mathrm{e}^2-\mathrm{e}} & \dfrac{\mathrm{e}+1}{\mathrm{e}-1} & -\dfrac{1}{\mathrm{e}} \end{bmatrix}
$$

$$D_1=\begin{bmatrix}\dfrac{1}{(e-1)^2} & 0 & -\dfrac{1}{e-1} & 0\\ 0 & 0 & 0 & 0\\ -\dfrac{1}{(e-1)^{-2}} & 0 & \dfrac{e}{e-1} & 0\\ \dfrac{1}{(e-1)^2} & \dfrac{e}{e-1} & -\dfrac{e+1}{e-1} & 0\end{bmatrix}$$

令

$$F=\begin{bmatrix}0.6 & 0 & 0\\ 0 & 0.7 & 0\\ 0 & 0 & -0.7\end{bmatrix}$$

Z 随机选择一个参数矩阵，可以得到下面的一组周期反馈增益：

$$K_{\text{rand}}(0)=\begin{bmatrix}-2.2247 & -0.1780 & -0.5299\\ -1.0069 & 0.5997 & 5.6200\end{bmatrix}$$

$$K_{\text{rand}}(1)=\begin{bmatrix}-0.7553 & -0.8994 & 0.4703\\ 7.2389 & 4.2473 & -8.1043\end{bmatrix}$$

令 $\alpha=0$，利用算法 4.2 可得下面的鲁棒状态反馈增益：

$$K_{\text{robu}}(0)=\begin{bmatrix}-2.4248 & -0.0000 & -0.1457\\ 3.8359 & 0.8203 & -0.2304\end{bmatrix}$$

$$K_{\text{robu}}(1)=\begin{bmatrix}-0.8753 & -0.0000 & -0.2754\\ 1.3847 & 0.4889 & -0.4357\end{bmatrix}$$

为了下一步使用方便，记

$$K_{\text{rand}}=(K_{\text{rand}}(0),K_{\text{rand}}(1)),\quad K_{\text{robu}}=(K_{\text{robu}}(0),K_{\text{robu}}(1))$$

假设闭环系统矩阵具有如下扰动：

$$A(i)+B(i)K(i)\to A(i)+B(i)K(i)+\mu\Delta_i,\ i\in\overline{0,1}$$

式中，$\Delta_i\in\mathbf{R}^{n\times n}\left(i\in\overline{0,1}\right)$ 且满足标准化假设 $\|\Delta_i\|_{\text{F}}=1\ \left(i\in\overline{0,1}\right)$；$\mu>0$ 是一个控制扰动水平的参数。根据文献[111]中的方法，可以利用下面的指标来量测相应的闭环系统特征值的鲁棒性：

$$d_{\mu}(\varDelta) \triangleq \max_{1 \leqslant i \leqslant 3} \left\{ \left| \lambda_i \left\{ (\boldsymbol{A}_{\mathrm{c}}(1) + \mu \varDelta_1)(\boldsymbol{A}_{\mathrm{c}}(0) + \mu \varDelta_0) \right\} \right| \right\}$$

式中，$\lambda_i\{\boldsymbol{A}\}$ 代表矩阵 $\boldsymbol{A}$ 的第 i 个特征值。当 $\mu = 0.002, 0.003, 0.005$ 时，分别做了 3000 次随机试验，相应于 $\boldsymbol{K}_{\mathrm{rand}}$ 和 $\boldsymbol{K}_{\mathrm{robu}}$ 的闭环特征值的最差值和平均值总结在表 4-1 中。绘制这些实验的极点图如图 4-3~图 4-5 所示。通过观察可知，在有扰动存在的情况下，使用鲁棒周期状态反馈增益 $\boldsymbol{K}_{\mathrm{rand}}$ 总是比使用随机反馈增益 $\boldsymbol{K}_{\mathrm{robu}}$ 得到的效果好很多。

表 4-1　$\boldsymbol{K}_{\mathrm{robu}}$ 和 $\boldsymbol{K}_{\mathrm{rand}}$ 的比较

μ	$\mu=0.002$		$\mu=0.003$		$\mu=0.005$	
d_{μ}	$\boldsymbol{K}_{\mathrm{robu}}$	$\boldsymbol{K}_{\mathrm{rand}}$	$\boldsymbol{K}_{\mathrm{robu}}$	$\boldsymbol{K}_{\mathrm{rand}}$	$\boldsymbol{K}_{\mathrm{robu}}$	$\boldsymbol{K}_{\mathrm{rand}}$
最差值	0.7376	1.2185	0.8825	1.1811	0.8341	2.1790
平均值	0.6189	0.8060	0.6913	0.7223	0.5990	1.1381

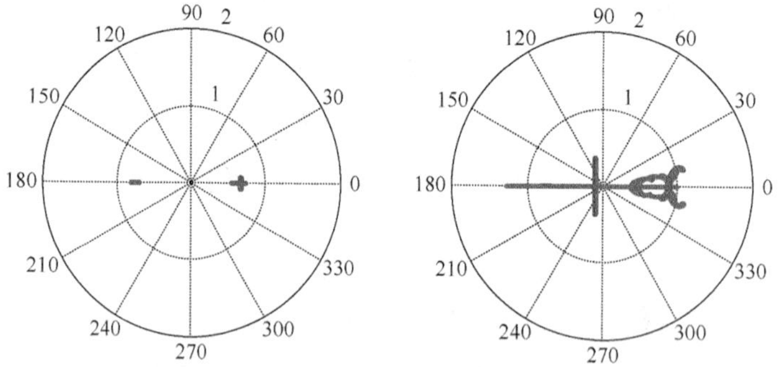

图 4-3　$\mu = 0.002$ 时受扰动的闭环系统的特征值

左边和右边分别相应于 $\boldsymbol{K}_{\mathrm{robu}}$ 和 $\boldsymbol{K}_{\mathrm{rand}}$

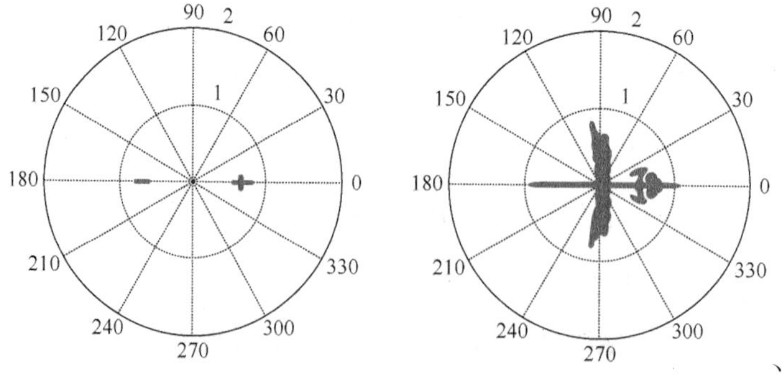

图 4-4　$\mu = 0.003$ 时受扰动的闭环系统的特征值

左边和右边分别相应于 $\boldsymbol{K}_{\mathrm{robu}}$ 和 $\boldsymbol{K}_{\mathrm{rand}}$

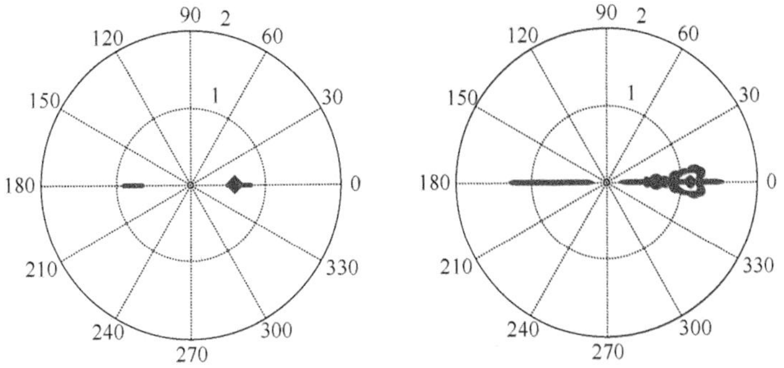

图 4-5　$\mu = 0.005$ 时受扰动的闭环系统的特征值
左边和右边分别相应于 $\boldsymbol{K}_{\mathrm{robu}}$ 和 $\boldsymbol{K}_{\mathrm{rand}}$

为了进一步说明，相应于 $\alpha = 0,0.5$，1 时，分别通过最小化指标 $J(\boldsymbol{Z})$ 计算系统的最优周期状态反馈增益。对于每种情况，计算 Frobenius 范数条件数 $k_{\mathrm{F}}(\boldsymbol{V})$，反馈增益范数 $\|\boldsymbol{K}(0)\|_{\mathrm{F}}$，$\|\boldsymbol{K}(1)\|_{\mathrm{F}}$ 和 $\|\boldsymbol{K}\|_{\mathrm{F}} \triangleq \sqrt{\|\boldsymbol{K}(0)\|_{\mathrm{F}}^2 + \|\boldsymbol{K}(1)\|_{\mathrm{F}}^2}$，结果汇总在表 4-2 中。从中可以看到，当 $\alpha = 1$ 时，本节提出的方法可以使 $\|k\|_{\mathrm{F}}$ 达到 1.4677，然而文献[63]中相应的结果是 1.57。比较可知，本节的鲁棒极点配置算法是非常有效的。这里，给出相应的周期状态反馈增益：

表 4-2　例 4.2 的结果

条件	J	$k_{\mathrm{F}}(V)$	$\|\boldsymbol{K}(0)\|_{\mathrm{F}}$	$\|\boldsymbol{K}(1)\|_{\mathrm{F}}$	$\|\boldsymbol{K}(2)\|_{\mathrm{F}}$
$\alpha = 0$	15.2834	3.0320	4.6196	1.7855	4.9527
$\alpha = 0.5$	12.6180	3.0870	2.5292	0.9851	2.7143
$\alpha = 1$	2.1541	64.0429	1.3161	0.6497	1.4677

$$\boldsymbol{K}(0) = \begin{bmatrix} -1.3004 & -0.0732 & -0.0506 \\ -0.1264 & -0.1186 & -0.0545 \end{bmatrix}$$

$$\boldsymbol{K}(1) = \begin{bmatrix} -0.1505 & 0.5115 & 0.3690 \\ 0.0207 & -0.0357 & 0.0057 \end{bmatrix}$$

4.6　一些相关方法的讨论

关于线性离散周期系统鲁棒极点配置问题，文献[63]也做了详细的讨论。该文的方法是建立在求解周期 Sylvester 方程基础上的。其中，决定欲配置的闭环系统特征值的矩阵是 $\overline{\boldsymbol{A}}_k$，自由参数为 $\boldsymbol{G}_k$，此文的方法要求周期矩阵对 $(\overline{\boldsymbol{A}}_k, \boldsymbol{G}_k)$ 是完全能观测的。然而，在本章，对于决定欲配置的闭环系统特征值的矩阵 $\boldsymbol{F}$ 和自由参数 $\boldsymbol{Z}$ 并没有同样的约束。再者，正如文献[63]的第二节所述，条件 $\Lambda(\boldsymbol{\Phi}_A(\boldsymbol{K},0))\cap\Lambda(\boldsymbol{\Phi}_{\bar{A}}(\boldsymbol{K},0))=\phi$ 是必要的，也就是说，文献[63]的方法要求闭环系统的特征值必须和开环系统的特征值完全不同。此外，文献[63]的方法不能将闭环极点配置到原点。本章提出的方法的不同之处在于它可以实现极点的任意配置。

4.7 本章小结

在本章，讨论了线性离散周期系统参数化极点配置和鲁棒极点配置问题。利用闭环系统单值性矩阵的性质，将参数化极点配置问题转化为一类推广的 Sylvester 矩阵方程的求解问题。基于近期关于 Sylvester 矩阵方程的解，解决了参数化极点配置问题。存在于周期反馈增益中的自由参数可以用来达到鲁棒性能。为了实现鲁棒极点配置，提出了闭环特征值关于存在于系统中的扰动的灵敏度指标。这样，将鲁棒极点配置问题转化为了一个静态约束优化问题，可以用 MATLAB 优化工具箱方便地求解。在这些理论的基础上，我们给出了参数化极点配置和鲁棒极点配置的详细的设计算法。当线性离散周期系统的状态或者输入具有随时间周期变化的维数时，如何获得相应的参数化结果，是下一研究的方向。

第 5 章　周期输出反馈极点配置

5.1　引　　言

由于时不变提升重构为线性离散周期系统理论的发展铺平了道路，因此人们期望线性时不变系统的一些经典理论能够扩展到这类特殊的时变系统中去。这方面已经取得了不少成就，如周期 Lyapunov 理论和周期 Riccati 方程理论等。早在 20 世纪 90 年代，Duan 就提出了线性时不变系统极点配置的完全参数化方法[112,113] 一个自然的疑问就是在线性离散周期系统中是否也存在相应的理论。特别地，文献[62]指出，虽然在线性时不变系统中，不能用常值输出反馈实现任意的极点配置，但是在线性离散周期系统中，这一点是可以实现的。在这一章，我们将考虑通过周期输出反馈，对线性离散周期系统进行参数化极点配置和鲁棒极点配置，并给出具体的设计方法。

5.2　准 备 工 作

考虑如下离散时间线性周期系统:

$$\begin{cases} \boldsymbol{x}(t+1) = \boldsymbol{A}(t)\boldsymbol{x}(t) + \boldsymbol{B}(t)\boldsymbol{u}(t) \\ \boldsymbol{y}(t) = \boldsymbol{C}(t)\boldsymbol{x}(t) \end{cases} \tag{5-1}$$

式中，$t \in \mathbf{Z}$，状态变量 $\boldsymbol{x}(t) \in \mathbf{R}^n$，输入变量 $\boldsymbol{u}(t) \in \mathbf{R}^r$，输出变量 $\boldsymbol{y}(t) \in \mathbf{R}^p$，$\boldsymbol{A}(t), \boldsymbol{B}(t), \boldsymbol{C}(t)$ 是具有兼容维数的矩阵，并具有如下 T-周期属性:

$$\begin{aligned} &\boldsymbol{A}(t+T) = \boldsymbol{A}(t),\ \boldsymbol{B}(t+T) = \boldsymbol{B}(t) \\ &\boldsymbol{C}(t+T) = \boldsymbol{C}(t),\ \forall t \in \mathbf{Z} \end{aligned}$$

关于这类系统的一个基本事实是：系统是渐近稳定的当且仅当系统单值性矩阵:

$$\boldsymbol{\Psi} \triangleq \boldsymbol{A}(T-1)\boldsymbol{A}(T-2)\cdots\boldsymbol{A}(0)$$

的所有特征值都位于开单位圆盘内[105]。

引入如下形式输出反馈律:

$$\boldsymbol{u}(t)=\boldsymbol{F}(t)\boldsymbol{y}(t),\ t\in\mathbf{Z} \tag{5-2}$$

式中，$\boldsymbol{F}(t)$ 是一个周期为 T 的反馈增益矩阵。闭环系统也是一个周期为 T 的系统，绘制其方框图如图 5-1 所示。

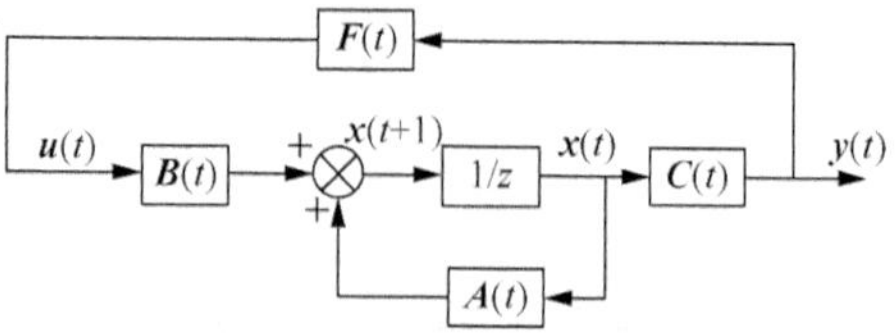

图 5-1　周期输出反馈作用下的控制系统方框图

容易计算闭环系统的单值性矩阵为

$$\boldsymbol{\varPsi}_{\mathrm{c}}=\boldsymbol{A}_{\mathrm{c}}(T-1)\boldsymbol{A}_{\mathrm{c}}(T-2)\cdots\boldsymbol{A}_{\mathrm{c}}(0) \tag{5-3}$$

式中，

$$\boldsymbol{A}_{\mathrm{c}}(i)\triangleq\boldsymbol{A}(i)+\boldsymbol{B}(i)\boldsymbol{F}(i)\boldsymbol{C}(i),\ i\in\overline{0,T-1} \tag{5-4}$$

线性周期系统(5-1)的提升系统是下面的线性时不变系统[114]：

$$\begin{cases}\boldsymbol{x}^{\mathrm{L}}(t+1)=\boldsymbol{A}^{\mathrm{L}}\boldsymbol{x}^{\mathrm{L}}(t)+\boldsymbol{B}^{\mathrm{L}}\boldsymbol{u}^{\mathrm{L}}(t)\\ \boldsymbol{y}^{\mathrm{L}}(t)=\boldsymbol{C}^{\mathrm{L}}\boldsymbol{x}^{\mathrm{L}}(t)+\boldsymbol{D}^{\mathrm{L}}\boldsymbol{u}^{\mathrm{L}}(t)\end{cases} \tag{5-5}$$

式中，

$$\boldsymbol{A}^{\mathrm{L}}=\boldsymbol{A}(T-1)\boldsymbol{A}(T-2)\cdots\boldsymbol{A}(0) \tag{5-6}$$

$$\boldsymbol{B}^{\mathrm{L}}=\left[\boldsymbol{A}(T-1)\boldsymbol{A}(T-2)\cdots\boldsymbol{A}(1)\boldsymbol{B}(0)\ \ \cdots\ \ \boldsymbol{A}(T-1)\boldsymbol{B}(T-2)\ \ \boldsymbol{B}(T-1)\right] \tag{5-7}$$

$$\boldsymbol{C}^{\mathrm{L}}=\begin{bmatrix}\boldsymbol{C}(0)\\ \boldsymbol{C}(1)\boldsymbol{A}(0)\\ \vdots\\ \boldsymbol{C}(T-1)\boldsymbol{A}(T-2)\cdots\boldsymbol{A}(0)\end{bmatrix} \tag{5-8}$$

$$\boldsymbol{D}^{\mathrm{L}}=\begin{bmatrix}\boldsymbol{D}_{11}^{\mathrm{L}} & \boldsymbol{D}_{12}^{\mathrm{L}} & \cdots & \boldsymbol{D}_{1T}^{\mathrm{L}}\\ \boldsymbol{D}_{21}^{\mathrm{L}} & \boldsymbol{D}_{22}^{\mathrm{L}} & \cdots & \boldsymbol{D}_{2T}^{\mathrm{L}}\\ \vdots & \vdots & & \vdots\\ \boldsymbol{D}_{T1}^{\mathrm{L}} & \boldsymbol{D}_{T2}^{\mathrm{L}} & \cdots & \boldsymbol{D}_{TT}^{\mathrm{L}}\end{bmatrix} \tag{5-9}$$

$$D_{ij}^{\mathrm{L}} = \begin{cases} 0, & i \leqslant j \\ C(i-1)B(j-1), & i = j+1 \\ C(i-1)A(i-2)\cdots A(j)B(j-1), & i > j+1 \end{cases} \tag{5-10}$$

周期系统(5-1)和时不变系统(5-5)具有如下关系。

如果 $\boldsymbol{x}(t)$、$\boldsymbol{u}(t)$、$\boldsymbol{y}(t)$ 分别是系统(5-1)的状态变量、输入变量和输出变量，那么 $\boldsymbol{x}^{\mathrm{L}}(t)$、$\boldsymbol{u}^{\mathrm{L}}(t)$、$\boldsymbol{y}^{\mathrm{L}}(t)$ 满足关系式(5-5)，其中：

$$\begin{aligned} \boldsymbol{x}^{\mathrm{L}}(t) &= \boldsymbol{x}(tT) \\ \boldsymbol{u}^{\mathrm{L}}(t) &= \left[\boldsymbol{u}^{\mathrm{T}}(tT) \quad \boldsymbol{u}^{\mathrm{T}}(tT+1) \quad \cdots \quad \boldsymbol{u}^{\mathrm{T}}(tT+T-1)\right]^{\mathrm{T}} \\ \boldsymbol{y}^{\mathrm{L}}(t) &= \left[\boldsymbol{y}^{\mathrm{T}}(tT) \quad \boldsymbol{y}^{\mathrm{T}}(tT+1) \quad \cdots \quad \boldsymbol{y}^{\mathrm{T}}(tT+T-1)\right]^{\mathrm{T}} \end{aligned}$$

周期系统(5-1)和它的提升系统(5-5)之间有很强的关系。下面给出一个引理，由于其证明非常简单，我们就不再赘述。

引理 5.1　由输出反馈律(5-2)和系统(5-1)形成的闭环系统的单值性矩阵等于输出反馈律：

$$\boldsymbol{u}^{\mathrm{L}}(t) = \boldsymbol{F}^{\mathrm{L}}\boldsymbol{y}^{\mathrm{L}}(t) \tag{5-11}$$

作用到系统(5-5)上形成的闭环系统矩阵，其中：

$$\boldsymbol{F}^{\mathrm{L}} \triangleq \operatorname{diag}\left\{\boldsymbol{F}(0) \ \ \boldsymbol{F}(1) \ \cdots \ \boldsymbol{F}(T-1)\right\} \tag{5-12}$$

下面，我们给出线性离散周期系统的一个结构属性。

引理 5.2[53]　在 $t = t_0$ 时，t_0 为任意时刻，矩阵对 $(\boldsymbol{A}(\cdot), \boldsymbol{B}(\cdot))$ 的能达子空间与矩阵对 $(\boldsymbol{A}^{\mathrm{L}}, \boldsymbol{B}^{\mathrm{L}})$ 的能达子空间是一致的，矩阵对 $(\boldsymbol{A}(\cdot), \boldsymbol{C}(\cdot))$ 的能观子空间与矩阵对 $(\boldsymbol{A}^{\mathrm{L}}, \boldsymbol{C}^{\mathrm{L}})$ 的能观子空间是一致的。

5.3　参数化输出反馈极点配置

5.3.1　问题提出

我们要考虑的问题是用输出反馈控制律(5-2)配置闭环系统单值性矩阵 $\boldsymbol{\varPsi}_{\mathrm{c}}$ 的特征值。换句话说，就是要找到 $\boldsymbol{F}(i)$ $(i \in \overline{0, T-1})$，使得闭环系统单值性矩阵的特征值达到预设的值。

令 $\boldsymbol{\varGamma} = \left\{s_i, s_i \in \boldsymbol{C}, i \in \overline{1,n}\right\}$ 是欲配置的特征值集合，并且它关于实轴是对称的，

$F \in \mathbf{R}^{n \times n}$ 是一个实矩阵且满足 $\sigma(F) = \Gamma$ 。显然，$\sigma(\Psi_c) = \Gamma$ 当且仅当存在非奇异矩阵 V ，使得

$$\Psi_c V = VF \tag{5-13}$$

于是离散时间周期系统输出反馈极点配置问题可以描述如下。

问题 5.1　给定一个完全能达的离散时间线性周期系统(5-1)和一个矩阵 $F \in \mathbf{R}^{n \times n}$ ，寻找矩阵 $F(i) \in \mathbf{R}^{r \times n} (i \in \overline{0, T-1})$ ，使得对某个非奇异矩阵 $V \in \mathbf{R}^{n \times n}$ ，关系式(5-13)成立。

5.3.2　参数化输出反馈控制器设计

为了给出闭环系统单值性矩阵的一个特殊形式，我们要用到文献[114]中的一个引理。

引理 5.3　考虑离散时间线性周期系统(5-1)和与其关联的提升系统(5-5)，对于给定的周期输出反馈律(5-2)，下面关系成立：

$$\Psi_c = A_c^L \tag{5-14}$$

式中，Ψ_c 由式(5-3)和式(5-4)给出，且

$$A_c^L = A^L + B^L (I - F^L D^L)^{-1} F^L C^L \tag{5-15}$$

引理 5.4　令 $P = I - F^L D^L$ ，其中，F^L 和 D^L 分别由式(5-12)和式(5-9)给出。记

$$Y = P^{-1} = \begin{bmatrix} Y_{11} & Y_{12} & \cdots & Y_{1T} \\ Y_{21} & Y_{22} & \cdots & Y_{2T} \\ \vdots & \vdots & & \vdots \\ Y_{T1} & Y_{T2} & \cdots & Y_{TT} \end{bmatrix} \tag{5-16}$$

则对 $i \in \overline{1,T}$ ，$j \in \overline{1,T}$ ，有

$$Y_{ij} = \begin{cases} 0, & i < j \\ I, & i = j \\ F(j) D_{ij}^L, & i = j+1 \\ F(i-1) D_{ij}^L + F(i-1) \sum\limits_{k=j+1}^{i-1} D_{ik}^L Y_{kj}, & i > j+1 \end{cases} \tag{5-17}$$

证明　利用矩阵 F^L 和 D^L 的特殊结构，可以得到

$$
\boldsymbol{P}=\begin{bmatrix} \boldsymbol{I} & 0 & 0 & 0 \\ -\boldsymbol{F}(1)\boldsymbol{D}_{2,1}^{\mathrm{L}} & \boldsymbol{I} & 0 & 0 \\ \vdots & \vdots & & \vdots \\ -\boldsymbol{F}(T-1)\boldsymbol{D}_{T,1}^{\mathrm{L}} & -\boldsymbol{F}(T-1)\boldsymbol{D}_{T,2}^{\mathrm{L}} & \cdots & \boldsymbol{I} \end{bmatrix}
$$

只需要证明 $\boldsymbol{PY}=\boldsymbol{I}$ 即可。

当 $i<j$ 时，显然有

$$
\sum_{k=1}^{T}\boldsymbol{P}_{i,k}\boldsymbol{Y}_{k,j}=\sum_{k=j}^{i}\boldsymbol{P}_{i,k}\boldsymbol{Y}_{k,j}=0
$$

当 $i=j$ 时，

$$
\sum_{k=1}^{T}\boldsymbol{P}_{i,k}\boldsymbol{Y}_{k,j}=\sum_{k=j}^{i}\boldsymbol{P}_{i,k}\boldsymbol{Y}_{k,j}=\boldsymbol{P}_{i,i}\boldsymbol{Y}_{i,i}=\boldsymbol{I}
$$

当 $i=j+1$ 时，

$$
\begin{aligned}
\sum_{k=1}^{T}\boldsymbol{P}_{i,k}\boldsymbol{Y}_{k,j}&=\sum_{k=j}^{i}\boldsymbol{P}_{i,k}\boldsymbol{Y}_{k,j}\\
&=\boldsymbol{P}_{i,i-1}\boldsymbol{Y}_{i-1,i-1}+\boldsymbol{P}_{i,i}\boldsymbol{Y}_{i,i-1}\\
&=-\boldsymbol{F}(i-1)\boldsymbol{D}_{i,i-1}^{\mathrm{L}}+\boldsymbol{F}(i-1)\boldsymbol{D}_{i,i-1}^{\mathrm{L}}\\
&=0
\end{aligned}
$$

当 $i>j+1$ 时，

$$
\begin{aligned}
\sum_{k=1}^{T}\boldsymbol{P}_{i,k}\boldsymbol{Y}_{k,j}&=\sum_{k=j}^{i}\boldsymbol{P}_{i,k}\boldsymbol{Y}_{k,j}\\
&=\boldsymbol{P}_{i,j}\boldsymbol{Y}_{j,j}+\sum_{k=j+1}^{i-1}\boldsymbol{P}_{i,k}\boldsymbol{Y}_{k,j}+\boldsymbol{P}_{i,i}\boldsymbol{Y}_{i,j}\\
&=-\boldsymbol{F}(i-1)\boldsymbol{D}_{i,j}^{\mathrm{L}}-\boldsymbol{F}(i-1)\sum_{k=j+1}^{i-1}\boldsymbol{D}_{i,k}^{\mathrm{L}}\boldsymbol{Y}_{k,j}+\boldsymbol{F}(i-1)\boldsymbol{D}_{i,j}^{\mathrm{L}}+\boldsymbol{F}(i-1)\sum_{k=j+1}^{i-1}\boldsymbol{D}_{i,k}^{\mathrm{L}}\boldsymbol{Y}_{k,j}\\
&=0
\end{aligned}
$$

这样，命题得证。

利用引理 5.4，我们可以进一步得到下面的结论。

命题 5.1 令

$$\boldsymbol{X} \triangleq \begin{bmatrix} \boldsymbol{X}_0^{\mathrm{T}} & \boldsymbol{X}_1^{\mathrm{T}} & \cdots & \boldsymbol{X}_{T-1}^{\mathrm{T}} \end{bmatrix}^{\mathrm{T}} = (\boldsymbol{I} - \boldsymbol{F}^{\mathrm{L}}\boldsymbol{D}^{\mathrm{L}})^{-1}\boldsymbol{F}^{\mathrm{L}}\boldsymbol{C}^{\mathrm{L}} \tag{5-18}$$

式中，$\boldsymbol{X}_i \in \mathbf{R}^{r\times n}$ $(i \in \overline{0,T-1})$，$\boldsymbol{C}^{\mathrm{L}}$、$\boldsymbol{D}^{\mathrm{L}}$ 和 $\boldsymbol{F}^{\mathrm{L}}$ 分别由式(5-8)、式(5-9)和式(5-12)给出，矩阵 $\boldsymbol{Y}$ 如式(5-16)所定义。则对 $i \in \overline{1,T}$，$j \in \overline{1,T}$，有

$$\boldsymbol{Y}_{ij} = \begin{cases} 0, & i < j \\ \boldsymbol{I}, & i = j \\ \boldsymbol{F}(i-1)\boldsymbol{C}(i-1)\boldsymbol{B}(j-1), & i = j+1 \\ \boldsymbol{F}(i-1)\boldsymbol{C}(i-1)\left(\prod\limits_{k=i-2}^{j} \boldsymbol{A}_{\mathrm{c}}(k)\right)\boldsymbol{B}(j-1), & i > j+1 \end{cases} \tag{5-19}$$

且

$$\boldsymbol{X}_i = \begin{cases} \boldsymbol{F}(0)\boldsymbol{C}(0), & i = 0 \\ \boldsymbol{F}(i)\boldsymbol{C}(i)\boldsymbol{A}_{\mathrm{c}}(i-1)\cdots\boldsymbol{A}_{\mathrm{c}}(0), & i \in \overline{1,T-1} \end{cases} \tag{5-20}$$

证明 根据关系式(5-17)，欲证明式(5-19)成立，仅需证明式(5-19)对 $i > j+1$ 成立即可。下面我们采用数学归纳法进行证明。

当 $i = j+1+1$ 时，由式(5-10)和式(5-17)，得

$$\begin{aligned} \boldsymbol{Y}_{j+2,j} &= \boldsymbol{F}(j+1)\boldsymbol{C}(j+1)\boldsymbol{A}(j)\boldsymbol{B}(j-1) + \boldsymbol{F}(j+1)\boldsymbol{C}(j+1)\boldsymbol{B}(j)\boldsymbol{F}(j)\boldsymbol{C}(j)\boldsymbol{B}(j-1) \\ &= \boldsymbol{F}(j+1)\boldsymbol{C}(j+1)\big(\boldsymbol{A}(j) + \boldsymbol{B}(j)\boldsymbol{F}(j)\big)\boldsymbol{C}(j)\boldsymbol{B}(j-1) \\ &= \boldsymbol{F}(j+1)\boldsymbol{C}(j+1)\boldsymbol{A}_{\mathrm{c}}(j)\boldsymbol{B}(j-1) \end{aligned}$$

假设对任意的 $i = j+1+k$，$k \in \overline{1,l}$，关系式(5-19)都成立。下面证明当 $i = j+1+l+1$ 时，式(5-19)仍然成立。利用关系式(5-10)和式(5-17)，可以得到

$$\begin{aligned} \boldsymbol{Y}_{j+l+2,j} &= \boldsymbol{F}(j+l+1)\left[\boldsymbol{D}^{\mathrm{L}}_{j+l+2,j} + \boldsymbol{D}^{\mathrm{L}}_{j+l+2,j+1}\boldsymbol{Y}_{j+1,j} + \cdots + \boldsymbol{D}^{\mathrm{L}}_{j+l+2,j+l+1}\boldsymbol{Y}_{j+l+1,j}\right] \\ &= \boldsymbol{F}(j+l+1)\left[\boldsymbol{C}(j+l+1)\prod_{k=j+l}^{j}\boldsymbol{A}(k)\boldsymbol{B}(j-1) + \boldsymbol{C}(j+l+1)\prod_{k=j+l}^{j+1}\boldsymbol{A}(k)\boldsymbol{B}(j)\right. \\ &\quad \left.\times\boldsymbol{F}(j)\boldsymbol{B}(j-1) + \cdots + \boldsymbol{C}(j+l+1)\boldsymbol{B}(j+l)\boldsymbol{F}(j+l)\prod_{k=j+l-1}^{j}\boldsymbol{A}_{\mathrm{c}}(k)\boldsymbol{B}(j-1)\right] \\ &= \boldsymbol{F}(j+l+1)\boldsymbol{C}(j+l+1)\left[\left(\prod_{k=j+l}^{j+1}\boldsymbol{A}(k)\right)\big(\boldsymbol{A}(j) + \boldsymbol{B}(j)\boldsymbol{F}(j)\big)\right. \end{aligned}$$

$$
\begin{aligned}
&\left.+\cdots+\boldsymbol{B}(j+l)\boldsymbol{F}(j+l)\prod_{k=j+l-1}^{j}\boldsymbol{A}_{\mathrm{c}}(k)\right]\boldsymbol{B}(j-1)\\
&=\boldsymbol{F}(j+l+1)\boldsymbol{C}(j+l+1)\left[\left(\prod_{k=j+l}^{j+2}\boldsymbol{A}(k)\right)\boldsymbol{A}(j+1)\boldsymbol{A}_{\mathrm{c}}(j)\right.\\
&\left.+\cdots+\boldsymbol{B}(j+l)\boldsymbol{F}(j+l)\prod_{k=j+l-1}^{j}\boldsymbol{A}_{\mathrm{c}}(k)\right]\boldsymbol{B}(j-1)\\
&\vdots\\
&=\boldsymbol{F}(j+l+1)\boldsymbol{C}(j+l+1)\left[\boldsymbol{A}(j+l)\left(\prod_{k=j+l-1}^{j}\boldsymbol{A}_{\mathrm{c}}(k)\right)\right.\\
&\left.+\boldsymbol{B}(j+l)\boldsymbol{F}(j+l)\left(\prod_{k=j+l-1}^{j}\boldsymbol{A}_{\mathrm{c}}(k)\right)\right]\boldsymbol{B}(j-1)\\
&=\boldsymbol{F}(j+l+1)\boldsymbol{C}(j+l+1)\left(\prod_{k=j+l}^{j}\boldsymbol{A}_{\mathrm{c}}(k)\right)\boldsymbol{B}(j-1)
\end{aligned}
$$

由此，可以断言式(5-19)成立。

又 $\boldsymbol{X}=\boldsymbol{Y}\boldsymbol{F}^{\mathrm{L}}\boldsymbol{C}^{\mathrm{L}}=\begin{bmatrix}\boldsymbol{X}_0^{\mathrm{T}} & \boldsymbol{X}_1^{\mathrm{T}} & \cdots & \boldsymbol{X}_{T-1}^{\mathrm{T}}\end{bmatrix}^{\mathrm{T}}$，直接计算可以得到

$$
\begin{aligned}
\boldsymbol{X}_0&=\boldsymbol{F}(0)\boldsymbol{C}(0)\\
\boldsymbol{X}_1&=\boldsymbol{F}(1)\boldsymbol{C}(1)\boldsymbol{B}(0)\boldsymbol{F}(0)\boldsymbol{X}(0)+\boldsymbol{F}(1)\boldsymbol{C}(1)\boldsymbol{A}(0)\\
&=\boldsymbol{F}(1)\boldsymbol{C}(1)\boldsymbol{A}_{\mathrm{c}}(0)\\
&\vdots
\end{aligned}
$$

$$
\begin{aligned}
\boldsymbol{X}_{T-1}&=\boldsymbol{F}(T-1)\boldsymbol{C}(T-1)\prod_{k=T-2}^{1}\boldsymbol{A}_{\mathrm{c}}(k)\boldsymbol{B}(0)\boldsymbol{F}(0)\boldsymbol{C}(0)\\
&+\cdots+\boldsymbol{F}(T-1)\boldsymbol{C}(T-1)\prod_{k=T-2}^{T-2}\boldsymbol{A}_{\mathrm{c}}(k)\boldsymbol{B}(T-3)\boldsymbol{F}(T-3)\boldsymbol{C}(T-3)\boldsymbol{A}(T-4)\cdots\boldsymbol{A}(0)\\
&+\boldsymbol{F}(T-1)\boldsymbol{C}(T-1)\boldsymbol{B}(T-2)\boldsymbol{F}(T-2)\boldsymbol{C}(T-2)\boldsymbol{A}(T-3)\cdots\boldsymbol{A}(0)\\
&+\boldsymbol{F}(T-1)\boldsymbol{C}(T-1)\boldsymbol{A}(T-2)\cdots\boldsymbol{A}(0)\\
&=\boldsymbol{F}(T-1)\boldsymbol{C}(T-1)\prod_{k=T-2}^{1}\boldsymbol{A}_{\mathrm{c}}(k)\boldsymbol{B}(0)\boldsymbol{F}(0)\boldsymbol{C}(0)\\
&+\cdots+\boldsymbol{F}(T-1)\boldsymbol{C}(T-1)\boldsymbol{A}_{\mathrm{c}}(T-2)\boldsymbol{B}(T-3)\boldsymbol{F}(T-3)\boldsymbol{C}(T-3)\boldsymbol{A}(T-4)\cdots\boldsymbol{A}(0)\\
&+\boldsymbol{F}(T-1)\boldsymbol{C}(T-1)\boldsymbol{A}_{\mathrm{c}}(T-2)\boldsymbol{A}(T-3)\cdots\boldsymbol{A}(0)
\end{aligned}
$$

$$
\begin{aligned}
&= \boldsymbol{F}(T-1)\boldsymbol{C}(T-1)\prod_{k=T-2}^{1}\boldsymbol{A}_{\mathrm{c}}(k)\boldsymbol{B}(0)\boldsymbol{F}(0)\boldsymbol{C}(0) \\
&\quad + \cdots + \boldsymbol{F}(T-1)\boldsymbol{C}(T-1)\boldsymbol{A}_{\mathrm{c}}(T-2)\boldsymbol{A}_{\mathrm{c}}(T-3)\boldsymbol{A}(T-4)\cdots\boldsymbol{A}(0) \\
&= \boldsymbol{F}(T-1)\boldsymbol{C}(T-1)\boldsymbol{A}_{\mathrm{c}}(T-2)\cdots\boldsymbol{A}_{\mathrm{c}}(0)
\end{aligned}
$$

故式(5-20)成立。

根据关系式(5-15)和式(5-14)，式(5-13)可以写成如下的 Sylvester 矩阵方程的形式：

$$
\boldsymbol{A}^{\mathrm{L}}\boldsymbol{V} + \boldsymbol{B}^{\mathrm{L}}\boldsymbol{W} = \boldsymbol{V}\boldsymbol{F} \tag{5-21}
$$

式中，

$$
\boldsymbol{W} = \boldsymbol{X}\boldsymbol{V} \tag{5-22}
$$

$\boldsymbol{X}$ 由关系式(5-18)给出。显然，只要从方程(5-21)中解出矩阵对 $(\boldsymbol{V},\boldsymbol{W})$，就可以从式(5-22)中求出矩阵 $\boldsymbol{X}$。进一步，由关系式(5-20)，可得

$$
\begin{cases}
\boldsymbol{F}(0)\boldsymbol{C}(0) = \boldsymbol{X}_0, & i=0 \\
\boldsymbol{F}(i)\boldsymbol{C}(i) = \boldsymbol{X}_i\boldsymbol{A}_{\mathrm{c}}^{-1}(0)\cdots\boldsymbol{A}_{\mathrm{c}}^{-1}(i-1), & i\in\overline{1,T-1}
\end{cases} \tag{5-23}
$$

在条件

$$
\begin{cases}
\operatorname{rank}\begin{bmatrix}\boldsymbol{C}(0)\\ \boldsymbol{X}_0\end{bmatrix} = \operatorname{rank}\boldsymbol{C}(0) \\
\operatorname{rank}\begin{bmatrix}\boldsymbol{C}(i)\\ \boldsymbol{X}_i\boldsymbol{A}_{\mathrm{c}}^{-1}(0)\cdots\boldsymbol{A}_{\mathrm{c}}^{-1}(i-1)\end{bmatrix} = \operatorname{rank}\boldsymbol{C}(i),\ i\in\overline{1,T-1}
\end{cases} \tag{5-24}
$$

下，有

$$
\begin{cases}
\boldsymbol{F}(0) = \boldsymbol{X}_0\boldsymbol{C}^{\mathrm{T}}(0)(\boldsymbol{C}(0)\boldsymbol{C}^{\mathrm{T}}(0))^{-1} \\
\boldsymbol{F}(i) = \boldsymbol{X}_i\prod_{j=0}^{i-1}\boldsymbol{A}_{\mathrm{c}}^{-1}(j)\boldsymbol{C}^{\mathrm{T}}(i)(\boldsymbol{C}(i)\boldsymbol{C}^{\mathrm{T}}(i))^{-1}, \quad i\in\overline{1,T-1}
\end{cases} \tag{5-25}
$$

由上述分析，欲求解输出反馈增益矩阵 $\boldsymbol{F}(i)(\ i\in\overline{0,T-1})$，只需要求解方程方程(5-21)。

引入如下多项式矩阵分解：

$$
(z\boldsymbol{I}-\boldsymbol{A}^{\mathrm{L}})^{-1}\boldsymbol{B}^{\mathrm{L}} = \boldsymbol{N}(z)\boldsymbol{D}^{-1}(z) \tag{5-26}
$$

式中，$\boldsymbol{N}(z)\in\mathbf{R}^{n\times Tr}$ 和 $\boldsymbol{D}(z)\in\mathbf{R}^{Tr\times Tr}$ 是右互质矩阵多项式。记 $\boldsymbol{D}(z)=\left[d_{ij}(z)\right]_{Tr\times Tr}$，$\boldsymbol{N}(z)=\left[n_{ij}(z)\right]_{n\times Tr}$，$\omega=\max\{\omega_1,\omega_2\}$，其中：

$$\omega_1=\max_{i,\,j\in\overline{1,Tr}}\{\deg(d_{ij}(z))\},\ \omega_2=\max_{i\in\overline{1,n},\,j=\overline{1,Tr}}\{\deg(n_{ij}(z)\}$$

则 $\boldsymbol{N}(z)$ 和 $\boldsymbol{D}(z)$ 可以写成如下形式：

$$\begin{cases}\boldsymbol{N}(z)=\sum\limits_{i=0}^{\omega}\boldsymbol{N}_i z^i,\ \ \boldsymbol{N}_i\in\mathbf{R}^{n\times Tr}\\ \boldsymbol{D}(z)=\sum\limits_{i=0}^{\omega}\boldsymbol{D}_i z^i,\ \ \boldsymbol{D}_i\in\mathbf{R}^{Tr\times Tr}\end{cases}\tag{5-27}$$

有了这些准备，可以引用我们近期关于广义 Sylvester 矩阵方程的一个结果，参见文献[103]。

引理 5.5　若矩阵对 $\left(\boldsymbol{A}^{\mathrm{L}},\boldsymbol{B}^{\mathrm{L}}\right)$，$\boldsymbol{A}^{\mathrm{L}}\in\mathbf{R}^{n\times n}$，$\boldsymbol{B}^{\mathrm{L}}\in\mathbf{R}^{n\times Tr}$ 是能控的，$\boldsymbol{N}(s)\in\mathbf{R}^{n\times Tn}[z]$ 和 $\boldsymbol{D}(s)\in\mathbf{R}^{Tr\times Tr}[z]$ 是一对满足互质分解 (5-26) 的右互质矩阵，且 $\left(\boldsymbol{N}(s),\ \boldsymbol{D}(s)\right)$ 具有展开式 (5-27)。则对任意矩阵 $\boldsymbol{F}\in\mathbf{R}^{n\times n}$，Sylvester 矩阵方程 (5-22) 的完全参数化解可以表述如下：

$$\begin{cases}\boldsymbol{V}(\boldsymbol{Z})=\boldsymbol{N}_0\boldsymbol{Z}+\boldsymbol{N}_1\boldsymbol{Z}\boldsymbol{F}+\cdots+\boldsymbol{N}_{\omega}\boldsymbol{Z}\boldsymbol{F}^{\omega}\\ \boldsymbol{W}(\boldsymbol{Z})=\boldsymbol{D}_0\boldsymbol{Z}+\boldsymbol{D}_1\boldsymbol{Z}\boldsymbol{F}+\cdots+\boldsymbol{D}_{\omega}\boldsymbol{Z}\boldsymbol{F}^{\omega}\end{cases}\tag{5-28}$$

式中，$\boldsymbol{Z}\in\mathbf{R}^{Tr\times n}$ 是一个任意参数矩阵，代表了存在于解 $\left(\boldsymbol{V}(\boldsymbol{Z}),\ \boldsymbol{W}(\boldsymbol{Z})\right)$ 中的自由度。

记

$$\boldsymbol{\Omega}=\left\{\boldsymbol{Z}\ \middle|\ \det\left(\sum_{i=0}^{\omega}\boldsymbol{N}_i\boldsymbol{Z}\boldsymbol{F}^i\right)\neq 0\right\}\tag{5-29}$$

利用引理 5.5，并复合公式 (5-22) 和式 (5-25) 可以得到如下解集：

$$\boldsymbol{\Gamma}=\left\{\begin{pmatrix}\boldsymbol{F}(0)\\ \boldsymbol{F}(1)\\ \vdots \\ \boldsymbol{F}(T-1)\end{pmatrix}\middle|\begin{cases}\boldsymbol{X}(\boldsymbol{Z})=\boldsymbol{W}(\boldsymbol{Z})\boldsymbol{V}^{-1}(\boldsymbol{Z}),\ \boldsymbol{Z}\in\boldsymbol{\Omega}\\ \boldsymbol{F}(0)=\boldsymbol{X}_0\boldsymbol{C}^{\mathrm{T}}(0)(\boldsymbol{C}(0)\boldsymbol{C}^{\mathrm{T}}(0))^{-1},\ \det\left(\boldsymbol{A}_{\mathrm{c}}(0)\right)\neq 0\\ \boldsymbol{F}(i)=\boldsymbol{X}_i\prod_{j=0}^{i-1}\boldsymbol{A}_{\mathrm{c}}^{-1}(j)\boldsymbol{C}^{\mathrm{T}}(i)(\boldsymbol{C}(i)\boldsymbol{C}^{\mathrm{T}}(i))^{-1},\ \det\left(\boldsymbol{A}_{\mathrm{c}}(i)\right)\neq 0, i\in\overline{1,T-1}\end{cases}\right\}$$

(5-30)

对于离散时不变系统而言，系统的能达性可以保证系统的能控性(参见文献[110])。根据引理 5.1，我们可以总结出如下结果。

定理 5.1　若线性周期系统(5-1)是完全能达的，且条件(5-24)得到满足，则问题 5.1 的解集由关系式(5-28)，式(5-29)和式(5-30)给出；否则，问题 5.1 无解。

基于上述定理，将离散时间线性周期系统输出反馈极点配置的参数化算法总结如下。

算法 5.1

(1)检验离散时间周期系统(5-1)是否完全能达的，如果完全能达，转步骤(2)；否则，算法失效。

(2)计算给定的周期系统的提升时不变系统(5-5)的系统矩阵 $\boldsymbol{A}^{\mathrm{L}}$ 和 $\boldsymbol{B}^{\mathrm{L}}$。

(3)求解满足关系式(5-26)的右互质多项式矩阵 $\boldsymbol{N}(z)$ 和 $\boldsymbol{D}(z)$，进一步获得矩阵 $\boldsymbol{N}_i$ 和 $\boldsymbol{D}_i (i\in\overline{0,\omega})$。

(4)根据关系式(5-28)~式(5-30)和条件(5-24)，计算 $\boldsymbol{F}(i)$ $(i\in\overline{0,T-1})$。

5.3.3　数值算例

本节我们给出一个数值例子来验证所提方法的有效性，该例子来源于文献[115]。

例 5.1　考虑一个周期为 3 的二阶线性离散周期时变系统：

$$\begin{cases}\boldsymbol{x}(t+1)=\boldsymbol{A}(t)\boldsymbol{x}(t)+\boldsymbol{B}(t)\boldsymbol{u}(t)\\ \boldsymbol{y}(t)=\boldsymbol{C}(t)\boldsymbol{x}(t)\end{cases}$$

该系统具有如下参数矩阵：

$$\boldsymbol{B}(t)=\begin{bmatrix}0\\1\end{bmatrix}$$

$$\boldsymbol{C}(t)=\begin{bmatrix}-1 & 1\end{bmatrix}$$

$$
\boldsymbol{A}(t)=\begin{cases}\begin{bmatrix}0 & 1\\ 3 & 0\end{bmatrix}, & t=3k\\ \begin{bmatrix}0 & 1\\ 1 & 2\end{bmatrix}, & t=3k+1\\ \begin{bmatrix}0 & 1\\ 2 & 1\end{bmatrix}, & t=3k+2\end{cases}
$$

其中，$k\in\mathbf{Z}$。我们的目标是寻找周期输出反馈律：

$$
\boldsymbol{u}(t)=\begin{cases}F(0)\boldsymbol{y}(t), & t=3k\\ F(1)\boldsymbol{y}(t), & t=3k+1\\ F(2)\boldsymbol{y}(t), & t=3k+2\end{cases}
$$

使得闭环系统的单值性矩阵的特征值为 $-0.5\pm 0.5\mathrm{i}$。

直接验证可知系统是完全能达且完全能观测的。求得满足式(5-26)的一对右互质分解矩阵如下：

$$
\boldsymbol{D}(s)=\begin{bmatrix}0 & 0 & 1\\ -6+s & -1 & -2\\ -6-s & s & -2\end{bmatrix},\quad \boldsymbol{N}(s)=\begin{bmatrix}1 & 0 & 0\\ 0 & 1 & 0\end{bmatrix}
$$

于是，

$$
\boldsymbol{D}_0=\begin{bmatrix}0 & 0 & 1\\ -6 & -1 & -2\\ -6 & 0 & -2\end{bmatrix},\quad \boldsymbol{D}_1=\begin{bmatrix}0 & 0 & 0\\ 1 & 0 & 0\\ -1 & 1 & 0\end{bmatrix},\quad \boldsymbol{N}_0=\begin{bmatrix}1 & 0 & 0\\ 0 & 1 & 0\end{bmatrix}
$$

令 $\boldsymbol{F}$ 为闭环系统的实约当标准型，即

$$
\boldsymbol{F}=\begin{bmatrix}-\dfrac{1}{2} & -\dfrac{1}{2}\\ \dfrac{1}{2} & -\dfrac{1}{2}\end{bmatrix}
$$

根据算法 5.1，可得

$$F(0)=\frac{z_{31}z_{22}-z_{32}z_{21}+z_{12}z_{31}-z_{11}z_{32}}{2(z_{11}z_{22}-z_{12}z_{21})}$$

$$F(1)=-\frac{3z_{11}^2+\phi_1 z_{11}+z_{12}\phi_2-2z_{31}z_{22}+2z_{32}z_{21}}{12z_{11}z_{22}-12z_{12}z_{21}+4z_{31}z_{22}-4z_{32}z_{21}}$$

$$F(2)=-\frac{\phi_3 z_{11}+z_{12}\phi_4+z_{21}(z_{31}-z_{32})+z_{22}(z_{31}+z_{32})}{6z_{11}^2-2z_{11}z_{32}+2z_{11}z_{31}+2z_{12}z_{32}+2z_{12}z_{31}+6z_{12}^2}$$

其中,

$$\begin{aligned}
\phi_1&=z_{21}-7z_{22}-z_{32}+z_{31}\\
\phi_2&=7z_{21}+3z_{12}+z_{31}+z_{22}+z_{32}\\
\phi_3&=3z_{11}+2z_{22}-z_{32}+z_{31}+3z_{21}\\
\phi_4&=z_{31}+z_{32}-2z_{21}+3z_{21}+3z_{22}
\end{aligned}$$

且

$$\boldsymbol{Z}=\begin{bmatrix} z_{11} & z_{12}\\ z_{21} & z_{22}\\ z_{31} & z_{32}\end{bmatrix}$$

是满足如下约束条件的任意参数矩阵:

$$\begin{cases}
z_{11}z_{22}-z_{12}z_{21}\neq 0\\
6z_{11}z_{22}-6z_{12}z_{21}+2z_{31}z_{22}-2z_{32}z_{21}\neq 0\\
z_{22}z_{31}-z_{21}z_{32}-z_{31}z_{12}+z_{32}z_{12}\neq 0\\
3z_{11}^2+(z_{31}-z_{32})z_{11}+z_{12}z_{31}+z_{12}z_{32}+3z_{12}^2\neq 0\\
3z_{11}^2+19z_{12}z_{11}+z_{11}z_{31}-z_{32}z_{11}+6z_{22}z_{31}+z_{31}z_{12}\\
+z_{12}z_{32}+3z_{12}^2-19z_{12}z_{21}-6z_{21}z_{32}-z_{22}z_{12}-z_{21}z_{11}\neq 0\\
3z_{11}z_{32}-3z_{12}z_{32}-4z_{12}z_{21}-3z_{11}z_{31}+4z_{11}z_{22}-9z_{11}^2-3z_{12}z_{31}\\
-9z_{12}^2+z_{22}z_{32}+z_{22}z_{31}+3z_{22}z_{12}+3z_{21}z_{11}-z_{21}z_{32}+z_{21}z_{31}\neq 0
\end{cases}$$

特别地，取满足上述约束条件的参数矩阵：

$$\boldsymbol{Z}=\begin{bmatrix} 1 & 2\\ 0 & 2.4196\\ -3.2830 & 1.3775\end{bmatrix}$$

得到一个特解：

$$F(0) = -3.2830$$
$$F(1) = 3.7669$$
$$F(2) = -1.6294$$

利用这组输出反馈增益，绘制闭环系统在初始条件 $\boldsymbol{x}_0 = [-5 \quad 5]^{\mathrm{T}}$ 下的状态响应如图 5-2 所示。

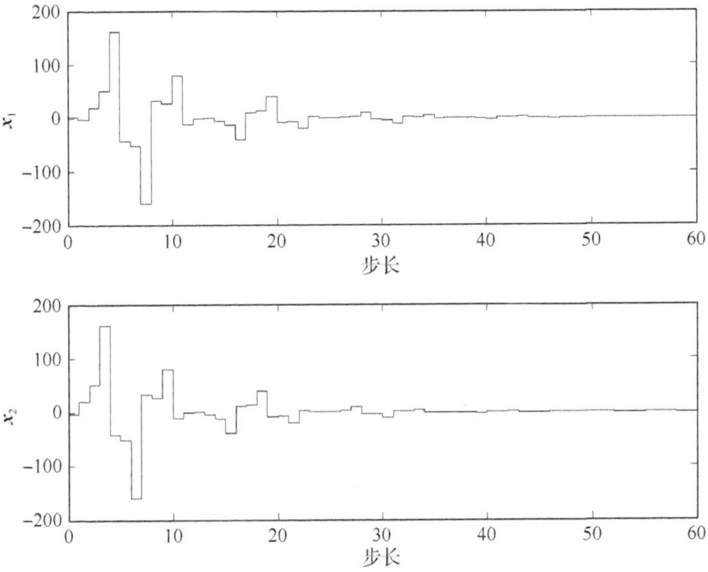

图 5-2　闭环系统状态响应

5.4　鲁棒输出反馈极点配置

5.4.1　问题提出

考虑下述线性离散周期系统：

$$\begin{cases} \boldsymbol{x}(t+1) = \boldsymbol{A}(t)\boldsymbol{x}(t) + \boldsymbol{B}(t)\boldsymbol{u}(t) \\ \boldsymbol{y}(t) = \boldsymbol{C}(t)\boldsymbol{x}(t) \end{cases} \tag{5-31}$$

式中，$t \in \mathbf{Z}$；$\boldsymbol{x}(t) \in \mathbf{R}^n$，$\boldsymbol{u}(t) \in \mathbf{R}^r$，$\boldsymbol{y}(t) \in \mathbf{R}^m$ 分别是状态向量、输入向量和输出向量，$\boldsymbol{A}(t) \in \mathbf{R}^{n\times n}$，$\boldsymbol{B}(t) \in \mathbf{R}^{n\times r}$ 和 $\boldsymbol{C}(t) \in \mathbf{R}^{m\times n}$ 是系统的系数矩阵，并且具有如下 T-周期属性：

$$A(t+T)=A(t),\ B(t+T)=B(t)$$
$$C(t+T)=C(t),\ \forall t\in \mathbf{Z}$$

此外，周期矩阵对 $(A(\cdot),B(\cdot))$ 是完全能达和完全能观的。

引入周期输出反馈律：

$$u(t)=F(t)y(t),\ t\in \mathbf{Z} \tag{5-32}$$

式中，$F(t)$ 是一个实矩阵，满足关系 $F(t)=F(t+T)$。得到的闭环系统也是一个以 T 为周期的线性离散周期系统，它的单值性矩阵为

$$\Psi_{\mathrm{c}}=A_{\mathrm{c}}(T-1)A_{\mathrm{c}}(T-2)\cdots A_{\mathrm{c}}(0) \tag{5-33}$$

式中，

$$A_{\mathrm{c}}(t)\triangleq A(t)+B(t)F(t)C(t),\ t\in \overline{0,T-1} \tag{5-34}$$

令 $\Gamma=\{s_i,s_i\in \mathbf{C},i\in\overline{1,n}\}$ 是欲配置的闭环系统特征值的集合，且它是一个关于实轴对称的集合。矩阵 $F\in \mathbf{R}^{n\times n}$ 是一个实矩阵，满足 $\lambda(F)=\Gamma$。显然，关系 $\lambda(\Psi_{\mathrm{c}})=\Gamma$ 成立当且仅当存在一个非奇异的矩阵：

$$\Psi_{\mathrm{c}}V=VF \tag{5-35}$$

当系统矩阵 $A(t),B(t)$ 和 $C(t)$ 存在参数扰动时，闭环系统的系统矩阵将偏离标称矩阵 $A_{\mathrm{c}}(t)$。不失一般性，假设闭环系统受到的扰动具有如下形式：

$$A_{\mathrm{c}}(t)\mapsto A_{\mathrm{c}}(t)+\Delta_t(\varepsilon),t\in\overline{0,T-1} \tag{5-36}$$

式中，$\varepsilon>0$ 是一个小的扰动变量，$\Delta_t(\varepsilon)\in \mathbf{R}^{n\times n}(t\in\overline{0,T-1})$ 是关于 ε 的矩阵函数，满足

$$\lim_{\varepsilon\to 0^+}\frac{\Delta_t(\varepsilon)}{\varepsilon}=\Delta_t \tag{5-37}$$

式中，$\Delta_t(\varepsilon)\in \mathbf{R}^{n\times n}(t\in\overline{0,T-1})$ 都是常矩阵。在这种情况下，受到扰动的闭环系统的单值性矩阵为

$$\Psi_{\mathrm{c}}(\varepsilon)=(A_{\mathrm{c}}(T-1)+\Delta_{T-1}(\varepsilon))\cdots(A_{\mathrm{c}}(0)+\Delta_0(\varepsilon))$$

由于非退化矩阵比退化矩阵拥有更好的鲁棒性[116]，线性离散周期系统的鲁棒输出反馈极点配置问题可以描述如下。

问题 5.2　鲁棒输出反馈极点配置。

给定一个完全能达和完全能观的线性离散周期系统(5-31)和矩阵 $\boldsymbol{F}\in\mathbf{R}^{n\times n}$，找到实矩阵 $\boldsymbol{F}(t)(t\in\overline{0,T-1})$，使得下面的要求满足。

(1)矩阵 $\boldsymbol{\Psi}_{\mathrm{c}}$ 为非退化的，且对某个非奇异矩阵 $\boldsymbol{V}\in\mathbf{R}^{n\times n}$，关系式(5-35)成立。

(2)矩阵 $\boldsymbol{\Psi}_{\mathrm{c}}(\varepsilon)$ 在 $\varepsilon=0$ 时的特征值对于 ε 的小变化，尽可能地不敏感。

5.4.2 鲁棒输出反馈控制器设计

由于 5.3 节给出了线性离散周期系统的周期输出反馈极点配置的显式参数化解，对于周期输出反馈鲁棒极点配置问题，一个关键的方面就是选择一个能够反映闭环系统特征值关于系统中扰动的灵敏度指标，这个指标中应该含有输出反馈增益的信息，通过优化该指标，得到优化的周期输出反馈增益，也即我们寻求的鲁棒输出反馈增益。

采用与引理 4.6 相似的推导，可得下面引理。

引理 5.6　若闭环单值性矩阵 $\boldsymbol{\Psi}_{\mathrm{c}}=\boldsymbol{A}_{\mathrm{c}}(T-1)\boldsymbol{A}_{\mathrm{c}}(T-2)\cdots\boldsymbol{A}_{\mathrm{c}}(0)\in\mathbf{R}^{n\times n}$ 是可对角化的，且矩阵 $\boldsymbol{V}\in\mathbf{R}^{n\times n}$ 是一个实的非奇异矩阵，满足 $\boldsymbol{\Psi}_{\mathrm{c}}=\boldsymbol{V}^{-1}\boldsymbol{\Lambda}\boldsymbol{V}\in\mathbf{R}^{n\times n}$，其中，$\boldsymbol{\Lambda}=\mathrm{diag}\{\lambda_1,\lambda_2,\cdots,\lambda_n\}$ 是矩阵 $\boldsymbol{\Psi}_{\mathrm{c}}$ 的约当标准型。对于实标量 $\varepsilon>0$，$\boldsymbol{\Delta}_t(\varepsilon)\in\mathbf{R}^{n\times n}(t\in\overline{0,T-1})$ 都是关于变量 ε 的矩阵函数，满足条件：

$$\lim_{\varepsilon\to0^{+}}\frac{\boldsymbol{\Delta}_t(\varepsilon)}{\varepsilon}=\boldsymbol{\Delta}_t \tag{5-38}$$

式中，$\boldsymbol{\Delta}_t\in\mathbf{R}^{n\times n},t\in\overline{0,T-1}$ 都是常矩阵。则对矩阵

$$\boldsymbol{\Psi}_{\mathrm{c}}(\varepsilon)=(\boldsymbol{A}_{\mathrm{c}}(T-1)+\boldsymbol{\Delta}_{T-1}(\varepsilon))\cdots((\boldsymbol{A}_{\mathrm{c}}(0)+\boldsymbol{\Delta}_0(\varepsilon))$$

的任意特征值 λ，下述关系成立：

$$\min_i\{|\lambda_i-\lambda|\}\leqslant\varepsilon n\delta\kappa_{\mathrm{F}}(\boldsymbol{V})\sum_{i=0}^{T-1}\|\boldsymbol{A}(i)+\boldsymbol{B}(i)\boldsymbol{F}(i)\boldsymbol{C}(i)\|_{\mathrm{F}}^{T-1}+o(\varepsilon^2) \tag{5-39}$$

式中，$\delta=\max\limits_i\left\{\|\boldsymbol{\Delta}_i\|_{\mathrm{F}}\right\},\kappa_{\mathrm{F}}(\boldsymbol{V})\triangleq\|\boldsymbol{V}^{-1}\|_{\mathrm{F}}\|\boldsymbol{V}\|_{\mathrm{F}}$ 是矩阵 $\boldsymbol{V}$ 的 Frobenius 范数条件数。

根据关系式(5-37)，在处理鲁棒输出反馈极点配置问题时，闭环系统单值性矩阵 $\boldsymbol{\Psi}_{\mathrm{c}}$ 关于扰动 $\boldsymbol{\Delta}_i(\varepsilon)(i\in\overline{0,T-1})$ 的灵敏度可以用下面指标衡量：

$$J(Z)\triangleq\kappa_{\mathrm{F}}(V)\sum_{i=0}^{T-1}\|\boldsymbol{A}(i)+\boldsymbol{B}(i)\boldsymbol{F}(i)\boldsymbol{C}(i)\|_{\mathrm{F}}^{T-1} \tag{5-40}$$

至此，周期输出反馈鲁棒极点配置问题可以转换成下面的静态约束优化问题：

$$\begin{cases}\text{Min } J(\boldsymbol{Z}) \\ \text{s.t.约束条件}(5-24),\ \boldsymbol{Z}\in\boldsymbol{\Omega} \\ \det(\boldsymbol{A}_i^{\mathrm{c}})\neq 0, i\in\overline{0,T-1}\end{cases} \tag{5-41}$$

对于这类约束优化问题，可以利用 Matlab 优化工具箱方便地求解。下面给出鲁棒输出反馈极点配置问题的一个详细的设计算法。

算法 5.2 （鲁棒输出反馈极点配置）

(1) 根据式(5-6)、式(5-7)，计算 $\hat{\boldsymbol{A}}^{\mathrm{L}}$、$\hat{\boldsymbol{B}}^{\mathrm{L}}$。

(2) 根据式(5-26)进行右互质分解，得到多项式矩阵 $\boldsymbol{N}(s)$ 和 $\boldsymbol{D}(s)$，进一步根据关系(5-27)，求得矩阵 $\boldsymbol{N}(i)$、$\boldsymbol{D}(i)(i\in\overline{0,\omega})$。

(3) 根据关系式(5-28)、式(5-29)、式(5-30)和条件(5-24)，构造矩阵 $\boldsymbol{V}$ 和 $\boldsymbol{F}(i)(i\in\overline{0,T-1})$ 的一般的参数化表达式。

(4) 利用 MATLAB 优化工具箱，求解约束优化问题(5-41)；得到的优化决策矩阵记为 $\boldsymbol{Z}_{\mathrm{opt}}$。

(5) 将得到的决策参数 $\boldsymbol{Z}_{\mathrm{opt}}$ 代入式(5-28)，计算相应的优化矩阵 $\boldsymbol{V}_{\mathrm{opt}}$ 和 $\boldsymbol{W}_{\mathrm{opt}}$。

(6) 利用公式(5-30)，计算鲁棒输出反馈增益 $\boldsymbol{F}_{\mathrm{opt}}(i)(i\in\overline{0,T-1})$。

5.4.3 数值算例

在本节，将给出一个数值例子来验证 5.4.2 节提出的鲁棒输出反馈极点配置算法的有效性。

例 5.2 考虑例 5.1 中讨论的周期为 3 的二阶线性离散周期系统，为方便起见，重新给出该系统的系统参数如下：

$$\boldsymbol{A}(t)=\begin{cases}\begin{bmatrix}0 & 1\\ 3 & 0\end{bmatrix}, & t=3k\\ \begin{bmatrix}0 & 1\\ 1 & 2\end{bmatrix}, & t=3k+1\\ \begin{bmatrix}0 & 1\\ 2 & 1\end{bmatrix}, & t=3k+2\end{cases}$$

$$\boldsymbol{B}(t)=\begin{bmatrix}0\\ 1\end{bmatrix}$$

$$\boldsymbol{C}(t)=\begin{bmatrix}-1 & 1\end{bmatrix}$$

式中，$k \in \mathbf{Z}$。简单的计算可知，该系统的极点为 7.7720 和−0.7720，显然系统是不稳定的。我们依然期望能够找到一组周期输出反馈律，使得闭环系统单值性矩阵的极点转移到−0.5±0.5i，并能使闭环系统的极点对可能存在的扰动尽可能地不敏感。

对于该系统，5.3.3 节已经计算出了参数化的周期输出反馈增益。随机选择一组满足约束条件(5-29)的参数代入控制器的参数化表达式，得到一组反馈增益：

$$
\begin{aligned}
&\boldsymbol{F}^{\text{rand}}(0)=1.8684\\
&\boldsymbol{F}^{\text{rand}}(1)=-1.2205\\
&\boldsymbol{F}^{\text{rand}}(2)=-1.5343
\end{aligned}
$$

以该参数为初始值，解约束优化问题(5-41)，可以得到如下的一组优化反馈增益：

$$
\begin{aligned}
&\boldsymbol{F}^{\text{robu}}(0)=-3.1920\\
&\boldsymbol{F}_1^{\text{robu}}(1)=3.9326\\
&\boldsymbol{F}^{\text{robu}}(2)=-1.4720
\end{aligned}
$$

为表示方便，记

$$
\begin{aligned}
&\boldsymbol{F}^{\text{rand}}=(\boldsymbol{F}^{\text{rand}}(0),\boldsymbol{F}^{\text{rand}}(1),\boldsymbol{F}^{\text{rand}}(2))\\
&\boldsymbol{F}^{\text{robu}}=(\boldsymbol{F}^{\text{robu}}(0),\boldsymbol{F}^{\text{robu}}(1),\boldsymbol{F}^{\text{robu}}(2))
\end{aligned}
$$

闭环系统受到的扰动可取为如下形式：

$$
\boldsymbol{A}(i)+\boldsymbol{B}(i)\boldsymbol{F}(i)\boldsymbol{C}(i)\mapsto \boldsymbol{A}(i)+\boldsymbol{B}(i)\boldsymbol{F}(i)\boldsymbol{C}(i)+\mu\varDelta_i, i\in\overline{0,2}
$$

式中，$\varDelta_i \in \mathbf{R}^{n\times n}(i\in\overline{0,2})$ 是随机扰动，满足标准化假设 $\left\|\varDelta_i\right\|_{\mathrm{F}}=1(i\in\overline{0,2})$；$\mu>0$ 是一个控制扰动水平的参数。和例 4.2 相似，为了比较系统在随机周期输出反馈律 $\boldsymbol{u}(t)=\boldsymbol{F}^{\text{rand}}(t)\boldsymbol{C}(t)\boldsymbol{x}(t)$ 和鲁棒周期输出反馈律 $\boldsymbol{u}(t)=\boldsymbol{F}^{\text{robu}}(t)\boldsymbol{C}(t)\boldsymbol{x}(t)$ 作用下的闭环极点，采用下述指标：

$$
d_\mu(\Delta)\triangleq \max_{1\leqslant i\leqslant 2}\left\{\left|\lambda_i\left(\prod_{j=2}^{0}(\boldsymbol{A}(i)+\boldsymbol{B}(i)\boldsymbol{F}(i)\boldsymbol{C}(i)+\mu\Delta_j)\right)\right|\right\}
$$

式中，$\lambda_i\{\boldsymbol{A}\}$ 代表矩阵 $\boldsymbol{A}$ 的第 i 个特征值。当参数 μ 分别取 0.001、0.0015、0.002 时各做了 3000 次随机试验，分别相应于 $\boldsymbol{F}^{\text{rand}}$ 和 $\boldsymbol{F}^{\text{robu}}$，$d_\mu(\varDelta)$ 的最差值和 $d_\mu(\varDelta)$ 在 3000 次试验中的平均值如表 5-1 所示。并在这三种情况下，分别绘制了相应于 $\boldsymbol{F}^{\text{rand}}$ 和 $\boldsymbol{F}^{\text{robu}}$ 的实验的极点图，如图 5-3～图 5-5 所示。根据这些图表，很容易看出在有扰动存在的情况下，鲁棒周期输出反馈律通常要表现得好一些。

表 5-1　$\boldsymbol{F}^{\text{robu}}$ 和 $\boldsymbol{F}^{\text{rand}}$ 的比较

μ	μ =0.001		μ =0.0015		μ =0.002	
d_μ	$\boldsymbol{F}^{\text{robu}}$	$\boldsymbol{F}^{\text{rand}}$	$\boldsymbol{F}^{\text{robu}}$	$\boldsymbol{F}^{\text{rand}}$	$\boldsymbol{F}^{\text{robu}}$	$\boldsymbol{F}^{\text{rand}}$
最差值	0.9205	2.0613	0.9394	1.1977	1.0705	2.1747
平均值	0.8073	0.8804	0.5792	0.8666	0.8125	0.9190

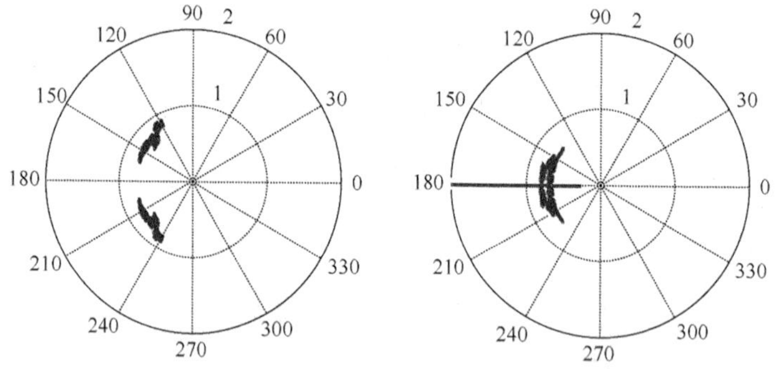

图 5-3　$\mu = 0.001$ 时受扰动的闭环系统的特征值

左边和右边分别相应于 $\boldsymbol{F}^{\text{robu}}$ 和 $\boldsymbol{F}^{\text{rand}}$

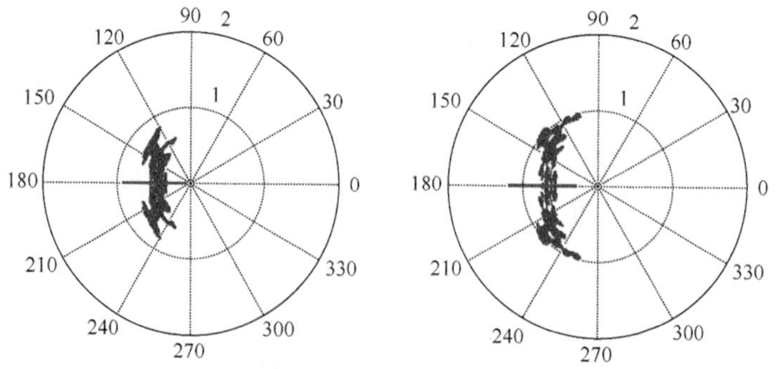

图 5-4　$\mu = 0.0015$ 时受扰动的闭环系统的特征值

左边和右边分别相应于 $\boldsymbol{F}^{\text{robu}}$ 和 $\boldsymbol{F}^{\text{rand}}$

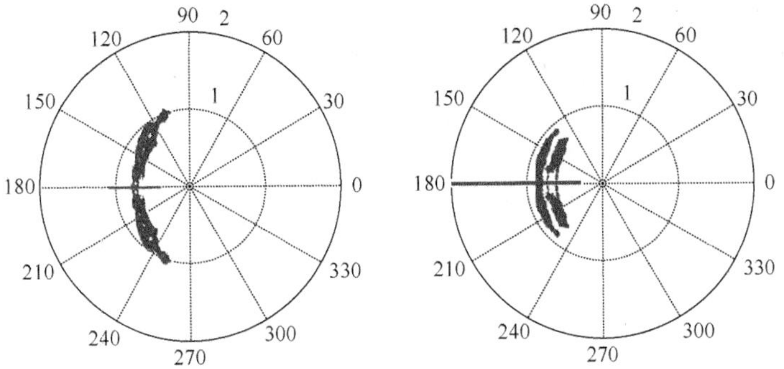

图 5-5　$\mu=0.002$ 时受扰动的闭环系统的特征值

左边和右边分别相应于 $\boldsymbol{F}^{\text{robu}}$ 和 $\boldsymbol{F}^{\text{rand}}$

5.5　一些相关方法的讨论

利用周期输出反馈来矫正线性离散周期系统的极点，在文献[106]和文献[62]中也有相关的讨论。文献[106]指出输出调节器可以由一个周期控制律和一个状态预测器组成，并证明了利用这种方法，可以任意配置 $n_0+n_{\rm r}$ 个极点，其中，n_0 是系统能观子空间的维数，$n_{\rm r}$ 是系统能达子空间的维数。在该文中，并没有给出一种具体的设计算法。文献[62]致力于给出一种周期输出反馈律对系统进行极点配置，这个反馈律的周期与系统本身的周期相同或者是系统本身周期的整数倍。对于周期为 $n+1$ 的 n 维单入单出周期系统，该文给出了一组方程，从中可以算出输出反馈增益。对于周期不等于 $n+1$ 的多入多出系统，将其转化成前者进行处理。虽然该文也包含了扰动分析，但是它的目的不是设计鲁棒控制器，而是证明存在一个可以接受的控制器，因为之前给出的标称控制器是无效的。此外，文献[62]的方法不能配置极点。而本章不仅提供了可以实现任意极点配置的输出反馈参数化设计方法，而且给出了鲁棒控制器的设计算法。

5.6　本 章 小 结

这一章研究了离散时间线性周期系统输出反馈极点配置问题。利用现有文献中的结果和闭环系统单值性矩阵的特殊性，经过一些技巧性的处理，将参数化极点配置问题转化为一类 Sylvester 矩阵方程的求解问题。进而，根据该类 Sylvester 矩阵方程的最近结果，给出了离散时间线性周期系统极点配置问题的参数化输出反馈控制器。反馈增益中存在的参数可以用来实现其他一些性能，如鲁棒性。接下来，我们给出了一个包含周期输出反馈增益信息的代价函数。该函数能够刻画闭环系统极点关于系统中扰动的灵敏度，可用来作为鲁棒指标。通过最小化鲁棒指标，得到的输出反馈增益为所求的鲁棒输出反馈控制器。本章给出了参数化输出反馈极点配置和鲁棒输出反馈极点配置的详细设计算法，并用数值例子验证了这些算法的有效性。如何获得相应于具有时变状态空间(输入空间)维数的周期系统极点配置的周期输出反馈控制律是我们下一步要考虑的工作。

第 6 章　周期动态反馈极点配置

6.1 引　　言

利用动态补偿器去配置线性时不变系统的特征值已经得到了广泛的研究，如文献[116]和文献[117]。正如前面章节提到的，线性离散周期系统和线性时不变系统存在非常紧密的联系，线性时不变系统的相当一部分成果都可以推广到线性离散周期系统。一个自然的疑问就是能否用周期动态补偿器去配置线性离散周期系统的极点，如果能，怎样设计。本章首先指明了周期动态补偿器的设计问题可以转化成一个增广的周期系统的周期输出反馈控制器设计问题。接下来利用第 5 章关于输出反馈极点配置的结果，并重新设计了鲁棒性能指标，给出了参数化周期动态补偿器和鲁棒周期动态补偿器的设计方案。

6.2 参数化动态反馈极点配置

6.2.1 问题提出

考虑具有如下状态空间实现的线性离散周期系统：

$$\begin{cases} \boldsymbol{x}(t+1) = \boldsymbol{A}(t)\boldsymbol{x}(t) + \boldsymbol{B}(t)\boldsymbol{u}(t) \\ \boldsymbol{y}(t) = \boldsymbol{C}(t)\boldsymbol{x}(t) \end{cases} \tag{6-1}$$

式中，$t \in \mathbf{Z}$；$\boldsymbol{x}(t) \in \mathbf{R}^n, \boldsymbol{u}(t) \in \mathbf{R}^r, \boldsymbol{y}(t) \in \mathbf{R}^m$ 分别是系统的状态向量、输入向量和输出向量。矩阵 $\boldsymbol{A}(t) \in \mathbf{R}^{n\times n}, \boldsymbol{B}(t) \in \mathbf{R}^{n\times r}$ 和 $\boldsymbol{C}(t) \in \mathbf{R}^{m\times n}$ 是系统的相应系数矩阵，并且是以整数 T 周期变化的，也就是说

$$\boldsymbol{A}(t+T) = \boldsymbol{A}(t), \boldsymbol{B}(t+T) = \boldsymbol{B}(t), \boldsymbol{C}(t+T) = \boldsymbol{C}(t), \forall t \in \mathbf{Z}$$

考虑如下的 p 阶动态补偿器：

$$\begin{cases} \boldsymbol{z}(t+1) = \boldsymbol{K}_{22}(t)\boldsymbol{z}(t) + \boldsymbol{K}_{21}(t)\boldsymbol{y}(t) \\ \boldsymbol{u}(t) = \boldsymbol{K}_{11}(t)\boldsymbol{y}(t) + \boldsymbol{K}_{12}(t)\boldsymbol{z}(t) \end{cases} \tag{6-2}$$

式中，$\boldsymbol{z}(t) \in \mathbf{R}^p; \boldsymbol{K}_{ij}(t)(i,j=1,2)$ 是具有适当维数的实矩阵，且

$$\boldsymbol{K}_{ij}(t+T) = \boldsymbol{K}_{ij}(t),\ i,j=1,2$$

联合系统(6-1)和式(6-2)，可以得到如下的闭环周期系统：

$$\begin{bmatrix} \boldsymbol{x}(t+1) \\ z(t+1) \end{bmatrix} = \boldsymbol{A}_{\mathrm{c}}(t) \begin{bmatrix} \boldsymbol{x}(t) \\ z(t) \end{bmatrix} \tag{6-3}$$

式中，

$$\boldsymbol{A}_{\mathrm{c}}(t) = \begin{bmatrix} \boldsymbol{A}(t) + \boldsymbol{B}(t)\boldsymbol{K}_{11}(t)\boldsymbol{C}(t) & \boldsymbol{B}(t)\boldsymbol{K}_{12}(t) \\ \boldsymbol{K}_{21}(t)\boldsymbol{C}(t) & \boldsymbol{K}_{22}(t) \end{bmatrix} \tag{6-4}$$

绘制系统方框图如图 6-1 所示。容易看出该闭环系统(6-3) 也是一个以 T 为周期的线性离散周期系统，它的单值性矩阵为

$$\boldsymbol{\varPsi}_{\mathrm{c}} = \boldsymbol{A}_{\mathrm{c}}(T-1)\boldsymbol{A}_{\mathrm{c}}(T-2)\cdots \boldsymbol{A}_{\mathrm{c}}(0) \tag{6-5}$$

其闭环系统结构图如图 6-1 所示。

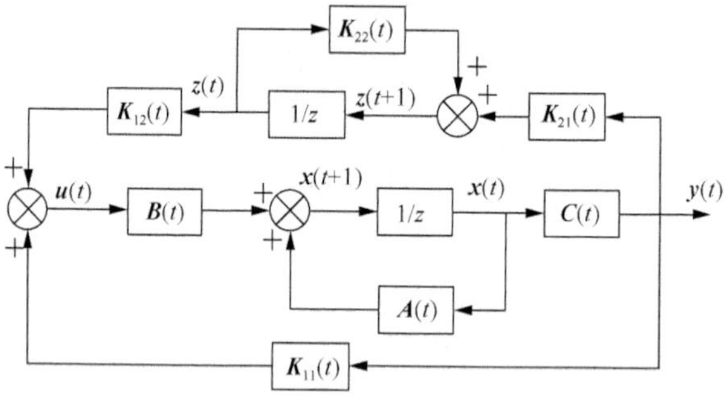

图 6-1　周期动态补偿器作用下的控制系统方框图

令 $\boldsymbol{\varGamma} = \left\{ s_i, s_i \in \mathbf{C}, i \in \overline{1, n+p} \right\}$ 为欲配置的闭环系统单值性矩阵的极点，且其关于实轴是对称的。给定一个实矩阵 $\boldsymbol{F} \in \mathbf{R}^{(n+p)\times(n+p)}$，使得 $\lambda(\boldsymbol{F}) = \boldsymbol{\varGamma}$。那么，显然 $\lambda(\boldsymbol{\varPsi}_{\mathrm{c}}) = \boldsymbol{\varGamma}$ 当且仅当存在一个非奇异矩阵 $\boldsymbol{V}$ 使得

$$\boldsymbol{\varPsi}_{\mathrm{c}}\boldsymbol{V} = \boldsymbol{V}\boldsymbol{F} \tag{6-6}$$

这里，我们将利用动态补偿器去配置线性离散周期系统的极点的问题描述如下。

问题 6.1　给定完全能达和完全能观的线性离散周期系统(6-1)和一个实矩阵 $\boldsymbol{F} \in \mathbf{R}^{(n+p)\times(n+p)}$，找到矩阵 $\boldsymbol{K}_{ij}(t)(i, j = 1, 2, t \in \overline{0, T-1})$，使得对某个非奇异矩 $\boldsymbol{V} \in \mathbf{R}^{(n+p)\times(n+p)}$，关系(6-6)成立。

6.2.2　参数化动态补偿器设计

令

$$\hat{A}(t)=\begin{bmatrix} A(t) & 0 \\ 0 & 0 \end{bmatrix},\hat{B}(t)=\begin{bmatrix} B(t) & 0 \\ 0 & I_p \end{bmatrix},\hat{C}(t)=\begin{bmatrix} C(t) & 0 \\ 0 & I_p \end{bmatrix} \tag{6-7}$$

引理 6.1　若 $\hat{A}(t)$，$\hat{B}(t)$ 和 $\hat{C}(t)$ 由式(6-7)给出，则系统(6-3)的单值性矩阵刚好等于由下述系统

$$\begin{cases} \begin{bmatrix} x(t+1) \\ z(t+1) \end{bmatrix} = \hat{A}(t)\begin{bmatrix} x(t) \\ z(t) \end{bmatrix} + \hat{B}(t)U(t) \\ \begin{bmatrix} y(t) \\ y_1(t) \end{bmatrix} = \hat{C}(t)\begin{bmatrix} x(t) \\ z(t) \end{bmatrix} \end{cases} \tag{6-8}$$

和周期输出反馈控制律

$$U(t)=K(t)\begin{bmatrix} y(t) \\ y_1(t) \end{bmatrix},K(t)=\begin{bmatrix} K_{11}(t) & K_{12}(t) \\ K_{21}(t) & K_{22}(t) \end{bmatrix} \tag{6-9}$$

形成的闭环系统的单值性矩阵。

证明　联合系统(6-8) 和控制律(6-9)，可以得到

$$\begin{bmatrix} x(t+1) \\ z(t+1) \end{bmatrix} = \hat{A}_{\rm c}(t)\begin{bmatrix} x(t) \\ z(t) \end{bmatrix}$$

式中，

$$\begin{aligned} \hat{A}_{\rm c}(t) &= \hat{A}(t)+\hat{B}(t)K(t)\hat{C}(t) \\ &= \begin{bmatrix} A(t) & 0 \\ 0 & 0 \end{bmatrix} + \begin{bmatrix} B(t) & 0 \\ 0 & I_p \end{bmatrix}\begin{bmatrix} K_{11}(t) & K_{12}(t) \\ K_{21}(t) & K_{22}(t) \end{bmatrix}\begin{bmatrix} C(t) & 0 \\ 0 & I_p \end{bmatrix} \\ &= \begin{bmatrix} A(t)+B(t)K_{11}(t)C(t) & B(t)K_{12}(t) \\ K_{21}(t)C(t) & K_{22}(t) \end{bmatrix} \end{aligned}$$

注意到 $\hat{A}_{\rm c}(t)$ 刚好等于系统(6-3)的系统矩阵 $A_{\rm c}(t)$，我们就完成了证明。

令 $\hat{A}^{\rm L}$、$\hat{B}^{\rm L}$ 代表周期系统(6-8)的提升时不变系统的系统矩阵和输入矩阵，也就是说

$$\hat{A}^{\mathrm{L}}=\hat{A}(T-1)\hat{A}(T-2)\cdots\hat{A}(0) \tag{6-10}$$

$$\hat{B}^{\mathrm{L}}=\left[\hat{A}(T-1)\hat{A}(T-2)\cdots\hat{A}(1)\hat{B}(0)\quad\cdots\quad\hat{A}(T-1)\hat{B}(T-2)\quad\hat{B}(T-1)\right] \tag{6-11}$$

引入如下的多项式矩阵分解：

$$(z\boldsymbol{I}-\hat{A}^{\mathrm{L}})^{-1}\hat{B}^{\mathrm{L}}=\boldsymbol{N}(z)\boldsymbol{D}^{-1}(z) \tag{6-12}$$

式中，$\boldsymbol{N}(z)\in\mathbf{R}^{(n+p)\times(n+p)},\boldsymbol{D}(z)\in\mathbf{R}^{T(n+p)\times T(n+p)}$ 是关于 z 的右互质矩阵多项式。

记

$$\boldsymbol{D}(z)=\left[d_{ij}(z)\right]_{T(n+p)\times T(n+p)},\boldsymbol{N}(z)=\left[n_{ij}(z)\right]_{(n+p)\times T(r+p)} \tag{6-13}$$

和 $\omega=\max\{\omega_1,\omega_2\}$，其中：

$$\omega_1=\max_{i,j\in\overline{1,T(r+p)}}\left\{\deg(d_{ij}(z))\right\},\omega_2=\max_{i\in\overline{1,(n+p)},j\in\overline{1,T(r+p)}}\left\{\deg(n_{ij}(z))\right\}$$

则 $\boldsymbol{N}(z)$ 和 $\boldsymbol{D}(z)$ 可以重新写作

$$\begin{cases}\boldsymbol{N}(z)=\sum\limits_{i=0}^{\omega}\boldsymbol{N}_i z^i,\boldsymbol{N}_i\in\mathbf{C}^{(n+p)\times T(r+p)}\\ \boldsymbol{D}(z)=\sum\limits_{i=0}^{\omega}\boldsymbol{D}_i z^i,\boldsymbol{D}_i\in\mathbf{C}^{T(r+p)\times T(r+p)}\end{cases} \tag{6-14}$$

进一步，记

$$\begin{cases}\boldsymbol{V}(\boldsymbol{Z})=\boldsymbol{N}_0\boldsymbol{Z}+\boldsymbol{N}_1\boldsymbol{Z}\boldsymbol{F}+\cdots+\boldsymbol{N}_\omega\boldsymbol{Z}\boldsymbol{F}^\omega\\ \boldsymbol{W}(\boldsymbol{Z})=\boldsymbol{D}_0\boldsymbol{Z}+\boldsymbol{D}_1\boldsymbol{Z}\boldsymbol{F}+\cdots+\boldsymbol{D}_\omega\boldsymbol{Z}\boldsymbol{F}^\omega\end{cases} \tag{6-15}$$

定义

$$\boldsymbol{X}(\boldsymbol{Z})\triangleq\left[\boldsymbol{X}_0^{\mathrm{T}}\quad\boldsymbol{X}_2^{\mathrm{T}}\quad\cdots\quad\boldsymbol{X}_{T-1}^{\mathrm{T}}\right]^{\mathrm{T}}=\boldsymbol{W}(\boldsymbol{Z})\boldsymbol{V}^{-1}(\boldsymbol{Z}),\boldsymbol{Z}\in\mathbf{Z} \tag{6-16}$$

式中，$\boldsymbol{Z}\in\mathbf{R}^{T(r+p)\times(n+p)}$ 是一个任意实的参数矩阵，且 $\boldsymbol{X}_i\in\mathbf{R}^{(r+p)\times(n+p)}(i\in\overline{0,T-1})$。

引入如下约束条件：

$$\begin{cases} \operatorname{rank}\begin{bmatrix} \hat{C}(0) \\ X_0 \end{bmatrix} = \operatorname{rank}(\hat{C}(0)) \\ \operatorname{rank}\begin{bmatrix} \hat{C}(t) \\ X_i \hat{A}_c^{-1}(0) \cdots \hat{A}_c^{-1}(t-1) \end{bmatrix} = \operatorname{rank}(\hat{C}(t)),\ t \in \overline{1, T-1} \end{cases} \tag{6-17}$$

根据定理 5.1 的结果，可以得到如下结论。

定理 6.1　若 $\hat{A}(t)$、$\hat{B}(t)$、$\hat{C}(t)$ 由式(6-7)给出，$V(Z)$、$W(Z)$ 由式(6-15)给出，$X_i(i \in \overline{0, T-1})$ 由式(6-16)给出。则问题 6.1 的整个解集可以刻画为

$$\begin{cases} \begin{bmatrix} K_{11}(0) & K_{12}(0) \\ K_{21}(0) & K_{22}(0) \end{bmatrix} = X_0 \hat{C}^{\mathrm{T}}(0)(\hat{C}(0)\hat{C}^{\mathrm{T}}(0))^{-1}, \det(\hat{A}_c(0)) \neq 0 \\ \begin{bmatrix} K_{11}(i) & K_{12}(i) \\ K_{21}(i) & K_{22}(i) \end{bmatrix} = X_i \prod_{j=0}^{i-1} \hat{A}_c^{-1}(j) \hat{C}^{\mathrm{T}}(i)(\hat{C}(i)\hat{C}^{\mathrm{T}}(i))^{-1}, \det(\hat{A}_c(i)) \neq 0, i \in \overline{1, T-1} \end{cases} \tag{6-18}$$

其中解集(6-18)要满足秩约束(6-17)。

注解 6.1　由于矩阵 $\boldsymbol{\Psi}_c = \prod_{t=T-1}^{0} \hat{A}_c(t)$ 没有零极点可以保证矩阵 $\hat{A}_c(t)(t \in \overline{0, T-1})$ 的非奇异性。当闭环极点不要求必须配置到零极点时，解集(6-18)中的约束条件 $\det(\hat{A}_c(0)) \neq 0,\ t \in \overline{0, T-1}$ 可以去掉。

算法 6.1　参数化动态补偿器设计。

(1) 根据式(6-7)、式(6-10)和式(6-11)，计算 $\hat{A}^{\mathrm{L}}$ 和 $\hat{B}^{\mathrm{L}}$。

(2) 解多项式右互质分解式(6-12)获得矩阵 $N(z)$ 和 $D(z)$，进一步，根据式(6-14)计算 N_i、$D_i(i \in \overline{0, \omega})$。

(3) 分别根据关系式(6-15)和式(6-16)，计算 $V(z)$、$W(z)$ 和 $X_t(t \in \overline{0, T-1})$。

(4) 基于约束条件(6-17)和解集(6-18)，计算 $K_{11}(t)$、$K_{12}(t)$、$K_{21}(t)$、$K_{22}(t)(t \in \overline{0, T-1})$。

6.3　鲁棒动态反馈极点配置

6.3.1　问题形成

考虑系统(6-1)，动态补偿器(6-2)以及它们形成的闭环系统(6-3)。当系统矩阵 $A(t)$、$B(t)$ 和 $C(t)$ 中存在参数扰动时，闭环系统的系统矩阵将会偏离标称矩阵 $A_c(t)$。不失一般性，假设闭环系统受到如下扰动：

$$A_{\mathrm{c}}(t) \mapsto A_{\mathrm{c}}(t) + \Delta_t(\varepsilon_1, \varepsilon_2, \cdots, \varepsilon_l), t \in \overline{0, T-1} \tag{6-19}$$

式中，

$$\Delta_t(\varepsilon_1, \varepsilon_2, \cdots, \varepsilon_l) = \sum_{i=1}^{l} \Delta_t^i \varepsilon_i$$

$\Delta_t^i \in \mathbf{R}^{(n+p)\times(n+p)} (i \in \overline{1, l}, t \in \overline{0, T-1})$ 是已知的实矩阵；$\varepsilon_i > 0 (i \in \overline{1, l})$ 是小的扰动变量。

在这种情况下，受扰的闭环系统单值性矩阵变为

$$\Psi_{\mathrm{c}}(\varepsilon_1, \varepsilon_2, \cdots, \varepsilon_l) = \prod_{t=T-1}^{0} (A_{\mathrm{c}}(t) + \Delta_t(\varepsilon_1, \varepsilon_2, \cdots, \varepsilon_l))$$

至此，线性离散周期系统(6-1)的鲁棒动态补偿器极点配置问题可以描述如下。

问题 6.2 给定一个完全能达和完全能观的线性离散周期系统(6-1)和一个实矩阵 $F \in \mathbf{R}^{(n+p)\times(n+p)}$，寻找实矩阵 $K_{ij}(t)(i, j = 1, 2, t \in \overline{0, T-1})$ 使得下面的两个条件得到满足。

(1) 矩阵 Ψ_{c} 是非退化的，且对某个非奇异矩阵 $V \in \mathbf{R}^{(n+p)\times(n+p)}$，关系(6-6)得到满足。

(2) 矩阵 $\Psi_{\mathrm{c}}(\varepsilon_1, \varepsilon_2, \cdots, \varepsilon_l)$ 在 $\varepsilon_i = 0 (i \in \overline{1, l})$ 时的特征值对于 $\varepsilon_i (i \in \overline{1, l})$ 的变化尽可能不敏感。

6.3.2 鲁棒动态补偿器设计

6.2 节给出的周期动态补偿器的显式参数化解，提供了充分的设计自由度。因此，我们可以在众多的解中找到一个解，使得借此得到的闭环系统的极点对潜在的系统参数扰动尽可能不敏感。这就需要给出一个指标来量测系统的极点对于存在于系统中的扰动的敏感性。为此，我们形成了如下定理。

定理 6.2 令 $\Psi_{\mathrm{c}} = A_{\mathrm{c}}(T-1) A_{\mathrm{c}}(T-2) \cdots A_{\mathrm{c}}(0) \in \mathbf{R}^{(n+p)\times(n+p)}$ 是可对角化的，且 $V \in \mathbf{C}^{(n+p)\times(n+p)}$ 是一个非奇异矩阵，满足 $\Psi_{\mathrm{c}} = V^{-1} \Lambda V \in \mathbf{R}^{(n+p)\times(n+p)}$，其中 $\Lambda = \mathrm{diag}\{\lambda_1, \lambda_2, \cdots, \lambda_{n+p},\}$ 是矩阵 Ψ_{c} 的约当标准型。假设对实标量 $\varepsilon_i > 0 (i \in \overline{1, l})$ 和 $t \in \overline{0, T-1}$，有

$$\boldsymbol{\Delta}_t(\varepsilon_1,\varepsilon_2,\cdots,\varepsilon_l)=\sum_{i=1}^{l}\boldsymbol{\Delta}_t^i\varepsilon_i$$

式中，$\boldsymbol{\Delta}_t^i\in\mathbf{R}^{(n+p)\times(n+p)}(i\in\overline{1,l},t\in\overline{0,T-1})$ 都是常矩阵。则对矩阵

$$\boldsymbol{\Psi}_{\mathrm{c}}(\varepsilon_1,\varepsilon_2,\cdots,\varepsilon_l)=\prod_{t=T-1}^{0}(\hat{\boldsymbol{A}}_{\mathrm{c}}(t)+\boldsymbol{\Delta}_t(\varepsilon_1,\varepsilon_2,\cdots,\varepsilon_l))$$

的任意特征值 λ，下面关系成立：

$$\min_{j\in\overline{0,n+p}}\left\{\left|\lambda_j-\lambda\right|\right\}\leqslant n\kappa_{\mathrm{F}}(\boldsymbol{V})\sum_{i=1}^{l}\delta_i\varepsilon_i\left(\sum_{t=0}^{T-1}\left\|\boldsymbol{A}_{\mathrm{c}}(t)\right\|_{\mathrm{F}}^{T-1}+\left\|o(\max_i\varepsilon_i)\right\|_{\mathrm{F}}\right)\tag{6-20}$$

其中 $\delta_i=\max_t\left\{\left\|\Delta_t^i\right\|_{\mathrm{F}}\right\},i\in\overline{0,T-1}$，且 $\kappa_{\mathrm{F}}(\boldsymbol{V})\triangleq\left\|\boldsymbol{V}^{-1}\right\|_{\mathrm{F}}\left\|\boldsymbol{V}\right\|_{\mathrm{F}}$ 是矩阵的 Frobenius 范数条件数。

证明　由于 λ 是矩阵 $\boldsymbol{\Psi}_{\mathrm{c}}(\varepsilon_1,\varepsilon_2,\cdots,\varepsilon_l)$ 的一个特征值，我们有

$$\begin{aligned}0&=\det(\boldsymbol{V}^{-1}(\boldsymbol{\Psi}_{\mathrm{c}}(\varepsilon_1,\varepsilon_2,\cdots,\varepsilon_l)-\lambda\boldsymbol{I})\boldsymbol{V})\\&=\det(\boldsymbol{V}^{-1}(\boldsymbol{\Psi}_{\mathrm{c}}-\lambda\boldsymbol{I}+\boldsymbol{\Pi})\boldsymbol{V})\\&=\det(\boldsymbol{\Lambda}-\lambda\boldsymbol{I}+\boldsymbol{V}^{-1}\boldsymbol{\Pi}\boldsymbol{V})\end{aligned}$$

式中，

$$\begin{aligned}\boldsymbol{\Pi}=&\boldsymbol{\Delta}_{T-1}(\varepsilon_1,\varepsilon_2,\cdots,\varepsilon_l)\prod_{i=T-2}^{0}\boldsymbol{A}_i^{\mathrm{c}}+\boldsymbol{A}_{T-1}^{\mathrm{c}}\boldsymbol{\Delta}_{T-2}(\varepsilon_1,\varepsilon_2,\cdots,\varepsilon_l)\prod_{i=T-3}^{0}\boldsymbol{A}_i^{\mathrm{c}}\\&+\cdots+(\prod_{i=T-1}^{1}\boldsymbol{A}_i^{\mathrm{c}})\boldsymbol{\Delta}_0(\varepsilon_1,\varepsilon_2,\cdots,\varepsilon_l)+o(\max_i\varepsilon_i)\end{aligned}$$

如果 $\boldsymbol{\Lambda}-\lambda\boldsymbol{I}$ 是奇异的，则一定存在指标 j 使得 $\lambda=\lambda_j$，因此，关系(6-20)自动成立。如果矩阵 $\boldsymbol{\Lambda}-\lambda\boldsymbol{I}$ 是非奇异的，根据上式，有

$$0=\det(\boldsymbol{\Lambda}-\lambda I)(\boldsymbol{I}+(\boldsymbol{\Lambda}-\lambda\boldsymbol{I})^{-1}\boldsymbol{V}^{-1}\boldsymbol{\Pi}\boldsymbol{V})$$

这就意味着矩阵 $\boldsymbol{I}+(\boldsymbol{\Lambda}-\lambda\boldsymbol{I})^{-1}\boldsymbol{V}^{-1}\boldsymbol{\Pi}\boldsymbol{V}$ 一定是奇异的。于是，我们得到

$$\left\|(\boldsymbol{\Lambda}-\lambda\boldsymbol{I})^{-1}\boldsymbol{V}^{-1}\boldsymbol{\Pi}\boldsymbol{V}\right\|_{\mathrm{F}}\geqslant 1$$

从中可知

$$
\begin{aligned}
1 &\leqslant \left\|(\boldsymbol{\Lambda}-\lambda \boldsymbol{I})^{-1}\boldsymbol{V}^{-1}\boldsymbol{\Pi}\boldsymbol{V}\right\|_{\mathrm{F}} \\
&\leqslant \left\|(\boldsymbol{\Lambda}-\lambda \boldsymbol{I})^{-1}\right\|_{\mathrm{F}}\left\|\boldsymbol{V}^{-1}\boldsymbol{\Pi}\boldsymbol{V}\right\|_{\mathrm{F}} \\
&\leqslant n\max_{j}\left\{\left|\lambda_j-\lambda\right|\right\}\kappa_{\mathrm{F}}(\boldsymbol{V})\left\|\boldsymbol{\Pi}\right\|_{\mathrm{F}}
\end{aligned}
$$

等价地有

$$
\min_{j}\left\{\left|\lambda_j-\lambda\right|\right\} \leqslant n\kappa_{\mathrm{F}}(\boldsymbol{V})\left\|\boldsymbol{\Pi}\right\|_{\mathrm{F}} \tag{6-21}
$$

注意到

$$
\begin{aligned}
\left\|\boldsymbol{\Pi}\right\|_{\mathrm{F}} = &\Bigg\|\boldsymbol{\Delta}_{T-1}(\varepsilon_1,\varepsilon_2,\cdots,\varepsilon_l)\prod_{t=T-2}^{0}\boldsymbol{A}_{\mathrm{c}}(t)+\boldsymbol{A}_{\mathrm{c}}(T-1)\boldsymbol{\Delta}_{T-2}(\varepsilon_1,\varepsilon_2,\cdots,\varepsilon_l)\prod_{t=T-3}^{0}\boldsymbol{A}_{\mathrm{c}}(t) \\
&+\cdots+\Big(\prod_{t=T-1}^{1}\boldsymbol{A}_{\mathrm{c}}(t)\Big)\boldsymbol{\Delta}_{0}(\varepsilon_1,\varepsilon_2,\cdots,\varepsilon_l)+o(\max_{i}\varepsilon_i)\Bigg\| \\
\leqslant &\sum_{i=1}^{l}\delta_i\varepsilon_i\Big(\prod_{t=T-1,t\neq T-1}^{0}\left\|\boldsymbol{A}_{\mathrm{c}}(t)\right\|_{\mathrm{F}}+\prod_{t=T-1,t\neq T-2}^{0}\left\|\boldsymbol{A}_{\mathrm{c}}(t)\right\|_{\mathrm{F}} \\
&+\cdots+\prod_{t=T-1,t\neq 0}^{0}\left\|\boldsymbol{A}_{\mathrm{c}}(t)\right\|_{\mathrm{F}}+\left\|o(\max_{i}\varepsilon_i)\right\|_{\mathrm{F}}\Big)
\end{aligned}
$$

另外，根据代数不等式

$$
\sum_{i=1}^{n}a_i \leqslant \frac{1}{n}\sum_{i=1}^{n}a_i^{n}, a_i \geqslant 0
$$

下面的不等式成立：

$$
\begin{gathered}
\prod_{t=T-1,t\neq T-1}^{0}\left\|\boldsymbol{A}_{\mathrm{c}}(t)\right\|_{\mathrm{F}} \leqslant \frac{1}{T-1}\prod_{t=0,t\neq T-1}^{T-1}\left\|\boldsymbol{A}_{\mathrm{c}}(t)\right\|_{\mathrm{F}}^{T-1} \\
\prod_{t=T-1,t\neq T-2}^{0}\left\|\boldsymbol{A}_{\mathrm{c}}(t)\right\|_{\mathrm{F}} \leqslant \frac{1}{T-1}\prod_{t=0,t\neq T-2}^{T-1}\left\|\boldsymbol{A}_{\mathrm{c}}(t)\right\|_{\mathrm{F}}^{T-1} \\
\vdots \\
\prod_{t=T-1,t\neq 0}^{0}\left\|\boldsymbol{A}_{\mathrm{c}}(t)\right\|_{\mathrm{F}} \leqslant \frac{1}{T-1}\prod_{t=0,t\neq 0}^{T-1}\left\|\boldsymbol{A}_{\mathrm{c}}(t)\right\|_{\mathrm{F}}^{T-1}
\end{gathered}
$$

因此，可以得到

$$\begin{aligned}\|\boldsymbol{\Pi}\|_{\mathrm{F}} &\leqslant \frac{1}{T-1}\sum_{i=1}^{l}\delta_i\varepsilon_i(\prod_{t=0,t\neq T-1}^{T-1}\|\boldsymbol{A}_{\mathrm{c}}(t)\|_{\mathrm{F}}^{T-1}+\prod_{t=0,t\neq T-2}^{T-1}\|\boldsymbol{A}_{\mathrm{c}}(t)\|_{\mathrm{F}}^{T-1}+\cdots \\ &\quad+\prod_{t=0,t\neq 0}^{T-1}\|\boldsymbol{A}_{\mathrm{c}}(t)\|_{\mathrm{F}}^{T-1}+\left\|o(\max_i \varepsilon_i)\right\|_{\mathrm{F}}) \\ &=\sum_{i=1}^{l}\delta_i\varepsilon_i(\prod_{t=0}^{T-1}\|\boldsymbol{A}_{\mathrm{c}}(t)\|_{\mathrm{F}}^{T-1}+\left\|o(\max_i \varepsilon_i)\right\|_{\mathrm{F}})\end{aligned}$$

结合不等式(6-21)，可以得到

$$\min_j\left\{\left|\lambda_j-\lambda\right|\right\}\leqslant n\kappa_{\mathrm{F}}(\boldsymbol{V})\sum_{i=1}^{l}\delta_i\varepsilon_i(\sum_{t=0}^{T-1}\|\boldsymbol{A}_{\mathrm{c}}(t)\|_{\mathrm{F}}^{T-1}+\left\|o(\max_i \varepsilon_i)\right\|_{\mathrm{F}})$$

这样，定理得证。

由关系(6-20)可以知道，闭环单值性矩阵 $\boldsymbol{\Psi}_{\mathrm{c}}$ 的特征值关于扰动 $\boldsymbol{\Delta}_t(\varepsilon_1,\varepsilon_2,\cdots,\varepsilon_l)(t\in\overline{0,T-1})$ 的灵敏度可以由如下指标量测：

$$J(z)\triangleq\kappa_{\mathrm{F}}(\boldsymbol{V})\sum_{t=0}^{T-1}\|\boldsymbol{A}_{\mathrm{c}}(t)\|_{\mathrm{F}}^{T-1}(\sum_{i=1}^{l}\alpha_i\varepsilon_i) \tag{6-22}$$

式中，$\alpha_i>0(i\in\overline{1,l})$ 是相应的加权因子，满足 $\sum_{i=1}^{l}\alpha_i=1$。

至此，利用周期动态补偿器进行鲁棒极点配置问题可以转化成下面的静态约束优化问题：

$$\begin{cases}\mathrm{Min}\ J(z)\\ \text{s.t.约束条件}(6-17)，\ \boldsymbol{Z}\in\boldsymbol{\Omega}\\ \det(\boldsymbol{A}_{\mathrm{c}}(t))\neq 0, t\in\overline{0,T-2}\end{cases} \tag{6-23}$$

对于这种约束优化问题，可以利用 Matlab 优化工具箱来求解。值得注意的是，通常我们只能得到约束优化问题的局部最小值，可以通过多次变换初值的方法来得到问题的次优解。

这里，对于鲁棒动态补偿器的设计问题，我们给出一个详细的设计算法。

算法 6.2　(鲁棒动态补偿器设计)

(1) 根据式(6-7)、式(6-10)和式(6-11)，计算 $\hat{\boldsymbol{A}}^{\mathrm{L}}$ 和 $\hat{\boldsymbol{B}}^{\mathrm{L}}$。

(2) 求解右互质分解式(6-12)以得到多项式矩阵 $\boldsymbol{N}(z)$ 和 $\boldsymbol{D}(z)$，进一步根据关系(6-14)计算矩阵 $\boldsymbol{N}_i$、$\boldsymbol{D}_i(i\in\overline{0,\omega})$。

(3) 根据式(6-15)、式(6-18)和式(6-17)构造矩阵 $\boldsymbol{V}$、$\boldsymbol{K}_{11}(t)$、$\boldsymbol{K}_{12}(t)$、$\boldsymbol{K}_{21}(t)$ 和 $\boldsymbol{K}_{22}(t)(t\in\overline{0,T-1})$ 的一般表达式。

(4) 求解约束优化问题(6-23)，记得到的优化决策矩阵为 $\boldsymbol{Z}_{\text{opt}}$。

(5) 将矩阵 $\boldsymbol{Z}_{\text{opt}}$ 代入式(6-15)，计算矩阵 $\boldsymbol{V}_{\text{opt}}$ 和 $\boldsymbol{W}_{\text{opt}}$。

(6) 利用式(6-18)，计算矩阵 $\boldsymbol{K}_{11}^{\text{opt}}(t)$、$\boldsymbol{K}_{12}^{\text{opt}}(t)$、$\boldsymbol{K}_{21}^{\text{opt}}(t)$ 和 $\boldsymbol{K}_{22}^{\text{opt}}(t)(t\in\overline{0,T-1})$。

6.4 数值算例

在本节，我们将给出一个仿真算例来验证前述设计方法的有效性。

例 6.1 考虑一个周期为 3 的二阶周期系统，其系统参数如下：

$$\boldsymbol{A}(t)=\begin{cases}\begin{bmatrix}1 & -1\\ -2 & 1\end{bmatrix}, & t=3k\\ \begin{bmatrix}2 & 1\\ -1 & 1\end{bmatrix}, & t=3k+1\\ \begin{bmatrix}0 & 1\\ 2 & 1\end{bmatrix}, & t=3k+2\end{cases}$$

$$\boldsymbol{B}(t)=\begin{bmatrix}1\\ 0\end{bmatrix}$$

$$\boldsymbol{C}(t)=\begin{bmatrix}-1 & 0\end{bmatrix}$$

式中，$k\in\mathbf{Z}$。我们想要设计一个一阶周期动态补偿器：

$$\begin{cases}z(t+1)=\boldsymbol{K}_{22}(t)z(t)+\boldsymbol{K}_{21}(t)y(t)\\ u(t)=\boldsymbol{K}_{11}(t)y(t)+\boldsymbol{K}_{12}(t)z(t)\end{cases}$$

其中，

$$\boldsymbol{K}_{ij}(t+3)=\boldsymbol{K}_{ij}(t), i,j=1,2$$

使得闭环系统的极点位于 $0,-0.3,0.3$。

直接的验证可知，系统是完全能达和完全能观的。首先，计算 $\hat{\boldsymbol{A}}^{\text{L}}$ 和 $\hat{\boldsymbol{B}}^{\text{L}}$ 如下：

$$\hat{\boldsymbol{A}}^{\mathrm{L}}=\begin{bmatrix}-3 & 2 & 0\\ -3 & 0 & 0\\ 0 & 0 & 0\end{bmatrix}$$

$$\hat{\boldsymbol{B}}^{\mathrm{L}}=\begin{bmatrix}-1 & 0 & 0 & 0 & 1 & 0\\ 3 & 0 & 2 & 0 & 0 & 0\\ 0 & 0 & 0 & 0 & 0 & 1\end{bmatrix}$$

求解相应的右互质分解(6-12)并根据关系(6-13)可得

$$\boldsymbol{N}_0=\begin{bmatrix}-1 & 0 & 0 & 0 & 0 & 0\\ 0 & -1 & 0 & 0 & 0 & 0\\ 0 & 0 & -1 & 0 & 0 & 0\end{bmatrix}$$

$$\boldsymbol{D}_0=\begin{bmatrix}0 & 0 & 0 & 1 & 0 & 0\\ 0 & 0 & 0 & 0 & 1 & 0\\ -1.5 & 0 & 0 & -1.5 & 0 & 0\\ 0 & 0 & 0 & 0 & 0 & 1\\ -3 & 2 & 0 & 1 & 0 & 0\\ 0 & 0 & 0 & 0 & 0 & 1\end{bmatrix}$$

$$\boldsymbol{D}_1=\begin{bmatrix}0 & 0 & 0 & 0 & 0 & 0\\ 0 & 0 & 0 & 0 & 0 & 0\\ 0 & -0.5 & 0 & 0 & 0 & 0\\ 0 & 0 & 0 & 0 & 0 & 0\\ -1 & 0 & 0 & 0 & 0 & 0\\ 0 & 0 & -1 & 0 & 0 & 0\end{bmatrix}$$

接下来，由定理 6.1，可以给出这个问题的参数化解，随机给出一组满足约束条件的自由参数 $\boldsymbol{Z}$ 可以得到如下的一组周期动态补偿器：

$$\boldsymbol{K}^{\mathrm{ran}}(0)\triangleq\begin{bmatrix}\boldsymbol{K}_{11}^{\mathrm{ran}}(0) & \boldsymbol{K}_{12}^{\mathrm{ran}}(0)\\ K_{21}^{\mathrm{ran}}(0) & \boldsymbol{K}_{22}^{\mathrm{ran}}(0)\end{bmatrix}=\begin{bmatrix}0.9913 & 0.0087\\ -0.2107 & 2.2107\end{bmatrix}$$

$$\boldsymbol{K}^{\mathrm{ran}}(1)\triangleq\begin{bmatrix}\boldsymbol{K}_{11}^{\mathrm{ran}}(1) & \boldsymbol{K}_{12}^{\mathrm{ran}}(1)\\ \boldsymbol{K}_{21}^{\mathrm{ran}}(1) & \boldsymbol{K}_{22}^{\mathrm{ran}}(1)\end{bmatrix}=\begin{bmatrix}2.7895 & 1.4395\\ -2.5546 & -0.5546\end{bmatrix}$$

$$\boldsymbol{K}^{\text{ran}}(2) \triangleq \begin{bmatrix} \boldsymbol{K}_{11}^{\text{ran}}(2) & \boldsymbol{K}_{12}^{\text{ran}}(2) \\ \boldsymbol{K}_{21}^{\text{ran}}(2) & \boldsymbol{K}_{22}^{\text{ran}}(2) \end{bmatrix} = \begin{bmatrix} -1.8624 & -0.0303 \\ 0.1376 & -0.0303 \end{bmatrix}$$

很容易验证，在这组动态补偿器作用下的闭环系统的单值性矩阵确实拥有极点 $0,-0.3,0.3$。取状态的初始值为 $\boldsymbol{x}_0=[-3 \quad 3 \quad -2]^{\text{T}}$，绘制闭环系统的状态响应图如图 6-2 所示。

当 $\delta_i=1(i\in\overline{0,l})$ 时，利用算法 6.2，可以得到如下次优动态补偿器增益：

$$\boldsymbol{K}^{\text{rob}}(0) \triangleq \begin{bmatrix} \boldsymbol{K}_{11}^{\text{rob}}(2) & \boldsymbol{K}_{12}^{\text{rob}}(2) \\ \boldsymbol{K}_{21}^{\text{rob}}(2) & \boldsymbol{K}_{22}^{\text{rob}}(2) \end{bmatrix} = \begin{bmatrix} 0.7479 & 0.2486 \\ 1.8011 & 0.2722 \end{bmatrix}$$

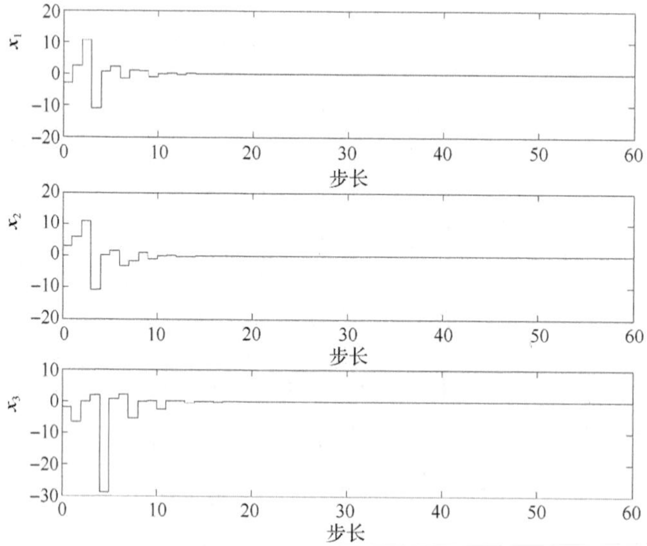

图 6-2　闭环系统状态响应

$$\boldsymbol{K}^{\text{rob}}(1) \triangleq \begin{bmatrix} \boldsymbol{K}_{11}^{\text{rob}}(1) & \boldsymbol{K}_{12}^{\text{rob}}(1) \\ \boldsymbol{K}_{21}^{\text{rob}}(1) & \boldsymbol{K}_{22}^{\text{rob}}(1) \end{bmatrix} = \begin{bmatrix} 0.0806 & -1.2160 \\ -0.3166 & 1.5543 \end{bmatrix}$$

$$\boldsymbol{K}^{\text{rob}}(2) \triangleq \begin{bmatrix} \boldsymbol{K}_{11}^{\text{rob}}(2) & \boldsymbol{K}_{12}^{\text{rob}}(2) \\ \boldsymbol{K}_{21}^{\text{rob}}(2) & \boldsymbol{K}_{22}^{\text{rob}}(2) \end{bmatrix} = \begin{bmatrix} -2.3492 & -0.2046 \\ -0.3312 & -0.1941 \end{bmatrix}$$

为了后面使用方便，记

$$\boldsymbol{K}^{\text{ran}}=(\boldsymbol{K}^{\text{ran}}(0),\boldsymbol{K}^{\text{ran}}(1),\boldsymbol{K}^{\text{ran}}(2)),\boldsymbol{K}^{\text{rob}}=(\boldsymbol{K}^{\text{rob}}(0),\boldsymbol{K}^{\text{rob}}(1),\boldsymbol{K}^{\text{rob}}(2))$$

若闭环系统受到的扰动如下：

$$A_c(t) \mapsto A_c(t) + \mu\Delta_t, t \in \overline{0,2}$$

式中，$\Delta_t \in \mathbf{R}^{n\times n}(t \in \overline{0,2})$ 是随机扰动，$\mu > 0$ 是一个控制扰动水平的参数。若取 $\|\Delta_t\|_F = 1(t \in \overline{0,2})$，当 $\mu = 0.002, 0.003, 0.005$ 时，分别做 3000 次随机试验，绘制相应于 K^{ran} 和 K^{rob} 的闭环系统极点图如图 6-3～图 6-5 所示。

若取 $\|\Delta_0\|_F = 0.8$，$\|\Delta_1\|_F = 1$，$\|\Delta_2\|_F = 0.6$，当 $\mu = 0.005, 0.006, 0.008$ 时，分别做 3000 次随机试验，绘制相应于 K^{ran} 和 K^{rob} 的闭环系统极点图如图 6-6～图 6-8 所示。

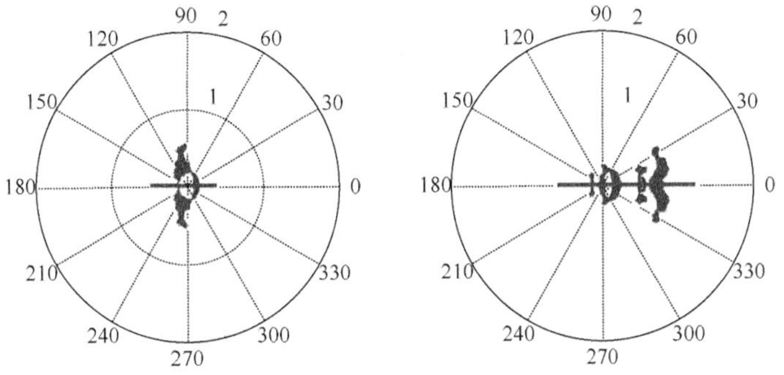

图 6-3　$\mu = 0.002$，$\|\Delta_t\|_F = 1$ 时受扰动的闭环系统的特征值

左边和右边分别相应于 K^{rob} 和 K^{ran}

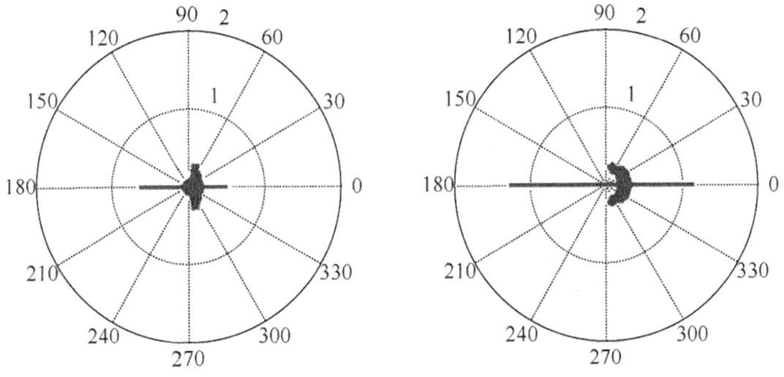

图 6-4　$\mu = 0.003$，$\|\Delta_t\|_F = 1$ 时受扰动的闭环系统的特征值

左边和右边分别相应于 K^{rob} 和 K^{ran}

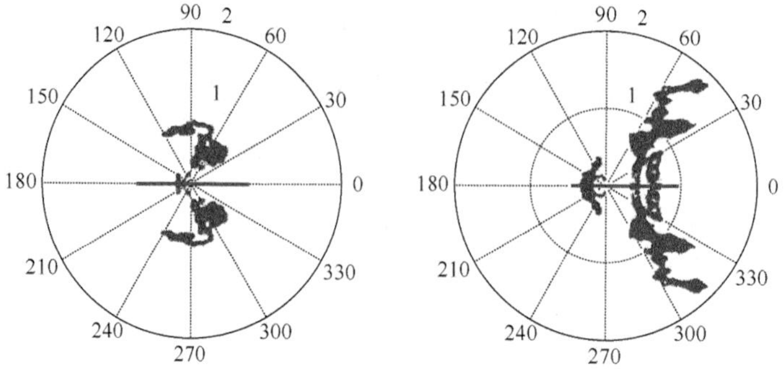

图 6-5　$\mu = 0.005$， $\|\Delta_t\|_{\mathrm{F}} = 1$ 时受扰动的闭环系统的特征值

左边和右边分别相应于 $\boldsymbol{K}^{\mathrm{rob}}$ 和 $\boldsymbol{K}^{\mathrm{ran}}$

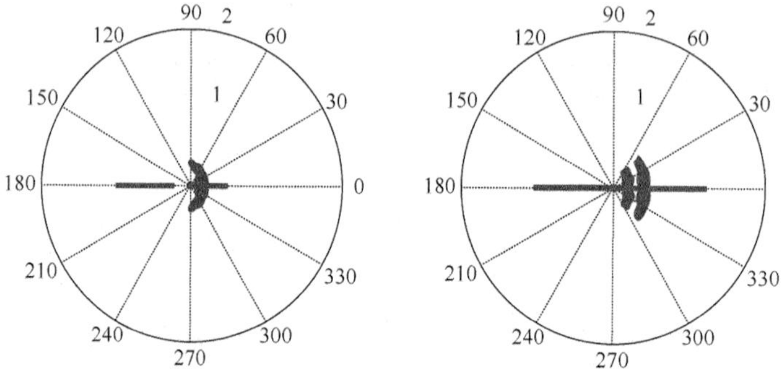

图 6-6　$\mu = 0.005$， $\|\Delta_t\|_{\mathrm{F}}$ 不相同时受扰动的闭环系统的特征值

左边和右边分别相应于 $\boldsymbol{K}^{\mathrm{rob}}$ 和 $\boldsymbol{K}^{\mathrm{ran}}$

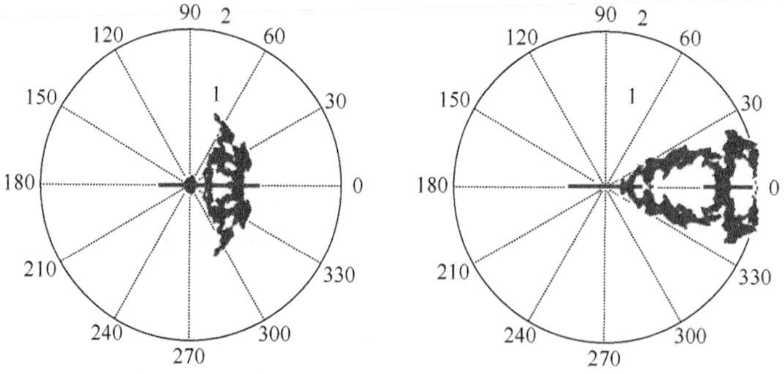

图 6-7　$\mu = 0.006$， $\|\Delta_t\|_{\mathrm{F}}$ 不相同时受扰动的闭环系统的特征值

左边和右边分别相应于 $\boldsymbol{K}^{\mathrm{rob}}$ 和 $\boldsymbol{K}^{\mathrm{ran}}$

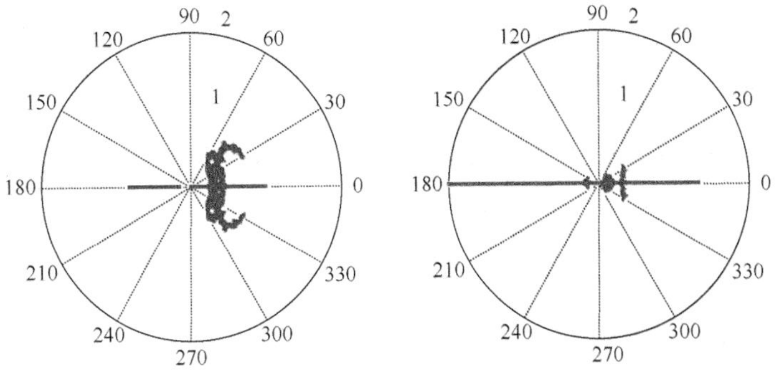

图 6-8　$\mu = 0.008$，$\|\Delta_t\|_F$ 不相同时受扰动的闭环系统的特征值

左边和右边分别相应于 $\boldsymbol{K}^{\text{rob}}$ 和 $\boldsymbol{K}^{\text{ran}}$

观察这几幅图可知，利用鲁棒动态补偿器得到的闭环系统具有较强的抗干扰能力。

6.5　本章小结

在这一章，我们考虑了利用周期动态补偿器来配置线性离散周期系统的极点的问题。和线性时不变系统相似，n 阶线性离散周期系统的 p 阶周期动态补偿器的设计问题可以转化成 $n+p$ 阶的增广的线性离散周期系统的周期输出反馈控制器设计问题。利用第 5 章关于周期输出反馈参数化极点配置的结果，给出了线性离散周期系统利用周期动态补偿器进行极点配置的参数化设计方法。针对系统中的扰动依赖于多个扰动变量的情形，分析了闭环系统单值性矩阵特征值对这些扰动变量的灵敏度，并以此提出了一个鲁棒性能指标。以最小化该指标为目的，在之前给出的参数化周期动态补偿器中寻优，最终得到的动态补偿器可以用来作为鲁棒动态补偿器。由于该优化问题是一个非凸优化问题，我们利用 MATLAB 优化工具箱仅仅得到该问题的一个次优解。即便如此，仿真算例仍表明了在有扰动存在的情况下，鲁棒控制器相对于一般的控制器具有明显的优越性。

第 7 章　基于周期观测器的鲁棒镇定

7.1　引　　言

在近几年，线性离散周期系统作为连接 LTI 系统和时变系统的媒介而受到了广泛的关注。线性周期系统在从经济管理到生物学、控制学等许多领域内有着非常广泛的应用。因此，这类系统得到了学者们的广泛研究。这类系统的一个重要特性就是周期控制器可以用来解决时不变控制器力所不能及的问题。另外，已经被证明了周期控制器可以提高闭环系统的控制性能。

利用提升技术可以将线性离散周期系统转变为 LTI 系统，因此它也成为系统分析和设计的常用方法。如能观测性、能达性、可检取性和可稳定性等的结构性能可以相应地与提升 LTI 系统等价地分析。特别地，提升技术已经被应用于研究离散线性周期系统的零点、鲁棒稳定性、极点配置、状态反馈与输出反馈。

为了实现不同的控制目的，系统的状态可以被用来构造不同的控制律。但是在实践中，系统的状态并不是总能被量测到的。因此，不得不利用状态观测器来重构系统的状态。基于观测器的控制得到了广泛的应用，它不仅被用在线性系统中，同时也被用在非线性系统中。在线性离散周期控制领域，基于观测器的周期残差发生器经常被用于研究误差探测问题。但是在现存的文献中很少有关注线性离散周期系统观测器的鲁棒性能。这是非常轻率的，尤其当系统的矩阵数据存在扰动或不确定性时，这将影响观测结果的准确性。

拥有全维状态观测器和降阶状态观测器作为它的特殊例子，线性时不变系统的 Luengerger 函数观测器自从被提出以来，得到了广泛的研究。由于线性离散周期系统和线性时不变系统之间的紧密联系，周期全维状态观测器也被用于处理线性离散周期系统的故障诊断问题。但是，在线性离散周期系统的框架下，周期 Luenberger 函数观测器设计问题讨论的却很少。

众所周知，基于对观测器的控制器设计，在线性时不变系统中存在着分离原理。一个自然的疑问就是对于线性离散周期系统，是不是也存在相应的分离原理？

在本章，我们首先给出了周期鲁棒全维观测器设计算法，然后给出了周期 Luenberger 观测器设计算法，最后在分离原理的基础上给出了线性离散周期系统的基于观测器的控制器设计方案。

7.2　周期鲁棒全维观测器设计

7.2.1　问题提出

一般来说，线性离散周期系统由下面的状态空间表示：

$$\begin{cases} \boldsymbol{x}(t+1) = \boldsymbol{A}(t+1)\boldsymbol{x}(t) + \boldsymbol{B}(t)\boldsymbol{u}(t), \ \boldsymbol{x}(0) = \boldsymbol{x}_0 \\ \boldsymbol{y}(t) = \boldsymbol{C}(t)\boldsymbol{x}(t) \end{cases} \tag{7-1}$$

式中，$t \in \mathbf{Z}$; $\boldsymbol{x}(t) \in \mathbf{R}^n$, $\boldsymbol{u}(t) \in \mathbf{R}^r$ 和 $\boldsymbol{y}(t) \in \mathbf{R}^p$ 分别是系统的状态向量、输入向量和输出向量；$\boldsymbol{A}(t) \in \mathbf{R}^{n\times n}$, $\boldsymbol{B}(t) \in \mathbf{R}^{n\times r}$ 和 $\boldsymbol{C}(t) \in \mathbf{R}^{p\times n}$ 是具有周期性质的矩阵，且以 T 为周期：

$$\boldsymbol{A}(t+T) = \boldsymbol{A}(t), \ \boldsymbol{B}(t+T) = \boldsymbol{B}(t), \ \boldsymbol{C}(t+T) = \boldsymbol{C}(t)$$

系统(7-1)的提升 LTI 系统具有如下形式：

$$\begin{cases} \boldsymbol{x}^{\mathrm{L}}(t+1) = \boldsymbol{A}^{\mathrm{L}}\boldsymbol{x}^{\mathrm{L}}(t) + \boldsymbol{B}^{\mathrm{L}}\boldsymbol{u}^{\mathrm{L}}(t) \\ \boldsymbol{y}^{\mathrm{L}}(t) = \boldsymbol{C}^{\mathrm{L}}\boldsymbol{x}^{\mathrm{L}}(t) \end{cases} \tag{7-2}$$

式中，

$$\boldsymbol{A}^{\mathrm{L}} = \boldsymbol{A}(T-1)\cdots\boldsymbol{A}(0) \tag{7-3}$$

$$\boldsymbol{B}^{\mathrm{L}} = \begin{bmatrix} \boldsymbol{A}(T-1)\boldsymbol{A}(T-2)\cdots\boldsymbol{A}(1)\boldsymbol{B}(0) & \cdots & \boldsymbol{A}(T-1)\boldsymbol{B}(T-2) & \boldsymbol{B}(T-1) \end{bmatrix}$$

$$\boldsymbol{C}^{\mathrm{L}} = \begin{bmatrix} \boldsymbol{C}(0) \\ \boldsymbol{C}(1)\boldsymbol{A}(0) \\ \vdots \\ \boldsymbol{C}(T-1)\boldsymbol{A}(T-2)\cdots\boldsymbol{A}(0) \end{bmatrix} \tag{7-4}$$

$$\boldsymbol{x}^{\mathrm{L}}(t) = \boldsymbol{x}(tT)$$

$$\boldsymbol{u}^{\mathrm{L}} = \begin{bmatrix} \boldsymbol{u}^{\mathrm{T}}(tT) & \boldsymbol{u}^{\mathrm{T}}(tT+1) & \cdots & \boldsymbol{u}^{\mathrm{T}}(tT+T-1) \end{bmatrix}^{\mathrm{T}}$$

假设系统(7-1)的状态在实际应用中虽然因为硬性的一些限制不能被准确测量，但输出 $\boldsymbol{y}(t)$ 和输入 $\boldsymbol{u}(t)$ 还是可供利用的。因此，我们需要构造如下这样一个系统来提供 $\boldsymbol{x}(t)$ 的渐近估计量：

$$\hat{\boldsymbol{x}}(t+1)=\boldsymbol{A}(t)\hat{\boldsymbol{x}}(t)+\boldsymbol{B}(t)\boldsymbol{u}(t)+\boldsymbol{L}(t)\big(\boldsymbol{C}(t)\hat{x}-\boldsymbol{y}(t)\big),\ \hat{\boldsymbol{x}}(0)=\hat{\boldsymbol{x}}_0 \tag{7-5}$$

式中，$\hat{\boldsymbol{x}}\in\mathbf{R}^n$ 和 $\boldsymbol{L}(t)\in\mathbf{R}^{n\times m}$，$t\in\mathbf{Z}$ 是周期为 T 的实矩阵。

将系统(7-1)和系统(7-5)结合，得到下述闭环系统：

$$\hat{\boldsymbol{x}}(t+1)=\big(\boldsymbol{A}(t)+\boldsymbol{L}(t)\boldsymbol{C}(t)\big)\hat{\boldsymbol{x}}(t)-\boldsymbol{L}(t)\boldsymbol{C}(t)\hat{\boldsymbol{x}}(t)+\boldsymbol{B}(t)\boldsymbol{u}(t),\ \hat{\boldsymbol{x}}(0)=\hat{\boldsymbol{x}}_0 \tag{7-6}$$

显然，这也是一个以 T 为周期的线性系统，且它的单值性矩阵为

$$\boldsymbol{\varPsi}_{\mathrm{c}}=\boldsymbol{A}_{\mathrm{c}}(T-1)\boldsymbol{A}_{\mathrm{c}}(T-2)\cdots\boldsymbol{A}_{\mathrm{c}}(0)$$

式中，

$$\boldsymbol{A}_{\mathrm{c}}(i)=\boldsymbol{A}(i)+\boldsymbol{L}(i)\boldsymbol{C}(i),\ i\in\overline{0,T-1}$$

全维状态观测器(7-3)的存在条件如下。

命题 7.1 对于可观测系统(7-1)，存在矩阵 $\boldsymbol{L}(t)(t\in\overline{0,T-1})$ 使得系统(7-3)成为系统(7-1)的全维状态观测器的充分必要条件是闭环系统(7-4)的单值性矩阵 $\boldsymbol{\varPsi}_{\mathrm{c}}$ 的所有特征值都在开单位圆之内。

其证明略。

设 $\boldsymbol{\varGamma}=\left\{s_i,\ s_i\in\mathbf{C},\ i\in\overline{1,n}\right\}$ 为闭环系统(7-4)欲配置的极点集，且关于实轴对称。设 $\boldsymbol{F}\in\mathbf{R}^{n\times n}$ 为满足 $\lambda(\boldsymbol{F})=\boldsymbol{\varGamma}$ 的给定实矩阵。显而易见地，$\lambda(\boldsymbol{\varPsi}_{\mathrm{c}})=\boldsymbol{\varGamma}$ 的充分必要条件是存在非奇异矩阵 $\boldsymbol{V}$ 使得

$$\boldsymbol{\varPsi}_{\mathrm{c}}\boldsymbol{V}=\boldsymbol{V}\boldsymbol{F} \tag{7-7}$$

则系统(7-1)的状态观测器设计问题可以如下表述。

问题 7.1 给定一个完全能测的离散线性周期系统(7-1)和矩阵 $\boldsymbol{F}\in\mathbf{R}^{n\times n}$，找到矩阵 $\boldsymbol{L}(t)\in\mathbf{R}^{n\times m}(t\in\overline{0,T-1})$，使得对于非奇异矩阵 $\boldsymbol{V}\in\mathbf{R}^{n\times n}$，式(7-7)成立。

当系统矩阵 $\boldsymbol{A}(t)$ 和 $\boldsymbol{C}(t)$ 中存在参数化扰动时，闭环系统矩阵将脱离标称矩阵 $\boldsymbol{A}_{\mathrm{c}}(t)$。不失普遍性地，我们假设闭环周期系统具有如下扰动：

$$\boldsymbol{A}(t)+\boldsymbol{L}(t)\boldsymbol{C}(t)\mapsto\boldsymbol{A}(t)+\boldsymbol{\varDelta}_{\mathrm{a},t}(\varepsilon)+\boldsymbol{L}(t)\big(\boldsymbol{C}(t)+\boldsymbol{\varDelta}_{\mathrm{c},t}(\varepsilon)\big),\ t\in\overline{0,T-1}$$

式中，$\boldsymbol{\varDelta}_{\mathrm{a},t}(\varepsilon)\in\mathbf{R}^{n\times n}$，$\boldsymbol{\varDelta}_{\mathrm{c},t}(\varepsilon)\in\mathbf{R}^{n\times n}\ (t\in\overline{0,T-1})$ 是满足

$$\lim_{\varepsilon\to0+}=\frac{\boldsymbol{\varDelta}_{\mathrm{a},t}(\varepsilon)}{\varepsilon}=\boldsymbol{\varDelta}_{\mathrm{a},t},\ \lim_{\varepsilon\to0+}=\frac{\boldsymbol{\varDelta}_{\mathrm{c},t}(\varepsilon)}{\varepsilon}=\boldsymbol{\varDelta}_{\mathrm{c},t}$$

的关于 ε 的矩阵。这里 $\boldsymbol{\varDelta}_{\mathrm{a},t}\in\mathbf{R}^{n\times n}$，$\boldsymbol{\varDelta}_{\mathrm{c},t}\in\mathbf{R}^{n\times n}\ (t\in\overline{0,T-1})$ 是恒定矩阵。则具有

该扰动的闭环系统的单值性矩阵为

$$\boldsymbol{\Psi}_{\mathrm{c}}(\varepsilon)=\left(\boldsymbol{A}_{\mathrm{c}}(T-1)+\boldsymbol{\varDelta}_{\mathrm{a},T-1}(\varepsilon)+\boldsymbol{L}(T-1)\boldsymbol{\varDelta}_{\mathrm{c},T-1}(\varepsilon)\right)\cdots\left(\boldsymbol{A}_{\mathrm{c}}(0)+\boldsymbol{\varDelta}_{\mathrm{a},0}(\varepsilon)+\boldsymbol{L}(0)\boldsymbol{\varDelta}_{\mathrm{c},0}(\varepsilon)\right)$$

系统(7-1)的鲁棒观测器设计问题可以如下描述。

问题 7.2　给定一个完全能测的离散线性周期系统(7-1)和矩阵 $\boldsymbol{F}\in\mathbf{R}^{n\times n}$，找到实矩阵 $\boldsymbol{L}(t)\in\mathbf{R}^{n\times m}$（$t\in\overline{0,T-1}$），使得下述条件成立。

(1) 矩阵 $\boldsymbol{\Psi}_{\mathrm{c}}$ 是非亏损的，且对于某些非奇异矩阵 $\boldsymbol{V}\in\mathbf{R}^{n\times n}$，式(7-7)成立。

(2) 当 $\varepsilon=0$ 时，矩阵 $\boldsymbol{\Psi}_{\mathrm{c}}(\varepsilon)$ 的所有特征值都对 ε 的小变化尽可能地不敏感。

本节末尾，我们将介绍关于多项式矩阵对的互质概念。

定义 7.1　多项式矩阵对 $\boldsymbol{N}(s)\in\mathbf{R}^{n\times r}(s)$ 和 $\boldsymbol{D}(s)\in\mathbf{R}^{r\times r}(s)$ 是右互质的，当且仅当

$$\operatorname{rank}\begin{bmatrix}\boldsymbol{N}(\lambda)\\ \boldsymbol{D}(\lambda)\end{bmatrix}=r$$

对于任意的 $\lambda\in\mathbf{C}$。

多项式矩阵对 $\boldsymbol{H}(s)\in\mathbf{R}^{m\times n}(s)$ 和 $\boldsymbol{L}(s)\in\mathbf{R}^{m\times m}(s)$ 是左互质的，当且仅当

$$\operatorname{rank}\begin{bmatrix}\boldsymbol{H}(\lambda) & \boldsymbol{L}(\lambda)\end{bmatrix}=m$$

对于任意的 $\lambda\in\mathbf{C}$。

7.2.2　主要结果

设 $\boldsymbol{A}^{\mathrm{LT}}$ 和 $\boldsymbol{C}^{\mathrm{LT}}$ 为周期矩阵对 $\left(\boldsymbol{A}^{\mathrm{T}}(\cdot),\boldsymbol{C}^{\mathrm{T}}(\cdot)\right)$ 所对应提升系统的提升系统矩阵。引入如下多项式矩阵因式分解：

$$\left(z\boldsymbol{I}-\boldsymbol{A}^{\mathrm{LT}}\right)^{-1}\boldsymbol{C}^{\mathrm{LT}}=\boldsymbol{N}(z)\boldsymbol{D}^{-1}(z) \tag{7-8}$$

式中，$\boldsymbol{N}(z)\in\mathbf{R}^{n\times Tm},\boldsymbol{D}(z)\in\mathbf{R}^{Tm\times Tm}$ 是关于 z 的右互质多项式矩阵。如果我们把 $\boldsymbol{N}(z)$ 和 $\boldsymbol{D}(z)$ 表示为如下形式：

$$\boldsymbol{N}(z)=\left[n_{ij}(z)\right]_{n\times Tm},\ \boldsymbol{D}(z)=\left[d_{ij}(z)\right]_{Tm\times Tm},\ \omega=\max\left\{\omega_1,\omega_2\right\}$$

式中，

$$\omega_1 = \max_{i,j\in\overline{1,Tm}}\left\{\deg(d_{ij}(z))\right\},\ \omega_2 = \max_{i\in\overline{1,n},j=\overline{1,Tm}}\left\{\deg(n_{ij}(z))\right\}。$$

这样，$\boldsymbol{N}(z)$ 和 $\boldsymbol{D}(z)$ 就可以被写成：

$$\begin{cases}\boldsymbol{N}(z)=\sum_{i=0}^{\omega}\boldsymbol{N}_i z^i,\ \boldsymbol{N}_i\in\mathbf{C}^{n\times Tm}\\ \boldsymbol{D}(z)=\sum_{i=0}^{\omega}\boldsymbol{D}_i z^i,\ \boldsymbol{D}_i\in\mathbf{C}^{Tm\times Tm}\end{cases} \tag{7-9}$$

令

$$\begin{cases}\boldsymbol{V}(\boldsymbol{Z})=\boldsymbol{N}_0\boldsymbol{Z}+\boldsymbol{N}_1\boldsymbol{Z}\boldsymbol{F}+\cdots+\boldsymbol{N}_\omega\boldsymbol{Z}\boldsymbol{F}^\omega\\ \boldsymbol{W}(\boldsymbol{Z})=\boldsymbol{D}_0\boldsymbol{Z}+\boldsymbol{D}_1\boldsymbol{Z}\boldsymbol{F}+\cdots+\boldsymbol{D}_\omega\boldsymbol{Z}\boldsymbol{F}^\omega\end{cases} \tag{7-10}$$

和

$$\boldsymbol{\Omega}=\left\{\boldsymbol{Z}\ \middle|\ \det\left(\sum_{i=0}^{\omega}\boldsymbol{N}^i\boldsymbol{Z}\boldsymbol{F}^i\right)\neq 0\right\} \tag{7-11}$$

其中 $\boldsymbol{Z}\in\mathbf{R}^{Tm\times n}$ 是一个随机参数矩阵。

设

$$\boldsymbol{X}(\boldsymbol{Z})=\boldsymbol{W}(\boldsymbol{Z})\boldsymbol{V}^{-1}(\boldsymbol{Z})\triangleq\begin{bmatrix}\boldsymbol{x}_0^{\mathrm{T}} & \boldsymbol{x}_1^{\mathrm{T}} & \cdots & \boldsymbol{x}_{T-1}^{\mathrm{T}}\end{bmatrix}^{\mathrm{T}},\ \boldsymbol{Z}\in\boldsymbol{\Omega} \tag{7-12}$$

则我们有如下定理。

定理 7.1　设周期矩阵对 $(\boldsymbol{A}(\cdot),\boldsymbol{C}(\cdot))$ 为系统 (7-1) 的系统矩阵，$\boldsymbol{V}(\boldsymbol{Z})$，$\boldsymbol{W}(\boldsymbol{Z})$ 由式 (7-10) 给定，$\boldsymbol{X}_i(i\in\overline{0,T-1})$ 由式 (7-12) 给定。则问题 7.1 的完全解可由式 (7-13) 给出：

$$\mathfrak{L}=\left\{\begin{matrix}\boldsymbol{L}(0)\\ \boldsymbol{L}(1)\\ \vdots\\ \boldsymbol{L}(T-1)\end{matrix}\ \middle|\ \begin{cases}\boldsymbol{X}(\boldsymbol{Z})=\boldsymbol{W}(\boldsymbol{Z})\boldsymbol{V}^{-1}(\boldsymbol{Z}),\boldsymbol{Z}\in\boldsymbol{\Omega}\\ \boldsymbol{L}(0)=[\boldsymbol{X}_1]^{\mathrm{T}},\det(\boldsymbol{A}_{\mathrm{c}}(t))\neq 0\\ \boldsymbol{L}(t)=\left[\boldsymbol{X}_{t+1}\prod_{j=0}^{i-1}\boldsymbol{A}_{\mathrm{c}}^{-1}(j)\right]^{\mathrm{T}},\det(\boldsymbol{A}_{\mathrm{c}}(t))\neq 0,t\in\overline{1,T-1}\end{cases}\right\} \tag{7-13}$$

证明　由于矩阵$\boldsymbol{\Psi}_{\mathrm{c}}$和$\boldsymbol{\Psi}_{\mathrm{c}}^{\mathrm{T}}$具有相同的特征值，则问题 7.1 就可以被转变为找到矩阵$\boldsymbol{L}^{\mathrm{T}}(t)$，使得

$$\boldsymbol{\Psi}_{\mathrm{c}}^{\mathrm{T}}=\left(\boldsymbol{A}^{\mathrm{T}}(0)+\boldsymbol{C}^{\mathrm{T}}(0)\boldsymbol{L}^{\mathrm{T}}(0)\right)\cdots\left(\boldsymbol{A}^{\mathrm{T}}(T-1)+\boldsymbol{C}^{\mathrm{T}}(T-1)\boldsymbol{L}^{\mathrm{T}}(T-1)\right)$$

有欲配置的极点。利用第 4 章极点配置中的定理，我们可以得出问题 7.1 的解为式(7-13)的形式。

在定理 7.1 的基础上，我们有如下解决问题 7.1 的算法。

算法 7.1　(参数化观测器设计)

(1) 设置闭环系统(7-6)的极点集$\left\{s_i, s_i\in\mathbf{C}, i\in\overline{1,n}\right\}$。

(2) 根据式(7-3)和式(7-4)计算$\boldsymbol{A}^{\mathrm{LT}}$，$\boldsymbol{C}^{\mathrm{LT}}$。

(3) 计算满足式(7-8)的右互质多项式矩阵$\boldsymbol{N}(z)$, $\boldsymbol{D}(z)$，并得出矩阵$\boldsymbol{N}_i$，$\boldsymbol{D}_i(i\in\overline{0,\omega})$。

(4) 根据式(7-10)计算$\boldsymbol{V}(z)$, $\boldsymbol{W}(z)$。

(5) 根据式(7-13)得出$\boldsymbol{L}(t)(t\in\overline{0,T-1})$。

由于以上算法可以得出众多特解，故可以很方便地利用自由参数$\boldsymbol{Z}$和增益$\boldsymbol{L}(t)(t\in\overline{0,T-1})$及矩阵$\boldsymbol{V}$的附加条件来实现其他的系统性能表现。设计观测器的一个重要性能是对矩阵数据变化的不敏感性，因此线性周期系统的鲁棒观测器设计问题就是选择$\boldsymbol{L}(t)\in\mathbf{R}^{n\times m}(t\in\overline{0,T-1})$使得$\boldsymbol{\Psi}_{\mathrm{c}}$的特征值为规定值且其对闭环系统的扰动尽可能地不敏感。那么，现在的问题就是如何选取价值函数，也就是刻画极点对系统数据扰动的不敏感性的指标。为了达到这个目的，推导如下定理。

定理 7.2　设$\boldsymbol{\Psi}_{\mathrm{c}}=\boldsymbol{A}_{\mathrm{c}}(T-1)\boldsymbol{A}_{\mathrm{c}}(T-2)\cdots\boldsymbol{A}_{\mathrm{c}}(0)\in\mathbf{R}^{n\times n}$为可对角化矩阵，$\boldsymbol{V}\in\mathbf{C}^{n\times n}$为非奇异矩阵，使得$\boldsymbol{\Psi}_{\mathrm{c}}=\boldsymbol{V}^{-1}\boldsymbol{\Lambda}\boldsymbol{V}\in\mathbf{R}^{n\times n}$，其中$\boldsymbol{\Lambda}=\mathrm{diag}\left\{\lambda_1,\lambda_2,\cdots,\lambda_n\right\}$为矩阵$\boldsymbol{\Psi}_{\mathrm{c}}$的约当标准型。假设对实数$\varepsilon>0(t\in\overline{0,T-1})$，有

$$\lim_{\varepsilon\to0+}\frac{\boldsymbol{\Delta}_{\mathrm{a},t}(\varepsilon)}{\varepsilon}=\boldsymbol{\Delta}_{\mathrm{a},t}，\lim_{\varepsilon\to0+}\frac{\boldsymbol{\Delta}_{\mathrm{c},t}(\varepsilon)}{\varepsilon}=\boldsymbol{\Delta}_{\mathrm{c},t} \tag{7-14}$$

式中，$\boldsymbol{\Delta}_{\mathrm{a},t}\in\mathbf{R}^{n\times n},\boldsymbol{\Delta}_{\mathrm{a},t}\in\mathbf{R}^{m\times n}(t\in\overline{0,T-1})$是恒定矩阵。则对于矩阵

$\boldsymbol{\Psi}_{\mathrm{c}}(\varepsilon)=\left(\boldsymbol{A}_{\mathrm{c}}(T-1)+\boldsymbol{\Delta}_{\mathrm{a},T-1}(\varepsilon)+\boldsymbol{L}(T-1)\boldsymbol{\Delta}_{\mathrm{c},T-1}(\varepsilon)\right)\cdots\left(\boldsymbol{A}_{\mathrm{c}}(0)+\boldsymbol{\Delta}_{\mathrm{a},0}(\varepsilon)+\boldsymbol{L}(0)\boldsymbol{\Delta}_{\mathrm{c},0}(\varepsilon)\right)$

的任意特征值λ，有如下关系成立：

$$\min_j\left\{\left|\lambda_j-\lambda\right|\right\}\leqslant\varepsilon n\kappa_{\mathrm F}(V)\left(\sum_{t=0}^{T-1}\left\|\boldsymbol A_{\mathrm c}(t)\right\|_{\mathrm F}^{T-1}\right)\left(1+\sum_{t=0}^{T-1}\left\|\boldsymbol L(t)\right\|_{\mathrm F}\right)\\ \times\max_t\left\{\left\|\boldsymbol\varDelta_{\mathrm a,t}\right\|_{\mathrm F},\left\|\boldsymbol\varDelta_{\mathrm c,t}\right\|_{\mathrm F}\right\}+o(\varepsilon^2) \tag{7-15}$$

式中，$\kappa_{\mathrm F}(V)\triangleq\left\|\boldsymbol V^{-1}\right\|_{\mathrm F}\left\|\boldsymbol V\right\|_{\mathrm F}$ 是矩阵$\boldsymbol V$的F-范数条件数。

证明　由于λ是矩阵$\boldsymbol\varPsi_{\mathrm c}(\varepsilon)$的一个特征值，则有

$$\begin{aligned}0&=\det\left(\boldsymbol V^{-1}\left(\boldsymbol\varPsi_{\mathrm c}(\varepsilon)-\lambda\boldsymbol I\right)\boldsymbol V\right)\\&=\det\left(\boldsymbol V^{-1}\left(\boldsymbol\varPsi_{\mathrm c}-\lambda\boldsymbol I+\boldsymbol\varPi\right)\boldsymbol V\right)\\&=\det\left(\boldsymbol\varLambda-\lambda\boldsymbol I+\boldsymbol V^{-1}\boldsymbol\varPi\boldsymbol V\right)\end{aligned} \tag{7-16}$$

式中，

$$\begin{aligned}\boldsymbol\varPi=&\left(\boldsymbol\varDelta_{\mathrm a,T-1}(\varepsilon)+\boldsymbol L(T-1)\boldsymbol\varDelta_{\mathrm c,T-1}(\varepsilon)\right)\prod_{t=T-2}^{0}\boldsymbol A_{\mathrm c}(t)\\&+\boldsymbol A_{\mathrm c}(T-1)\left(\boldsymbol\varDelta_{\mathrm a,T-2}(\varepsilon)+\boldsymbol L(T-2)\boldsymbol\varDelta_{\mathrm c,T-2}(\varepsilon)\right)\prod_{t=T-3}^{0}\boldsymbol A_{\mathrm c}(t)\\&+\cdots+\left(\prod_{t=T-1}^{1}\boldsymbol A_{\mathrm c}(t)\right)\left(\boldsymbol\varDelta_{\mathrm a,0}(\varepsilon)+\boldsymbol L(0)\boldsymbol\varDelta_{\mathrm c,0}(\varepsilon)\right)+o(\varepsilon^2)\end{aligned}$$

若矩阵$\boldsymbol\varLambda-\lambda\boldsymbol I$是奇异的，则显然存在$j$满足$\lambda=\lambda_j$，使得关系(7-13)成立。若矩阵$\boldsymbol\varLambda-\lambda\boldsymbol I$是非奇异的，则根据(7-16)有

$$0=\det\left(\left(\boldsymbol\varLambda-\lambda\boldsymbol I\right)\left(\boldsymbol I+\left(\boldsymbol\varLambda-\lambda\boldsymbol I\right)^{-1}\boldsymbol V^{-1}\boldsymbol\varPi\boldsymbol V\right)\right)$$

这就意味着矩阵$\boldsymbol I+\left(\boldsymbol\varLambda-\lambda\boldsymbol I\right)^{-1}\boldsymbol V^{-1}\boldsymbol\varPi\boldsymbol V$必定是奇异的。因此，有

$$\left\|\left(\boldsymbol\varLambda-\lambda\boldsymbol I\right)^{-1}\boldsymbol V^{-1}\boldsymbol\varPi\boldsymbol V\right\|_{\mathrm F}\geqslant1$$

进一步推断：

$$\begin{aligned}1&\leqslant\left\|\left(\boldsymbol\varLambda-\lambda\boldsymbol I\right)^{-1}\boldsymbol V^{-1}\boldsymbol\varPi\boldsymbol V\right\|_{\mathrm F}\\&\leqslant\left\|\left(\boldsymbol\varLambda-\lambda\boldsymbol I\right)^{-1}\right\|_{\mathrm F}\left\|\boldsymbol V^{-1}\boldsymbol\varPi\boldsymbol V\right\|_{\mathrm F}\\&\leqslant n\max_j\left\{\left|\lambda_j-\lambda\right|^{-1}\right\}\kappa_{\mathrm F}(\boldsymbol V)\left\|\boldsymbol\varPi\right\|_{\mathrm F}\end{aligned}$$

等价地，

$$\min_{j}\left\{\left|\lambda_j-\lambda\right|\right\}\leqslant n\kappa_{\mathrm{F}}(\boldsymbol{V})\left\|\boldsymbol{\varPi}\right\|_{\mathrm{F}} \tag{7-17}$$

记

$$\begin{aligned}\left\|\boldsymbol{\varPi}\right\|_{\mathrm{F}}=&\left\|\left(\boldsymbol{\varDelta}_{\mathrm{a},T-1}(\varepsilon)+\boldsymbol{L}(T-1)\boldsymbol{\varDelta}_{\mathrm{c},T-1}(\varepsilon)\right)\prod_{t=T-2}^{0}\boldsymbol{A}_{\mathrm{c}}(t)\right.\\&+\boldsymbol{A}_{\mathrm{c}}(T-1)\left(\boldsymbol{\varDelta}_{\mathrm{a},T-2}(\varepsilon)+\boldsymbol{L}(T-2)\boldsymbol{\varDelta}_{\mathrm{c},T-2}(\varepsilon)\right)\prod_{t=T-3}^{0}\boldsymbol{A}_{\mathrm{c}}(t)\\&\left.+\cdots+\left(\prod_{t=T-1}^{1}\boldsymbol{A}_{\mathrm{c}}(t)\right)\left(\boldsymbol{\varDelta}_{\mathrm{a},0}(\varepsilon)+\boldsymbol{L}(0)\boldsymbol{\varDelta}_{\mathrm{c},0}(\varepsilon)\right)\right\|_{\mathrm{F}}\\\leqslant&\,\varepsilon\left(\prod_{t=T-1,t\neq T-1}^{0}\left\|\boldsymbol{A}_{\mathrm{c}}(t)\right\|_{\mathrm{F}}+\prod_{t=T-1,t\neq T-2}^{0}\left\|\boldsymbol{A}_{\mathrm{c}}(t)\right\|_{\mathrm{F}}\right.\\&\left.+\cdots+\prod_{t=T-1,t\neq 0}^{0}\left\|\boldsymbol{A}_{\mathrm{c}}(t)\right\|_{\mathrm{F}}\right)\max_{t}\left\{\left\|\boldsymbol{\varDelta}_{\mathrm{a},0}\right\|_{\mathrm{F}}+\left\|\boldsymbol{L}(t)\right\|_{\mathrm{F}}\left\|\boldsymbol{\varDelta}_{\mathrm{c},t}\right\|_{\mathrm{F}}\right\}+o(\varepsilon^2)\end{aligned}$$

另外，依照不等式：

$$\prod_{i=1}^{n}a_i\leqslant\tfrac{1}{n}\sum_{i=1}^{n}a_i^n,\ a_i\geqslant 0$$

有如下系列不等式成立：

$$\begin{aligned}\prod_{t=T-1,t\neq T-1}^{0}\left\|\boldsymbol{A}_{\mathrm{c}}(t)\right\|_{\mathrm{F}}&\leqslant\tfrac{1}{T-1}\sum_{t=0,t\neq T-1}^{T-1}\left\|\boldsymbol{A}_{\mathrm{c}}(t)\right\|_{\mathrm{F}}^{T-1}\\\prod_{t=T-1,t\neq T-2}^{0}\left\|\boldsymbol{A}_{\mathrm{c}}(t)\right\|_{\mathrm{F}}&\leqslant\tfrac{1}{T-1}\sum_{t=0,t\neq T-2}^{T-1}\left\|\boldsymbol{A}_{\mathrm{c}}(t)\right\|_{\mathrm{F}}^{T-1}\\&\vdots\\\prod_{t=T-1,t\neq 0}^{0}\left\|\boldsymbol{A}_{\mathrm{c}}(t)\right\|_{\mathrm{F}}&\leqslant\tfrac{1}{T-1}\sum_{t=0,t\neq 0}^{T-1}\left\|\boldsymbol{A}_{\mathrm{c}}(t)\right\|_{\mathrm{F}}^{T-1}\end{aligned}$$

因此，我们可以得到

$$\left\|\boldsymbol{\varPi}\right\|_{\mathrm{F}}\leqslant\frac{\varepsilon}{T-1}\left(\sum_{t=0,t\neq T-1}^{T-1}\left\|\boldsymbol{A}_{\mathrm{c}}(t)\right\|_{\mathrm{F}}^{T-1}+\sum_{t=0,t\neq T-2}^{T-1}\left\|\boldsymbol{A}_{\mathrm{c}}(t)\right\|_{\mathrm{F}}^{T-1}+\cdots\right.$$

$$+\sum_{t=0,t\neq 0}^{T-1}\left\|\boldsymbol{A}_{\mathrm{c}}(t)\right\|_{\mathrm{F}}^{T-1}\Bigg)\max_{t}\left\{\left\|\boldsymbol{\varDelta}_{\mathrm{a},0}\right\|_{\mathrm{F}}+\left\|\boldsymbol{L}(t)\right\|_{\mathrm{F}}\left\|\boldsymbol{\varDelta}_{\mathrm{c},t}\right\|_{\mathrm{F}}\right\}$$

$$=\varepsilon\left(\sum_{t=0}^{T-1}\left\|\boldsymbol{A}_{\mathrm{c}}(t)\right\|_{\mathrm{F}}^{T-1}\right)\max_{t}\left\{\left\|\boldsymbol{\varDelta}_{\mathrm{a},t}\right\|_{\mathrm{F}}+\left\|\boldsymbol{L}(t)\right\|_{\mathrm{F}}\left\|\boldsymbol{\varDelta}_{\mathrm{c},t}\right\|_{\mathrm{F}}\right\}+o(\varepsilon^{2})$$

结合不等式(7-17)，我们有

$$\begin{aligned}\min_{j}\left\{\left|\lambda_{j}-\lambda\right|\right\}&\leqslant \varepsilon n\kappa_{\mathrm{F}}(\boldsymbol{V})\left(\sum_{t=0}^{T-1}\left\|\boldsymbol{A}_{\mathrm{c}}(t)\right\|_{\mathrm{F}}^{T-1}\right)\max_{t}\left\{\left\|\varDelta_{\mathrm{a},t}\right\|_{\mathrm{F}}+\left\|\boldsymbol{L}(t)\right\|_{\mathrm{F}}\left\|\varDelta_{\mathrm{c},t}\right\|_{\mathrm{F}}\right\}+o(\varepsilon^{2})\\&\leqslant \varepsilon n\kappa_{\mathrm{F}}(\boldsymbol{V})\left(\sum_{t=0}^{T-1}\left\|\boldsymbol{A}_{\mathrm{c}}(t)\right\|_{\mathrm{F}}^{T-1}\right)\left(1+\sum_{t=0}^{T-1}\left\|\boldsymbol{L}(t)\right\|_{\mathrm{F}}\right)\max_{t}\left\{\left\|\varDelta_{a,t}\right\|_{\mathrm{F}}+\left\|\varDelta_{\mathrm{c},t}\right\|_{\mathrm{F}}\right\}+o(\varepsilon^{2})\end{aligned}$$

则得证。

从定理 7.2 看来，带有系统矩阵扰动的系统(7-1)状态观测器的敏感度可以被如下指标估量：

$$J(\boldsymbol{Z})\triangleq\kappa_{\mathrm{F}}(\boldsymbol{V})\sum_{t=0}^{T-1}\left\|\boldsymbol{A}_{\mathrm{c}}(t)\right\|_{\mathrm{F}}^{T-1}\left(1+\sum_{t=0}^{T-1}\left\|\boldsymbol{L}(t)\right\|_{\mathrm{F}}\right)\tag{7-18}$$

至此，鲁棒观测器设计问题就可以被转变为静态优化问题。为解决问题 7.2，有如下算法。

算法 7.2　(鲁棒观测器设计)

(1) 设置闭环系统(7-6)的极点，令其落在开单位圆之内。

(2) 根据式(7-3)和式(7-4)计算 $\boldsymbol{A}^{\mathrm{LT}}$、$\boldsymbol{C}^{\mathrm{LT}}$。求解互质分解式(7-8)得到矩阵 $\boldsymbol{N}(z)$、$\boldsymbol{D}(z)$，并给出矩阵 $\boldsymbol{N}_i$、$\boldsymbol{D}_i(i\in\overline{0,T-1})$。

(3) 根据式(7-10)和式(7-13)构造矩阵 $\boldsymbol{V}$ 和 $\boldsymbol{L}(t)(t\in\overline{0,T-1})$ 的一般表达式。

(4) 利用梯度搜索法求解优化问题：

$$\text{Minimize } J(\boldsymbol{Z})$$

并记最优化矩阵为 $\boldsymbol{Z}_{\mathrm{opt}}$。

(5) 根据式(7-10)，利用最优化矩阵 $\boldsymbol{Z}_{\mathrm{opt}}$ 计算矩阵 $\boldsymbol{V}_{\mathrm{opt}}$ 和 $\boldsymbol{W}_{\mathrm{opt}}$。

(6) 根据式(7-13)计算矩阵 $\boldsymbol{L}_{\mathrm{opt}}(t\in\overline{0,T-1})$。

7.2.3　数值算例

例 7.1　设系统(7-1)的系统参数如下：

$$A_0=\begin{bmatrix}-4.5 & -1\\ 2.5 & 0.5\end{bmatrix},\ A_1=\begin{bmatrix}0 & 1\\ 1 & 2\end{bmatrix},\ A_2=\begin{bmatrix}0 & 2\\ 1 & 1\end{bmatrix}$$

$$B_0=B_1=B_2=\begin{bmatrix}1\\ 1\end{bmatrix}$$

$$C_0=\begin{bmatrix}2 & 1\end{bmatrix},C_1=\begin{bmatrix}-1 & 1\end{bmatrix},C_2=\begin{bmatrix}0 & 1\end{bmatrix}$$

这是一个振荡系统且易证它是完全可观测的。因此可以为它设计全维状态观测器。不失一般性地，把闭环系统(7-6)的极点设为–0.5 和 0.5。

通过对提升系统矩阵对的右互质分解，我们可以得到

$$N(s)=\begin{bmatrix}1 & 0 & 0\\ 0 & 1 & 0\end{bmatrix},\ D(s)=\begin{bmatrix}0 & 0 & 1\\ 0 & \frac{2}{3}s-\frac{1}{3} & -\frac{2}{3}\\ 2s-2 & -\frac{28}{3}s-\frac{4}{3} & \frac{16}{3}\end{bmatrix}$$

随机选择矩阵：

$$Z=\begin{bmatrix}-1 & 0.5\\ 2 & 3\\ -3 & 1\end{bmatrix}$$

则我们得到如下一组周期观测器增益：

$$L_{\text{rand}}(0)=\begin{bmatrix}2.1481\\ -1.2037\end{bmatrix},\ L_{\text{rand}}(1)=\begin{bmatrix}-15.5000\\ -5.0000\end{bmatrix},\ L_{\text{rand}}(2)=\begin{bmatrix}-1.8333\\ -4.0833\end{bmatrix}$$

利用算法 7.2 得到了如下鲁棒观测器收益：

$$L_{\text{robu}}(0)=\begin{bmatrix}1.7880\\ -1.0259\end{bmatrix},\ L_{\text{robu}}(1)=\begin{bmatrix}-0.6496\\ -0.0063\end{bmatrix},\ L_{\text{robu}}(2)=10^{-4}\times\begin{bmatrix}0.4673\\ 0.2320\end{bmatrix}$$

简便起见，记

$$L_{\text{rand}}=(L_{\text{rand}}(0),\ L_{\text{rand}}(1),\ L_{\text{rand}}(2)),\ L_{\text{robu}}=(L_{\text{robu}}(0),\ L_{\text{robu}}(1),\ L_{\text{robu}}(2))$$

当参考输入信号取 $v(t)=0.1\sin(t+\pi/2)$，系统(7-1)和观测器(7-5)的初始状态分别取为 $x_0=[-1\quad 1]^{\mathrm{T}}$，$\hat{x}_0=[0\quad 0]^{\mathrm{T}}$，图 7-1 展示了系统(7-1)和它的观测系统 (7-5) 在 L_{rand} 和 L_{robu} 作用下的状态轨迹。这里，实线表示 $x(t)$ 的轨迹，虚线表示 $\hat{x}(t)$ 的轨迹。在这张图中，两个观测器都能很好地追踪标称系统。

设闭环系统矩阵有如下扰动：

$$A(t)+L(t)C(t)\mapsto A(t)+\mu\Delta_{\mathrm{a},t}+L(t)(C(t)+\mu\Delta_{\mathrm{c},t}),\ t\in\overline{0,2}$$

式中，$\Delta_{\mathrm{a},t}\in\mathbf{R}^{2\times2},\Delta_{\mathrm{c},t}\in\mathbf{R}^{1\times2}(t\in\overline{0,2})$ 是标准化的随机扰动，即 $\|\Delta_{\mathrm{a},t}\|_{\mathrm{F}}=1,\|\Delta_{\mathrm{c},t}\|_{\mathrm{F}}=1(t\in\overline{0,2})$，$\mu>0$ 是控制扰动级别的参数。令 μ=0.01，图 7-2 是带有增益 L_{rand} 和 L_{robu} 的 $x(t)$ 和 $\hat{x}(t)$ 的响应图。显然，即便扰动等级降到 0.01，带有增益 L_{rand} 的观测器也不能追踪系统状态 $x(t)$。为了检测带有增益 L_{robu} 的观测器的鲁棒性，持续提高扰动等级直到 μ=0.25，图 7-3 给出了我们的结论。从仿真结果中我们可以看出，鲁棒设计观测器具有强抗干扰能力。另外，L_{robu} 增益与 L_{rand} 相比，L_{robu} 的范数要小得多，这也就是说鲁棒观测器具有更小的能耗，毕竟小增益总意味着小控制信号。

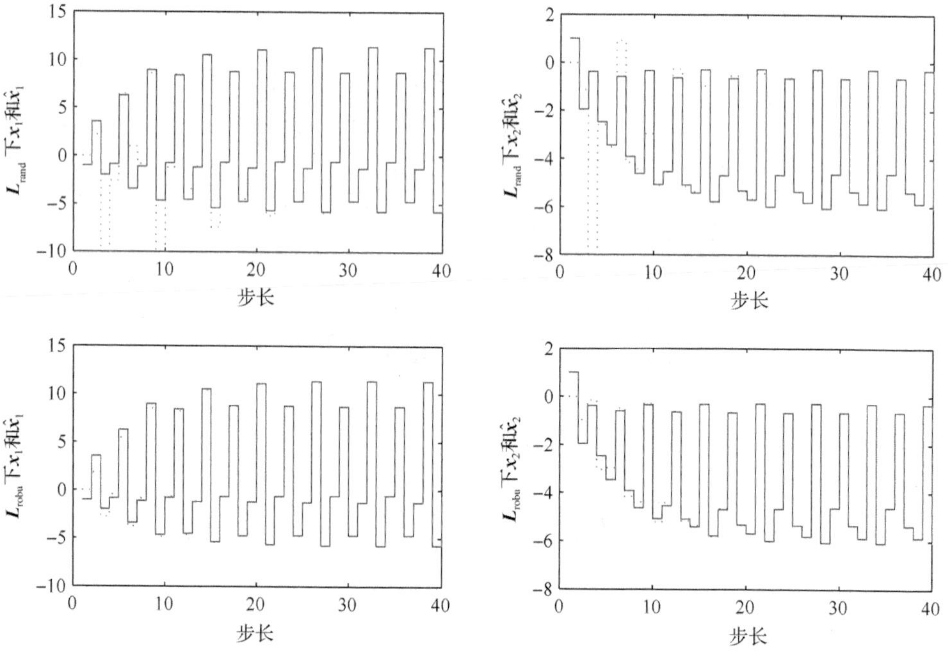

图 7-1　L_{rand} 与 L_{robu} 增益下标称系统的状态 $x(t)$ 和 $\hat{x}(t)$

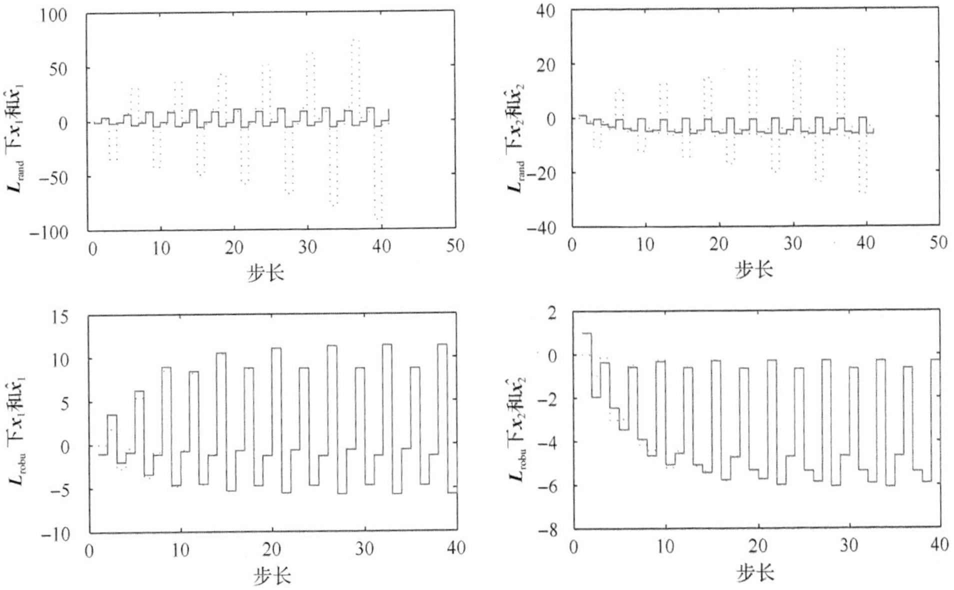

图 7-2　系统扰动等级为 0.01 时 $\boldsymbol{L}_{\text{rand}}$ 与 $\boldsymbol{L}_{\text{robu}}$ 系统的状态 $\boldsymbol{x}(t)$ 和 $\hat{\boldsymbol{x}}(t)$

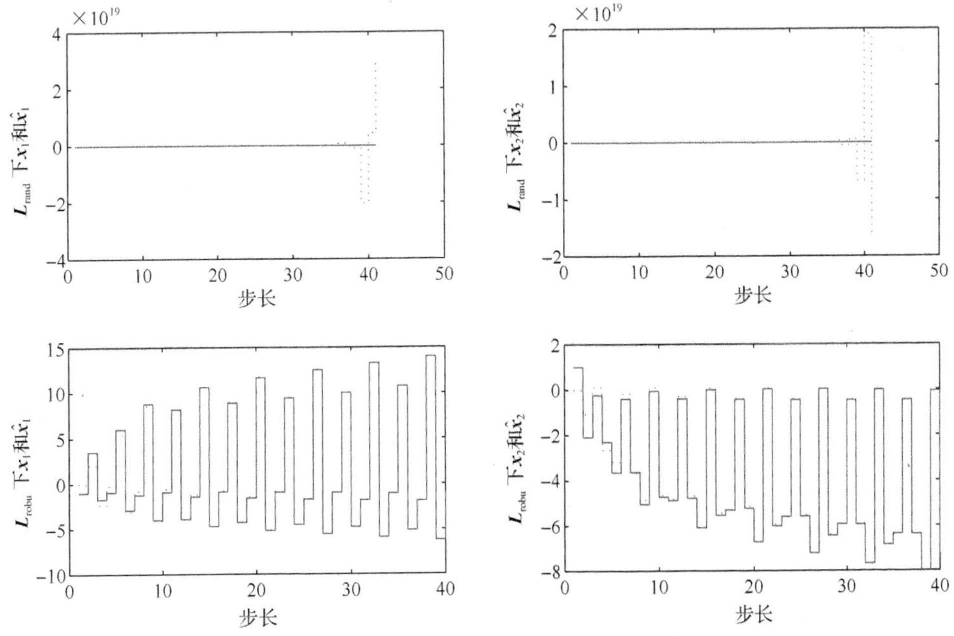

图 7-3　系统扰动等级为 0.25 时 $\boldsymbol{L}_{\text{rand}}$ 与 $\boldsymbol{L}_{\text{robu}}$ 系统的状态 $\boldsymbol{x}(t)$ 和 $\hat{\boldsymbol{x}}(t)$

由此可见，基于周期参数观测器设计和推导一个鲁棒性能指标，线性离散周期系统的鲁棒观测器设计问题就可以转化为求解优化问题。它也同时表明观测器的鲁棒性能与其闭环系统单值性矩阵的范数有关。

7.3 周期 Luenberger 观测器设计

7.3.1 准备工作

由于实践中往往存在这样那样的限制，系统的状态通常不能由硬件完全量测，但是在系统的控制过程中，我们有时候会用到状态组合 $\boldsymbol{Kx}(t)$ 的信息，其中，$\boldsymbol{K}\in\mathbf{R}^{r\times n}$ 是一个指定的矩阵。在这种情况下，需要构造一个系统，能够给出 $\boldsymbol{Kx}(t)$ 的渐近估计。这样的系统可以取为如下形式：

$$\begin{cases}\hat{\boldsymbol{x}}(t+1)=\boldsymbol{F}(t)\hat{\boldsymbol{x}}(t)+\boldsymbol{G}(t)\boldsymbol{y}(t)+\boldsymbol{H}(t)\boldsymbol{u}(t),\ \hat{\boldsymbol{x}}(0)=\hat{\boldsymbol{x}}_0\\ z(t)=\boldsymbol{M}(t)\hat{\boldsymbol{x}}(t)+\boldsymbol{N}(t)\boldsymbol{y}(t)\end{cases}\tag{7-19}$$

式中，$\hat{\boldsymbol{x}}\in\mathbf{R}^{p}$，矩阵 $\boldsymbol{F}(t)\in\mathbf{R}^{p\times p}$，$\boldsymbol{G}(t)\in\mathbf{R}^{p\times m}$，$\boldsymbol{H}(t)\in\mathbf{R}^{p\times r}$，$\boldsymbol{M}(t)\in\mathbf{R}^{r\times n}$，$\boldsymbol{N}(t)\in\mathbf{R}^{r\times m}$ 都是实矩阵，且以 T 为周期。其结构方框图如图 7-4 所示。

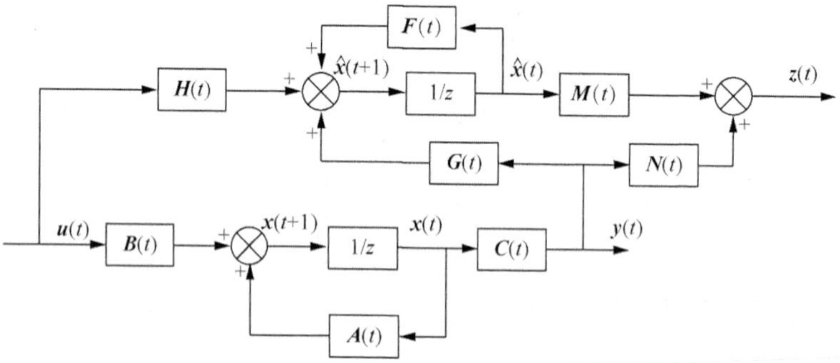

图 7-4　周期 Luenberger 观测器的结构图

定义 7.2　对于线性离散周期系统(7-1)和一个给定的实矩阵 $\boldsymbol{K}\in\mathbf{R}^{r\times n}$，称形如(7-19)的完全能观系统为线性离散周期系统(7-1)的一个 $\boldsymbol{Kx}$ Luenberger 函数观测器，如果关系

$$\lim_{t\to\infty}\left[z(t)-\boldsymbol{Kx}(t)\right]=0$$

对任意的初值 $\boldsymbol{x}_0,\hat{\boldsymbol{x}}_0$ 和任意的容许控制 $\boldsymbol{u}(t)$ 均成立。

7.3.2 Luenberger 观测器成立条件

根据 Luenberger 函数观测器的定义，我们可以推导出下面关于 Luenberger 观测器的成立条件的结论。

定理 7.3　对于线性离散周期系统(7-1)和一个给定的矩阵 $\boldsymbol{K} \in \mathbf{R}^{r \times n}$，完全能观系统(7-19)可以成为系统(7-1)的一个 $\boldsymbol{Kx}$ 函数观测器当且仅当下面的四个条件成立。

(1) 系统(7-19)的单值性矩阵是 $\boldsymbol{\Phi}_{\mathrm{F}}(T,0)$ 渐近稳定的。

(2) 存在适当维数的以 T 为周期的矩阵 $\boldsymbol{L}(t)$($t \in \overline{0,T-1}$)，使得

$$\boldsymbol{H}(t) = \boldsymbol{L}(t+1)\boldsymbol{B}(t), t \in \overline{0,T-1}$$

(3) 对于 $t \in \overline{0,T-1}$，有

$$\boldsymbol{F}(t)\boldsymbol{L}(t) - \boldsymbol{L}(t+1)\boldsymbol{A}(t) = -\boldsymbol{G}(t)\boldsymbol{C}(t) \tag{7-20}$$

(4) 对于 $t \in \overline{0,T-1}$,有

$$\boldsymbol{M}(t)\boldsymbol{L}(t) + \boldsymbol{N}(t)\boldsymbol{C}(t) = \boldsymbol{K} \tag{7-21}$$

证明　令

$$\boldsymbol{\varepsilon}(t) = \hat{\boldsymbol{x}}(t) - \boldsymbol{L}(t)\boldsymbol{x}(t),\ \boldsymbol{e}(t) = \boldsymbol{z}(t) - \boldsymbol{K}(t)\boldsymbol{x}(t)$$

联合系统(7-1)和式(7-19)，可以得到：

$$\begin{cases} \boldsymbol{\varepsilon}(t+1) = \boldsymbol{F}(t)\boldsymbol{\varepsilon}(t) + \big(\boldsymbol{F}(t)\boldsymbol{L}(t) + \boldsymbol{G}(t)\boldsymbol{C}(t) - \boldsymbol{L}(t+1)\boldsymbol{A}(T)\big)\boldsymbol{x}(t) \\ \qquad\qquad + \big(\boldsymbol{H}(t) - \boldsymbol{L}(t+1)\boldsymbol{B}(t)\big)\boldsymbol{u}(t) \\ \boldsymbol{e}(t) = \boldsymbol{M}(t)\boldsymbol{\varepsilon}(t) + \big(\boldsymbol{M}(t)\boldsymbol{L}(t) + \boldsymbol{N}(t)\boldsymbol{C}(t) - \boldsymbol{K}\big)\boldsymbol{x}(t) \end{cases} \tag{7-22}$$

这同样是一个周期系统，且以 T 为周期。

接下来，我们只需要验证对任意的初始状态 $\boldsymbol{x}(0)$、$\hat{\boldsymbol{x}}(0)$ 和任意的输入 $\boldsymbol{u}(t)$，关系：

$$\lim_{t \to \infty} \boldsymbol{e}(t) = 0 \tag{7-23}$$

成立当且仅当定理中的四个条件成立。

(充分性) 如果定理中的四个条件成立，根据第(2)、(3)、(4)个条件，系统(7-22)可以化简为如下系统：

$$\begin{cases}\boldsymbol{\varepsilon}(t+1)=\boldsymbol{F}(t)\boldsymbol{\varepsilon}(t)\\ \boldsymbol{e}(t)=\boldsymbol{M}(t)\boldsymbol{\varepsilon}(t)\end{cases}$$

由单值性矩阵 $\boldsymbol{\Phi}_F(T,0)$ 是渐近稳定的可知，上面的系统是一个渐近稳定的系统。因此对任意的输入和初始状态，都有关系(7-23)成立。

(必要性)注意到

$$\boldsymbol{e}(t)=\boldsymbol{z}(t)-\boldsymbol{K}\boldsymbol{x}(t)=\boldsymbol{M}(t)\hat{\boldsymbol{x}}(t)+\boldsymbol{D}_{t0}\boldsymbol{x}(t),\ \boldsymbol{D}_{t0}=\boldsymbol{N}_t\boldsymbol{C}_t-\boldsymbol{K}$$

当 $\boldsymbol{u}=0$ 时，我们有

$$\begin{aligned}\boldsymbol{e}(t+1)&=\boldsymbol{M}(t+1)\boldsymbol{F}(t)\hat{\boldsymbol{x}}(t)+\boldsymbol{D}_{t1}\boldsymbol{x}(t)\\ \boldsymbol{e}(t+2)&=\boldsymbol{M}(t+2)\boldsymbol{F}(t+1)\hat{\boldsymbol{x}}(t)+\boldsymbol{D}_{t2}\boldsymbol{x}(t)\\ &\vdots\\ \boldsymbol{e}(t+p-1)&=\boldsymbol{M}(t+p-1)\boldsymbol{F}(t+p-2)\hat{\boldsymbol{x}}(t)\cdots\boldsymbol{F}(t)\hat{\boldsymbol{x}}(t)+\boldsymbol{D}_{t,p-1}\boldsymbol{x}(t)\end{aligned}$$

式中，$\boldsymbol{D}_{ti}(i\in\overline{0,p-1})$ 是由矩阵 $\boldsymbol{K}$ 和系统(7-1)，式(7-19)的系数矩阵共同决定的矩阵，此处不详细给出。

记

$$\boldsymbol{R}_t=\begin{bmatrix}\boldsymbol{M}(t)\\ \boldsymbol{M}(t+1)\boldsymbol{F}(t)\\ \vdots\\ \boldsymbol{M}(t+p-1)\boldsymbol{F}(t+p-2)\cdots\boldsymbol{F}(t)\end{bmatrix},\ \boldsymbol{D}_t=\begin{bmatrix}\boldsymbol{D}_{t0}\\ \boldsymbol{D}_{t1}\\ \vdots\\ \boldsymbol{D}_{t,p-1}\end{bmatrix}$$

则由上面推导可以得到

$$\begin{bmatrix}\boldsymbol{e}^{\mathrm{T}}(t) & \boldsymbol{e}^{\mathrm{T}}(t+1) & \cdots & \boldsymbol{e}^{\mathrm{T}}(t+p-1)\end{bmatrix}^{\mathrm{T}}=\boldsymbol{R}_t\hat{\boldsymbol{x}}(t)+\boldsymbol{D}_t\boldsymbol{x}(t)$$

由系统(7-19)是完全可观测的，根据文献[42]的定义可知矩阵 $\boldsymbol{R}_t$ 是列满秩的。令

$$\boldsymbol{L}(t)=-(\boldsymbol{R}_t^{\mathrm{T}}\boldsymbol{R}_t)^{-1}\boldsymbol{R}_t^{\mathrm{T}}\boldsymbol{D}_t$$

则有

$$\boldsymbol{\varepsilon}(t)=\hat{\boldsymbol{x}}(t)-\boldsymbol{L}(t)\boldsymbol{x}(t)=(\boldsymbol{R}_t^{\mathrm{T}}\boldsymbol{R}_t)^{-1}\boldsymbol{R}_t^{\mathrm{T}}\begin{bmatrix}\boldsymbol{e}^{\mathrm{T}}(t) & \boldsymbol{e}^{\mathrm{T}}(t+1) & \cdots & \boldsymbol{e}^{\mathrm{T}}(t+p-1)\end{bmatrix}^{\mathrm{T}}$$

注意到对任意的初始状态和输入，都有

$$e(t+i)\to 0,(t\to 0), i=0,1,2,\cdots$$

可以得到

$$\lim_{t\to\infty}\varepsilon(t)=0 \tag{7-24}$$

结合式(7-23)，式(7-24)和系统(7-22)的输出方程，可以得到

$$\lim_{t\to\infty}\left(\boldsymbol{M}(t)\boldsymbol{L}(t)+\boldsymbol{N}(t)\boldsymbol{C}(t)-\boldsymbol{K}\right)\boldsymbol{x}(t)=0$$

由状态向量 $\boldsymbol{x}(t)$ 的任意性(完全由初始状态 $\boldsymbol{x}(0)$ 和 $\boldsymbol{u}(t)$ 决定)，可知定理中的第(4)个条件成立。

考虑系统(7-22)。当 $\boldsymbol{u}(t)\equiv 0$ 且 $\boldsymbol{x}(0)=0$ 时，我们有

$$\boldsymbol{\varepsilon}(t+1)=\boldsymbol{F}(t)\boldsymbol{\varepsilon}(t) \tag{7-25}$$

由关系(7-23)可以推断上述系统是稳定的，也就是说定理的第(1)个条件成立。

假设定理中的第二个条件不成立，则可以取到一个发散的控制输入 $u(t)$ 使得 $\varepsilon(t)$ 发散，这与关系(7-24)相矛盾，因此第(2)个条件也成立。

假设定理中第(3)个条件不成立。由系统(7-1)的完全能达性可知，存在一个控制输入 $\boldsymbol{u}(t)$，使得 $\boldsymbol{x}(t)$ 发散，并进一步使得 $\boldsymbol{\varepsilon}(t)$ 也发散。这又一次与关系(7-24)矛盾。因此条件(3)成立。

综上所述，定理得证。

由定理 7.3 可以看出，系统(7-1)的 Luenberger 型观测器具有下面的状态空间表示：

$$\begin{cases}\hat{\boldsymbol{x}}(t+1)=\boldsymbol{F}(t)\hat{\boldsymbol{x}}(t)+\boldsymbol{G}(t)\boldsymbol{y}(t)+\boldsymbol{L}(t+1)\boldsymbol{B}(t)\boldsymbol{u}(t)\\ \boldsymbol{z}(t)=\boldsymbol{M}(t)\hat{\boldsymbol{x}}(t)+\boldsymbol{N}(t)\boldsymbol{y}(t)\end{cases} \tag{7-26}$$

式中，矩阵 $\boldsymbol{F}(t)(t\in\overline{0,T-1})$ 能使得 $\boldsymbol{\Phi}_F(T,0)$ 是稳定的；$\boldsymbol{G}(t)$、$\boldsymbol{L}(t)$、$\boldsymbol{M}(t)$、$\boldsymbol{N}(t)$ 是具有适当维数并满足关系(7-20)、关系(7-21)的矩阵。

7.3.3　Luenberger 观测器增益的参数化表示

由 7.3.2 节的分析可知，Luenberger 观测器设计问题可以转化为求解矩阵 $\boldsymbol{F}(t)$、$\boldsymbol{G}(t)$、$\boldsymbol{L}(t)$、$\boldsymbol{M}(t)$、$\boldsymbol{N}(t)$ 使得 $\boldsymbol{\Phi}_F(T,0)$ 是稳定的，且关系式(7-20)和式(7-21)成立。

矩阵 $\boldsymbol{F}(t)$ 的一般表示如下所示。

由于矩阵 $\boldsymbol{F}(t)$($t\in\overline{0,T-1}$) 被要求使得 $\boldsymbol{\Phi}_F(T,0)$ 稳定，一个简单的方法就是令

$$\boldsymbol{F}(1)=\boldsymbol{F}(1)=\cdots=\boldsymbol{F}(t-1)=\boldsymbol{I}_p \tag{7-27}$$

且让 $\boldsymbol{F}(0)$ 的所有特征值位于单位圆内。

矩阵 $\boldsymbol{L}(t)$ 和 $\boldsymbol{G}(t)$ 的参数化表示如下所示。

将方程(7-20)两边分别取转置，可以得到：

$$\boldsymbol{A}^{\mathrm{T}}(t)\boldsymbol{L}^{\mathrm{T}}(t+1)-\boldsymbol{L}^{\mathrm{T}}(t)\boldsymbol{F}^{\mathrm{T}}(t)=\boldsymbol{C}^{\mathrm{T}}(t)\boldsymbol{G}^{\mathrm{T}}(t)$$

显然这是一组逆向离散周期 Sylvester 矩阵方程，我们可以直接给出结果。

记

$$\boldsymbol{\Theta}=\begin{bmatrix}\boldsymbol{C}^{\mathrm{T}}(0) & \boldsymbol{\Psi}_{A^{\mathrm{T}}}(0,1)\boldsymbol{C}^{\mathrm{T}}(1) & \cdots & \boldsymbol{\Psi}_{A^{\mathrm{T}}}(0,T-1)\boldsymbol{C}^{\mathrm{T}}(T-1)\end{bmatrix}$$

令 $\boldsymbol{N}(s)=\left[n_{ij}(s)\right]_{n\times Tr}$ 和 $\boldsymbol{D}(s)=\left[d_{ij}\right]_{Tr\times Tr}$ 是满足

$$\left(\boldsymbol{\Psi}_{A^{\mathrm{T}}}(0,T)-s\boldsymbol{I}\right)^{-1}\boldsymbol{\Theta}=\boldsymbol{N}(s)\boldsymbol{D}^{-1}(s) \tag{7-28}$$

的右互质多项式矩阵。

记

$$\begin{aligned}\omega_1&=\max(\deg(d_{ij}(s)),i,j=1,2,\cdots,Tr)\\ \omega_2&=\max(\deg(n_{ij}(s)),i=1,2,\cdots,n,\ j=1,2,\cdots,Tr)\\ \omega&=\max(\omega_1,\omega_2)\end{aligned}$$

则 $\boldsymbol{N}(s)$ 和 $\boldsymbol{D}(s)$ 可以重新表达为如下形式：

$$\boldsymbol{N}_f(s)=\sum_{i=0}^{\omega}\boldsymbol{N}_i s^i,\boldsymbol{N}_i\in\mathbf{R}^{n\times Tr} \tag{7-29}$$

$$\boldsymbol{D}_f(s)=\sum_{i=0}^{\omega}\boldsymbol{D}_i s^i,\boldsymbol{D}_i\in\mathbf{R}^{Tr\times Tr}$$

根据定理(3.8)，$\boldsymbol{G}(t)$、$\boldsymbol{L}(t)$ $(t\in\overline{0,T-1})$ 的参数化解集为

$$\begin{bmatrix}\boldsymbol{G}^{\mathrm{T}}(0) & \boldsymbol{G}^{\mathrm{T}}(1) & \cdots & \boldsymbol{G}^{\mathrm{T}}(T-1)\end{bmatrix}^{\mathrm{T}}=\boldsymbol{D}_0\boldsymbol{Z}+\boldsymbol{D}_1\boldsymbol{Z}\boldsymbol{F}(0)+\cdots+\boldsymbol{D}_{\omega}\boldsymbol{Z}\boldsymbol{F}^{\omega}(0) \tag{7-30}$$

$$\boldsymbol{L}(0)=\left(\boldsymbol{N}_0\boldsymbol{Z}+\boldsymbol{N}_1\boldsymbol{Z}\boldsymbol{F}(0)+\cdots+\boldsymbol{N}_{\omega}\boldsymbol{Z}\boldsymbol{F}^{\omega}(0)\right)^{\mathrm{T}}$$

$$L(i) = \left(A^{\mathrm{T}}(i)L^{\mathrm{T}}(i+1) - C^{\mathrm{T}}(i)G^{\mathrm{T}}(i)\right)^{\mathrm{T}}, i \in \overline{T-1,1}$$

式中，$Z \in \mathbf{R}^{Tr\times n}$ 是一个任意实矩阵。

矩阵 $M(t)$ 和 $N(t)$ 的表示如下所示。

方程(7-21)可以重新写为

$$\begin{bmatrix} M(t) & N(t) \end{bmatrix}\begin{bmatrix} L(t) \\ C(t) \end{bmatrix} = K \tag{7-31}$$

由线性代数理论，方程(5-47)的解 $M(t)$, $N(t)$ 存在，当且仅当矩阵 $L(t)$ 满足

$$\operatorname{rank}\begin{bmatrix} L^{\mathrm{T}}(t) & C^{\mathrm{T}}(t) \end{bmatrix}^{\mathrm{T}} = \operatorname{rank}\begin{bmatrix} L^{\mathrm{T}}(t) & C^{\mathrm{T}}(t) & K^{\mathrm{T}} \end{bmatrix}^{\mathrm{T}} = r_t \tag{7-32}$$

如果上述秩约束得到满足，则一定存在可逆矩阵 $P(t)$ 和 $Q(t)$ 使得

$$P(t)\begin{bmatrix} L(t) \\ C(t) \end{bmatrix}Q(t) = \begin{bmatrix} L^*(t) & 0 \\ 0 & 0 \end{bmatrix}, KQ(t) = \begin{bmatrix} K^*(t) & 0 \end{bmatrix} \tag{7-33}$$

式中，$L^*(t)$ 是一个 r_t 阶的可逆矩阵，矩阵 $K^*(t) \in \mathbf{R}^{r\times r_t}$。

联合方程(7-31)和方程(7-33)，可以得到

$$\begin{bmatrix} M(t) & N(t) \end{bmatrix}P^{-1}(t)\begin{bmatrix} L^*(t) & 0 \\ 0 & 0 \end{bmatrix} = \begin{bmatrix} K^*(t) & 0 \end{bmatrix}$$

故

$$\begin{bmatrix} M(t) & N(t) \end{bmatrix}P^{-1}(t)\begin{bmatrix} L^*(t) \\ 0 \end{bmatrix} = K^*(t) \tag{7-34}$$

进一步，令

$$\begin{bmatrix} M^*(t) & N^*(t) \end{bmatrix} = \begin{bmatrix} M(t) & N(t) \end{bmatrix}P^{-1}(t) \tag{7-35}$$

则方程(7-34)可以化简为

$$\begin{bmatrix} M^*(t) & N^*(t) \end{bmatrix}\begin{bmatrix} L*(t) \\ 0 \end{bmatrix} = K^*(t)$$

由上面的关系，可以得到

$$M^*(t)=K^*(t)\left(L^*(t)\right)^{-1} \tag{7-36}$$

将式(7-36)代入式(7-35)，产生了

$$\begin{bmatrix} M(t) & N(t) \end{bmatrix}=\begin{bmatrix} K^*(t)\left(L^*(t)\right)^{-1} & N^*(t) \end{bmatrix}P(t)$$

式中，$N^*(t)\in\mathbf{R}^{r\times(m+p-r_i)}$ 是一个任意的实矩阵。

将上面的过程总结一下，可以得到下面关于周期 Luenberger 观测器的算法。

算法 7.3　(周期 Luenberger 观测器设计)

(1)分解因式(7-28)以得到右互质多项式矩阵 $N(s)$、$D(s)$，进一步根据式(7-29)计算 N_i、D_i($i\in\overline{0,\omega}$)。

(2)令 $p=p_0\geqslant 1$，$F(1)=F(2)=\cdots=F(T-1)=I_p$，并选择一个稳定的矩阵 $F(0)$。

(3)根据式(7-30)，计算 $G(t)$、$L(t)$($t\in\overline{0,T-1}$)。

(4)选择满足条件(7-32)的参数矩阵 Z。若这样的参数矩阵 Z 不存在，令 $p_0\leftarrow p_0+1$ 并返回第(2)步。

(5)利用矩阵初等变换，求满足方程(7-33)的矩阵 $P(t)$、$Q(t)$、$L^*(t)$、$K^*(t)$。

(6)计算

$$\begin{bmatrix} M(t) & N(t) \end{bmatrix}=\begin{bmatrix} K^*(t)\left(L^*(t)\right)^{-1} & 0 \end{bmatrix}P(t)$$

(7)基于上面得到的矩阵 $F(t)$、$L(t)$、$G(t)$、$M(t)$、$N(t)$($t\in\overline{0,T-1}$)，构建 Luenberger 观测器(7-26)。

7.3.4　数值算例

例 7.2　考虑线性离散周期系统(7-1)，其系统参数如下：

$$A_0=\begin{bmatrix} -4.5 & -1 \\ 2.5 & 0.5 \end{bmatrix},\ A_1=\begin{bmatrix} 0 & 1 \\ 1 & 2 \end{bmatrix},\ A_2=\begin{bmatrix} 0 & 2 \\ 1 & 1 \end{bmatrix}$$

$$B_0=B_1=B_2=\begin{bmatrix} 1 \\ 1 \end{bmatrix}$$

$$C_0=\begin{bmatrix} 2 & 1 \end{bmatrix},C_1=\begin{bmatrix} -1 & 1 \end{bmatrix},C_2=\begin{bmatrix} 0 & 1 \end{bmatrix}$$

给定矩阵 $K=\begin{bmatrix} 2 & 3 \end{bmatrix}$，下面要为这个系统设计一个周期为 3 的 Kx 函数观测器。

简单的计算可以得到

$$\boldsymbol{\varPsi}_{A^{\mathrm{T}}}(0,3)=\begin{bmatrix}1 & 3\\ 0 & 0.5\end{bmatrix},\boldsymbol{\varTheta}=\begin{bmatrix}2 & 7 & 0.5\\ 1 & 1.5 & 0\end{bmatrix}$$

对

$$\left(s\boldsymbol{I}-\boldsymbol{\varPsi}_{A^{\mathrm{T}}}(0,3)\right)^{-1}\boldsymbol{\varTheta}=\boldsymbol{N}(s)\boldsymbol{D}^{-1}(s)$$

进行因式分解，得到右互质多项式

$$\boldsymbol{N}(s)=\begin{bmatrix}-1 & 0 & 0\\ 0 & -1 & 0\end{bmatrix},\ \boldsymbol{D}(s)=\begin{bmatrix}0 & 0 & 1\\ 0 & \frac{2}{3}s-\frac{1}{3} & -\frac{2}{3}\\ 2s-2 & -\frac{4}{3}-\frac{28}{3}s & \frac{16}{3}\end{bmatrix}$$

故

$$\boldsymbol{N}_0=\begin{bmatrix}-1 & 0 & 0\\ 0 & -1 & 0\end{bmatrix},\ \boldsymbol{D}_0=\begin{bmatrix}0 & 0 & 1\\ 0 & -\frac{1}{3} & -\frac{2}{3}\\ -2 & -\frac{4}{3} & \frac{16}{3}\end{bmatrix},\ \boldsymbol{D}_1=\begin{bmatrix}0 & 0 & 0\\ 0 & \frac{2}{3} & 0\\ 2 & -\frac{28}{3} & 0\end{bmatrix}$$

令

$$\boldsymbol{F}(1)=\boldsymbol{F}(2)=\boldsymbol{I}_2,\ \boldsymbol{F}(0)=\begin{bmatrix}-0.5 & 0\\ 0 & 0.5\end{bmatrix}$$

并选择参数矩阵

$$\boldsymbol{Z}=\begin{bmatrix}1 & 2\\ 3 & -1\\ 2 & 0\end{bmatrix}$$

根据算法 7.3，可以得到

$$\boldsymbol{G}(0)=\begin{bmatrix}0\\ 2\end{bmatrix},\boldsymbol{G}(1)=\begin{bmatrix}-3.3333\\ 0\end{bmatrix},\boldsymbol{G}(2)=\begin{bmatrix}17.6667\\ 4.0000\end{bmatrix}$$

$$\boldsymbol{L}(0)=\begin{bmatrix}-1 & -3\\ -2 & 1\end{bmatrix},\boldsymbol{L}(1)=\begin{bmatrix}-26 & -45\\ -7 & -13\end{bmatrix},\boldsymbol{L}(2)=\begin{bmatrix}-3 & -22.6667\\ 1 & -7\end{bmatrix}$$

容易验证所得到的 $\boldsymbol{L}(t)(t\in\overline{0,2})$ 满足约束条件(7-32)。根据算法 7.3 的第(5)步和第

(6)步，计算可得

$$M(0)=\begin{bmatrix}-1.1429 & -0.4286\end{bmatrix},\ N(0)=0$$
$$M(1)=\begin{bmatrix}0 & -0.25\end{bmatrix},\ N(1)=-0.25$$
$$M(2)=\begin{bmatrix}-0.6667 & 0\end{bmatrix},\ N(2)=-12.1111$$

$$H(0)=\begin{bmatrix}-71\\-20\end{bmatrix},\ H(1)=\begin{bmatrix}-25.6667\\-6\end{bmatrix},\ H(2)=\begin{bmatrix}-4\\-1\end{bmatrix}$$

当外部输入信号取为 $\boldsymbol{u}(t)=0.1\sin(t+\pi/2)$，系统和观测器的初始状态分别取为 $\boldsymbol{x}_0=\begin{bmatrix}-1 & -2\end{bmatrix}^{\mathrm{T}}$ 和 $\hat{\boldsymbol{x}}_0=\begin{bmatrix}-3 & 1\end{bmatrix}^{\mathrm{T}}$ 时，我们在图 7-5 中给出仿真结果。其中虚线代表系统状态组合 $\boldsymbol{Kx}(t)$ 的响应轨迹，实线代表观测器的输出 $\boldsymbol{z}(t)$ 的响应轨迹。

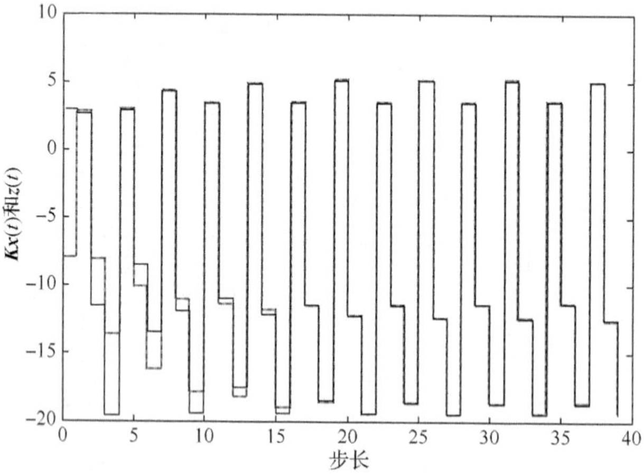

图 7-5　状态组合 $\boldsymbol{Kx}(t)$ 和观测器的输出 $\boldsymbol{z}(t)$ 的响应轨迹

从仿真结果来看，本节提供的方法是十分有效的。

7.4　基于观测器的控制系统设计

7.4.1　准备工作

考虑线性离散周期系统：

$$\begin{cases}\boldsymbol{x}(t+1)=\boldsymbol{A}(t)\boldsymbol{x}(t)+\boldsymbol{B}(t)\boldsymbol{u}(t)\\ \boldsymbol{y}(t)=\boldsymbol{C}(t)\boldsymbol{x}(t)\end{cases} \tag{7-37}$$

式中，$t\in\mathbf{Z}$；$\boldsymbol{x}(t)\in\mathbf{R}^n$，$\boldsymbol{u}(t)\in\mathbf{R}^r$ 和 $\boldsymbol{y}(t)\in\mathbf{R}^m$ 分别是系统的状态向量、输入向量

和输出向量；$\boldsymbol{A}(t)$, $\boldsymbol{B}(t)$ 和 $\boldsymbol{C}(t)$ 是具有兼容位数的矩阵，并以 T 为周期，也就是说

$$\boldsymbol{A}(t+T)=\boldsymbol{A}(t),\ \boldsymbol{B}(t+T)=\boldsymbol{B}(t),\ \boldsymbol{C}(t+T)=\boldsymbol{C}(t)$$

当系统(7-37)的状态能够被量测的情况下，考虑如下的周期状态反馈控制律：

$$\boldsymbol{u}(t)=\boldsymbol{K}(t)\boldsymbol{x}(t)+\boldsymbol{v}(t),\ \boldsymbol{K}(t+T)=\boldsymbol{K}(t),\ \boldsymbol{K}(t)\in\mathbf{R}^{r\times n} \tag{7-38}$$

式中，$\boldsymbol{v}(t)$ 是一个参考输入。将上述控制律作用到系统(7-37)上，得到的闭环系统也是一个以 T 为周期的系统，且具有如下的状态空间表示：

$$\begin{cases}\boldsymbol{x}(t+1)=\big(\boldsymbol{A}(t)+\boldsymbol{B}(t)\boldsymbol{K}(t)\big)\boldsymbol{x}(t)+\boldsymbol{B}(t)\boldsymbol{v}(t)\\ \boldsymbol{y}(t)=\boldsymbol{C}(t)\boldsymbol{x}(t)\end{cases} \tag{7-39}$$

假设在实践中，由于某种限制，系统(7-37)的状态不能被硬件量测，但是系统的输出 $\boldsymbol{y}(t)$ 和输入 $\boldsymbol{u}(t)$ 是可以利用的。在这种情况下，就需要构造一个系统，能够给出状态 $\boldsymbol{x}(t)$ 的渐近估计。这样的系统可以取为如下形式：

$$\hat{\boldsymbol{x}}(t+1)=\boldsymbol{A}(t)\hat{\boldsymbol{x}}(t)+\boldsymbol{B}(t)\boldsymbol{u}(t)+\boldsymbol{L}(t)\big(\boldsymbol{C}(t)\hat{\boldsymbol{x}}-\boldsymbol{y}(t)\big),\ \hat{\boldsymbol{x}}(0)=\hat{\boldsymbol{x}}_0 \tag{7-40}$$

式中，$\hat{\boldsymbol{x}}\in\mathbf{R}^n$；$\boldsymbol{L}(t)\in\mathbf{R}^{n\times m}$, $t\in\mathbf{Z}$ 是以 T 为周期的实矩阵。

一旦得到了全维状态观测器(7-19)，我们可以设计一个基于观测器的状态反馈控制律：

$$\boldsymbol{u}(t)=\boldsymbol{K}(t)\hat{\boldsymbol{x}}(t)+\boldsymbol{v}(t) \tag{7-41}$$

使得闭环系统能够实现某些性能，比如说，极点配置或者稳定。在这种情况下，闭环系统的结构图如图 7-6 所示。

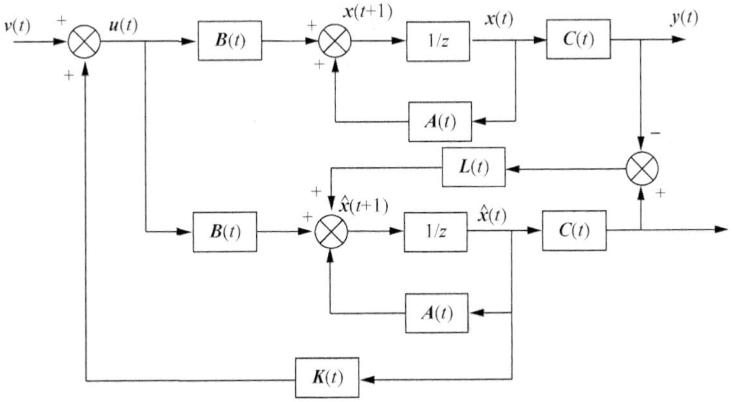

图 7-6　基于周期全维状态观测器的控制系统方框图

下面给出一个全维状态观测器的存在条件，证明非常简单，这里不再赘述。

命题 7.2 存在以 T 为周期的矩阵 $\boldsymbol{L}(t)(t\in\overline{0,T-1})$ 使得系统(7-40)成为系统(7-37)的一个全维状态观测器当且仅当周期矩阵对 $(\boldsymbol{A}(t),\boldsymbol{C}(t))$ 是可测的。在这种情况下，只需要选择 $\boldsymbol{L}(t)(t\in\overline{0,T-1})$ 使得闭环单值性矩阵：

$$\begin{aligned}\boldsymbol{\Phi}_{A+LC}(T,0)=&\big(\boldsymbol{A}(T-1)+\boldsymbol{L}(T-1)\boldsymbol{C}(T-1)\big)\big(\boldsymbol{A}(T-2)+\boldsymbol{L}(T-2)\boldsymbol{C}(T-2)\big)\\&\cdots\big(\boldsymbol{A}(0)+\boldsymbol{L}(0)\boldsymbol{C}(0)\big)\end{aligned}$$

是稳定的即可。

考虑另外一个线性离散周期系统：

$$\begin{cases}\boldsymbol{x}(t+1)=\tilde{\boldsymbol{A}}(t)\boldsymbol{x}(t)+\tilde{\boldsymbol{B}}(t)\boldsymbol{u}(t)\\\boldsymbol{y}(t)=\tilde{\boldsymbol{C}}(t)\boldsymbol{x}(t)\end{cases}\tag{7-42}$$

其系统参数和系统(7-37)的参数具有相同的特性。

关于系统(7-37)和系统(7-42)，有下面的事实。

引理 7.1 考虑系统(7-37)和系统(7-42)。如果存在一个非奇异矩阵 $\boldsymbol{P}$ 使得

$$\tilde{\boldsymbol{A}}(t)=\boldsymbol{P}\boldsymbol{A}(t)\boldsymbol{P}^{-1},\tilde{\boldsymbol{B}}(t)=\boldsymbol{P}\boldsymbol{B}(t),\tilde{\boldsymbol{C}}(t)=\boldsymbol{C}(t)\boldsymbol{P}^{-1}\tag{7-43}$$

则系统(7-37)的提升时不变系统等价于系统(7-42)的提升时不变系统。

证明 系统(7-37)的提升时不变系统为

$$\begin{cases}\boldsymbol{x}^{\mathrm{L}}(t+1)=\boldsymbol{A}^{\mathrm{L}}\boldsymbol{x}^{\mathrm{L}}(t)+\boldsymbol{B}^{\mathrm{L}}\boldsymbol{u}^{\mathrm{L}}(t)\\\boldsymbol{y}^{\mathrm{L}}(t)=\boldsymbol{C}^{\mathrm{L}}\boldsymbol{x}^{\mathrm{L}}(t)\end{cases}\tag{7-44}$$

式中，

$$\boldsymbol{A}^{\mathrm{L}}=\boldsymbol{A}(T-1)\cdots\boldsymbol{A}(0)$$

$$\boldsymbol{B}^{\mathrm{L}}=\begin{bmatrix}\boldsymbol{A}(T-1)\boldsymbol{A}(T-2)\cdots\boldsymbol{A}(1)\boldsymbol{B}(0) & \cdots & \boldsymbol{A}(T-1)\boldsymbol{B}(T-2) & \boldsymbol{B}(T-1)\end{bmatrix}$$

$$\boldsymbol{C}^{\mathrm{L}}=\begin{bmatrix}\boldsymbol{C}(0)\\\boldsymbol{C}(1)\boldsymbol{A}(0)\\\vdots\\\boldsymbol{C}(T-1)\boldsymbol{A}(T-2)\cdots\boldsymbol{A}(0)\end{bmatrix}$$

系统(7-42)的提升时不变系统为

$$\begin{cases} \boldsymbol{x}^{\mathrm{L}}(t+1) = \tilde{\boldsymbol{A}}^{\mathrm{L}} \boldsymbol{x}^{\mathrm{L}}(t) + \tilde{\boldsymbol{B}}^{\mathrm{L}} \boldsymbol{u}^{\mathrm{L}}(t) \\ \boldsymbol{y}^{\mathrm{L}}(t) = \tilde{\boldsymbol{C}}^{\mathrm{L}} \boldsymbol{x}^{\mathrm{L}}(t) \end{cases} \tag{7-45}$$

式中，

$$\tilde{\boldsymbol{A}}^{\mathrm{L}} = \tilde{\boldsymbol{A}}(T-1) \cdots \tilde{\boldsymbol{A}}(0)$$

$$\tilde{\boldsymbol{B}}^{\mathrm{L}} = \left[\tilde{\boldsymbol{A}}(T-1)\tilde{\boldsymbol{A}}(T-2) \cdots \tilde{\boldsymbol{A}}(1)\tilde{\boldsymbol{B}}(0) \quad \cdots \quad \tilde{\boldsymbol{A}}(T-1)\tilde{\boldsymbol{B}}(T-2) \quad \tilde{\boldsymbol{B}}(T-1) \right]$$

$$\boldsymbol{C}^{\mathrm{L}} = \begin{bmatrix} \tilde{\boldsymbol{C}}(0) \\ \tilde{\boldsymbol{C}}(1)\tilde{\boldsymbol{A}}(0) \\ \vdots \\ \tilde{\boldsymbol{C}}(T-1)\tilde{\boldsymbol{A}}(T-2) \cdots \tilde{\boldsymbol{A}}(0) \end{bmatrix}$$

利用关系式(7-43)，可以得到：

$$\begin{aligned} \tilde{\boldsymbol{A}}^{\mathrm{L}} &= \tilde{\boldsymbol{A}}(T-1)\tilde{\boldsymbol{A}}(T-2) \cdots \tilde{\boldsymbol{A}}(0) \\ &= \boldsymbol{P}\boldsymbol{A}(T-1)\boldsymbol{P}^{-1}\boldsymbol{P}\boldsymbol{A}(T-2)\boldsymbol{P}^{-1} \cdots \boldsymbol{P}\boldsymbol{A}(0)\boldsymbol{P}^{-1} \\ &= \boldsymbol{P}\boldsymbol{A}^{\mathrm{L}}\boldsymbol{P}^{-1} \end{aligned}$$

$$\begin{aligned} \tilde{\boldsymbol{B}}^{\mathrm{L}} &= \left[\tilde{\boldsymbol{A}}(T-1)\tilde{\boldsymbol{A}}(T-2) \cdots \tilde{\boldsymbol{A}}(1)\tilde{\boldsymbol{B}}(0) \quad \cdots \quad \tilde{\boldsymbol{A}}(T-1)\tilde{\boldsymbol{B}}(T-2) \quad \tilde{\boldsymbol{B}}(T-1) \right] \\ &= \left[\boldsymbol{P}\boldsymbol{A}(T-1)\boldsymbol{A}(T-2) \cdots \boldsymbol{A}(1)\boldsymbol{B}(0) \quad \cdots \quad \boldsymbol{P}\boldsymbol{A}(T-1)\boldsymbol{B}(T-2) \quad \boldsymbol{P}\boldsymbol{B}(T-1) \right] \\ &= \boldsymbol{P}\boldsymbol{B}^{\mathrm{L}} \end{aligned}$$

$$\begin{aligned} \tilde{\boldsymbol{C}}^{\mathrm{L}} &= \begin{bmatrix} \tilde{\boldsymbol{C}}(0) \\ \tilde{\boldsymbol{C}}(1)\tilde{\boldsymbol{A}}(0) \\ \vdots \\ \tilde{\boldsymbol{C}}(T-1)\tilde{\boldsymbol{A}}(T-2) \cdots \tilde{\boldsymbol{A}}(0) \end{bmatrix} \\ &= \begin{bmatrix} \boldsymbol{C}(0)\boldsymbol{P}^{-1} \\ \boldsymbol{C}(1)\boldsymbol{A}(0)\boldsymbol{P}^{-1} \\ \vdots \\ \boldsymbol{C}(T-1)\boldsymbol{A}(T-2) \cdots \boldsymbol{A}(0)\boldsymbol{P}^{-1} \end{bmatrix} \\ &= \boldsymbol{C}^{\mathrm{L}}\boldsymbol{P}^{-1} \end{aligned}$$

因此，可以看出系统(7-44)和系统(7-45)是代数等价的。

7.4.2　分离原理

根据 7.4.1 小节的结果，可以得到一个基于全阶状态观测器的状态反馈律：

$$\begin{cases}\hat{\boldsymbol{x}}(t+1)=\left(\boldsymbol{A}(t)+\boldsymbol{L}(t)\boldsymbol{C}(t)\right)\hat{\boldsymbol{x}}(t)-\boldsymbol{L}(t)\boldsymbol{y}(t)+\boldsymbol{B}(t)\boldsymbol{u}(t)\\ \boldsymbol{u}(t)=\boldsymbol{K}(t)\hat{\boldsymbol{x}}(t)+\boldsymbol{v}(t)\end{cases}\tag{7-46}$$

式中，以 T 为周期的矩阵 $\boldsymbol{L}(t)(t\in\overline{0,T-1})$ 满足矩阵 $\boldsymbol{\Phi}_{A+LC}(T,0)$ 是稳定的。将该反馈控制律作用到系统(7-37)上，可以得到如下闭环系统：

$$\begin{cases}\begin{bmatrix}\boldsymbol{x}(t+1)\\ \hat{\boldsymbol{x}}(t+1)\end{bmatrix}=\begin{bmatrix}\boldsymbol{A}(t) & \boldsymbol{B}(t)\boldsymbol{K}(t)\\ -\boldsymbol{L}(t)\boldsymbol{C}(t) & \boldsymbol{F}(t)+\boldsymbol{B}(t)\boldsymbol{K}(t)\end{bmatrix}\begin{bmatrix}\boldsymbol{x}(t)\\ \hat{\boldsymbol{x}}(t)\end{bmatrix}+\begin{bmatrix}\boldsymbol{B}(t)\\ \boldsymbol{B}(t)\end{bmatrix}\boldsymbol{v}(t)\\ \boldsymbol{y}(t)=\begin{bmatrix}\boldsymbol{C}(t) & 0\end{bmatrix}\begin{bmatrix}\boldsymbol{x}(t)\\ \hat{\boldsymbol{x}}(t)\end{bmatrix}\end{cases}\tag{7-47}$$

式中，$\boldsymbol{F}(t)=\boldsymbol{A}(t)+\boldsymbol{L}(t)\boldsymbol{C}(t)$。

定理 7.4　考虑系统(7-39)和系统(7-47)。系统(7-47)的极点集由系统(7-39)的极点集 $\boldsymbol{\sigma}(\boldsymbol{\Phi}_{A+BK}(T,0))$ 和观测器(7-40)的极点集 $\boldsymbol{\sigma}(\boldsymbol{\Phi}_F(T,0))$ 组成。

证明　令

$$\boldsymbol{P}=\begin{bmatrix}\boldsymbol{I} & 0\\ -\boldsymbol{I} & \boldsymbol{I}\end{bmatrix}$$

显然矩阵 $\boldsymbol{P}$ 是非奇异的，且

$$\boldsymbol{P}^{-1}=\begin{bmatrix}\boldsymbol{I} & 0\\ \boldsymbol{I} & \boldsymbol{I}\end{bmatrix}$$

因此，

$$\boldsymbol{P}\begin{bmatrix}\boldsymbol{A}(t) & \boldsymbol{B}(t)\boldsymbol{K}(t)\\ -\boldsymbol{L}(t)\boldsymbol{C}(t) & \boldsymbol{F}(t)+\boldsymbol{B}(t)\boldsymbol{K}(t)\end{bmatrix}\boldsymbol{P}^{-1}=\begin{bmatrix}\boldsymbol{A}(t)+\boldsymbol{B}(t)\boldsymbol{K}(t) & \boldsymbol{B}(t)\boldsymbol{K}(t)\\ 0 & \boldsymbol{F}(t)\end{bmatrix}$$

$$\boldsymbol{P}\begin{bmatrix}\boldsymbol{B}(t)\\ \boldsymbol{B}(t)\end{bmatrix}=\begin{bmatrix}\boldsymbol{B}(t)\\ 0\end{bmatrix}$$

$$\begin{bmatrix}\boldsymbol{C}(t) & 0\end{bmatrix}\boldsymbol{P}^{-1}=\begin{bmatrix}\boldsymbol{C}(t) & 0\end{bmatrix}$$

根据引理 7.1，系统(7-47)的提升系统等价于下述系统的提升系统：

$$\left(\begin{bmatrix} A(t)+B(t)K(t) & B(t)K(t) \\ 0 & F(t) \end{bmatrix}, \begin{bmatrix} B(t) \\ 0 \end{bmatrix}, \begin{bmatrix} C(t) & 0 \end{bmatrix}\right) \tag{7-48}$$

由于提升系统均为线性时不变系统，根据等价线性时不变系统的性质，系统(7-47)的提升系统和系统(7-48)的提升系统具有相同的极点。注意到线性离散周期系统的极点就是其提升系统的极点，我们完成了证明。

和线性时不变系统的分离原理相似，上述定理可以被称为线性离散周期系统中基于观测器的状态反馈控制系统设计的分离原理。它表明一个全维状态观测器的引入不影响利用状态反馈律(7-38)去配置想要的极点；同时，状态反馈的引入对设计的观测器的极点集 $\boldsymbol{\sigma}(\boldsymbol{\Phi}_F(T,0))$ 也没有影响。因此，对基于全维状态观测器的控制系统设计，状态反馈控制律和全维状态观测器可以分别进行设计。

以镇定系统(7-37)为例，下面给出基于全维状态观测器的控制系统设计的一个详细的算法。

算法 7.4　(基于观测器的控制器设计)

(1) 选择欲配置的闭环系统的极点集和欲设计的观测器的极点集，使得这些极点均位于单位圆内。

(2) 对周期矩阵对 $(A(t), B(t))$ 利用参数化极点配置算法，求解周期状态反馈增益 $K(t)(t \in \overline{0, T-1})$。

(3) 对周期矩阵对 $\left(A^{\mathrm{T}}(t), C^{\mathrm{T}}(t)\right)$，利用参数化极点配置算法，求解周期状态反馈增益 $L^{\mathrm{T}}(t)(t \in \overline{0, T-1})$，进一步，计算观测器增益 $L(t)(t \in \overline{0, T-1})$。

(4) 根据计算得到的矩阵 $K(t)$、$L(t)(t \in \overline{0, T-1})$，按照式(7-46)，构造基于状态观测器的控制律。

7.4.3　数值算例

例 7.3　考虑线性离散周期系统(7-37)，其系统参数如下：

$$A_0 = \begin{bmatrix} -4.5 & -1 \\ 2.5 & 0.5 \end{bmatrix},\ A_1 = \begin{bmatrix} 0 & 1 \\ 1 & 2 \end{bmatrix},\ A_2 = \begin{bmatrix} 0 & 2 \\ 1 & 1 \end{bmatrix}$$

$$B_0 = B_2 = B_3 = \begin{bmatrix} 1 \\ 1 \end{bmatrix}$$

$$C_0 = \begin{bmatrix} 2 & 1 \end{bmatrix}, C_1 = \begin{bmatrix} -1 & 1 \end{bmatrix}, C_2 = \begin{bmatrix} 0 & 1 \end{bmatrix}$$

显然这是一个不稳定的系统，因为系统的极点位于 0.5 和 1。容易验证该系统是完全能达和完全能观的。因此，可以通过设计一个基于全维状态观测器的状态反馈律来镇定它。不失一般性，欲配置的闭环极点取为 −0.3 和 0.3，观测器的极

点取为 −0.5 和 0.5。

利用参数化极点配置算法，可以得到如下的一组解：

$$\boldsymbol{K}(0)=\begin{bmatrix}0.4984 & 0.3970\end{bmatrix}$$
$$\boldsymbol{K}(1)=\begin{bmatrix}-1.6709 & -2.0141\end{bmatrix}$$
$$\boldsymbol{K}(2)=\begin{bmatrix}0.0853 & -2.0084\end{bmatrix}$$

$$\boldsymbol{L}(0)=\begin{bmatrix}2.1481\\-1.2037\end{bmatrix}$$
$$\boldsymbol{L}(1)=\begin{bmatrix}-15.5000\\-5.0000\end{bmatrix}$$
$$\boldsymbol{L}(2)=\begin{bmatrix}-1.8333\\-4.0833\end{bmatrix}$$

当系统的参考输入取为 $\boldsymbol{v}(t)=0.1\sin(t+\pi/2)$，系统和观测器的初始状态分别取为 $\boldsymbol{x}_0=\begin{bmatrix}-1 & 1\end{bmatrix}^{\mathrm{T}}$ 和 $\hat{\boldsymbol{x}}_0=\begin{bmatrix}0 & 0\end{bmatrix}^{\mathrm{T}}$ 时，绘制系统(7-37)的状态响应如图 7-7 所示，绘制闭环系统的实际状态响应和观测器的状态响应如图 7-8 所示，其中实线代表 $\boldsymbol{x}(t)$ 的轨迹，虚线代表 $\hat{\boldsymbol{x}}(t)$ 的轨迹。

从仿真结果来看，本节提供的设计方法是很有效的。

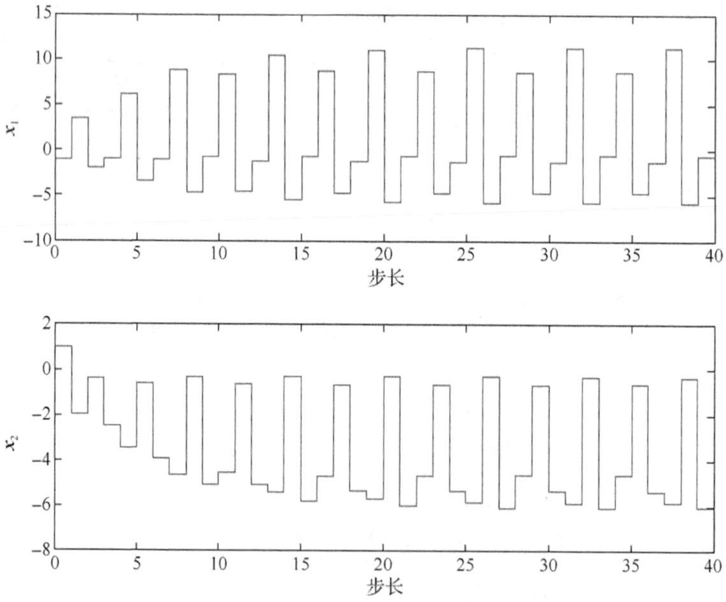

图 7-7　未受控系统的状态响应

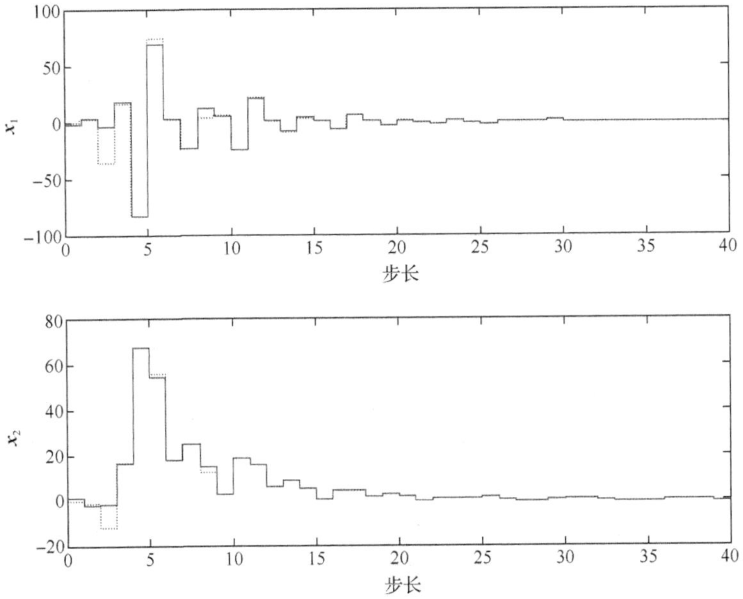

图 7-8　闭环系统的状态响应和观测器的状态响应

7.5 本 章 小 结

本章首先考虑了求解前向和逆向离散周期 Sylvester 矩阵方程的问题。通过适当的假设和一些代数方法的处理，FDPSE 和 RDPSE 都被转化为一类推广的 Sylvester 矩阵方程，并最终得到了这两类方程的显式完全参数化解。由于该解法提供了这两类方程解的完全自由度，我们不仅可以用来处理极点配置问题、观测器设计问题、镇定问题、故障诊断问题，还能够在解决这些问题的同时，实现鲁棒性能甚至其他多目标要求。基于逆向离散周期 Sylvester 矩阵方程的解，我们讨论了周期 Luenberger 函数观测器的设计问题。提出了一个有效的参数化设计算法，并通过数值例子验证了它的有效性。最后我们研究了线性离散周期系统的基于观测器的控制系统设计问题。本章指出，在基于周期全维状态观测器的控制系统设计中分离原理存在。因此可以利用参数化极点配置算法分别设计状态反馈控制律和全维状态观测器。数值例子表明了所提方法的有效性。由于潜在的充分的自由度，该方法可以用来进一步实现鲁棒控制器设计。如何获得基于 Luenberger 观测器的控制器是下一步的研究目标。

第 8 章　周期控制律下的模型匹配研究

8.1　引　　言

在离散线性周期系统得到迅速发展的同时，国内外许多学者也相继研究了模型匹配问题，并在模型匹配问题方面取得了显著成果。所谓模型匹配问题，就是找到一个控制律，使得闭环系统能够充分匹配到目标系统。文献[24]在零匹配的条件下，通过周期状态反馈控制律匹配一个目标周期系统，前提是周期系统可以在状态反馈的作用下转化成闭环时不变系统。文献[118]指出，模型差分涉及识别要匹配的模型需要计算模型之间的分歧，并概述和总结了模型差分的基本步骤和现有模型差分方法的优缺点。文献[119]描述了基于系统的输入输出结构属性的模型匹配算法，表明此算法可以通过状态反馈控制律直接扩展到动态模型匹配问题中。文献[120]指出，对于给定线性系统，其精确的模型匹配方案就是找到一个状态反馈，使整个系统的传递函数等于给定的传递函数。

本章针对离散线性周期系统的模型匹配问题，区别于频域的方法，从时域的角度考虑，设计周期状态反馈控制律，使得闭环系统和目标系统充分接近，从而将该问题转化为一个优化问题。目标函数定义为目标系统特征向量和闭环系统特征向量匹配误差的范数之和。此外，实现模型匹配的控制律必须满足闭环系统和目标系统特征值完全一致的约束。通过采用参数化极点配置算法并求解该优化问题，得到关于模型匹配指标的优化决策矩阵，代入参数化控制律表达式求得模型匹配问题的解。最后，通过数值例子展示了所提出设计方法的应用过程，验证了设计方法的有效性。

8.2　LTI 系统在周期控制律下的模型匹配

8.2.1　问题提出

给定一个线性时不变(LTI)系统：

$$x(t+1)=A_0x(t) \tag{8-1}$$

式中，$x(t)\in\mathbf{R}^n$，$A_0\in\mathbf{R}^{n\times n}$分别是状态向量和系统矩阵。考虑一个周期为 T 的

线性离散周期系统：

$$\boldsymbol{x}(t+1)=\boldsymbol{A}(t)\boldsymbol{x}(t)+\boldsymbol{B}(t)\boldsymbol{u}(t) \tag{8-2}$$

式中，$t\in\mathbf{Z}$；$\boldsymbol{x}(t)\in\mathbf{R}^{n}$ 和 $\boldsymbol{u}(t)\in\mathbf{R}^{r}$ 分别是系统状态向量和输入向量；$\boldsymbol{A}(t)\in\mathbf{R}^{n\times n}$ 和 $\boldsymbol{B}(t)\in\mathbf{R}^{n\times r}$ 是系统系数矩阵，且其满足

$$\boldsymbol{A}(t+T)=\boldsymbol{A}(t),\boldsymbol{B}(t+T)=\boldsymbol{B}(t),\forall t\in\mathbf{Z} \tag{8-3}$$

该系统的稳定性决定于其单值性矩阵

$$\boldsymbol{\Psi}=\boldsymbol{A}(T-1)\boldsymbol{A}(T-2)\cdots\boldsymbol{A}(0) \tag{8-4}$$

的极点是否落在开单位圆之内。由于目标系统(8-1)具有控制系统性能目标，我们需要找到一个状态反馈律：

$$\boldsymbol{u}(t)=\boldsymbol{K}(t)\boldsymbol{x}(t),\ \boldsymbol{K}(t+T)=\boldsymbol{K}(t),\ t\in\mathbf{Z} \tag{8-5}$$

使得闭环系统

$$\boldsymbol{u}(t)=\boldsymbol{K}(t)\boldsymbol{x}(t),\ \boldsymbol{K}(t+T)=\boldsymbol{K}(t),\ t\in\mathbf{Z} \tag{8-6}$$

具有与目标系统(8-1)一样的系统特性。经过简单计算，系统(8-6)的单值性矩阵为

$$\boldsymbol{\Psi}_{\mathrm{c}}=\boldsymbol{A}_{\mathrm{c}}(T-1)\boldsymbol{A}_{\mathrm{c}}(T-2)\cdots\boldsymbol{A}_{\mathrm{c}}(0) \tag{8-7}$$

对于以上这些问题学者们已经有了很多研究。但是他们的方法都过于复杂且很难得到优化解的精确结果。因此，我们从另一个角度考虑这些问题。记目标系统的约当分解为

$$\boldsymbol{A}_0=\boldsymbol{V}_0\boldsymbol{F}\boldsymbol{V}_0^{-1} \tag{8-8}$$

式中，$\boldsymbol{F}$ 和 $\boldsymbol{V}_0$ 分别是 $\boldsymbol{A}_0$ 的约当标准型和特征向量矩阵。这里，我们把 $\boldsymbol{F}$ 限定为矩阵 $\boldsymbol{A}_0$ 的实约当标准型，且矩阵 $\boldsymbol{V}_0$ 有如下结构：

$$\boldsymbol{V}_0=\begin{bmatrix}\boldsymbol{v}_1^0 & \boldsymbol{v}_2^0 & \cdots & \boldsymbol{v}_n^0\end{bmatrix} \tag{8-9}$$

进一步，记

$$\boldsymbol{\Psi}_{\mathrm{c}}=\boldsymbol{V}\boldsymbol{F}\boldsymbol{V}^{-1} \tag{8-10}$$

式中，

$$V=\begin{bmatrix}\boldsymbol{v}_1 & \boldsymbol{v}_2 & \cdots & \boldsymbol{v}_n\end{bmatrix} \tag{8-11}$$

为了使闭环系统(8-6)匹配到目标系统(8-1)，一个简单的方法就是让矩阵$\boldsymbol{\varPsi}_{\mathrm{c}}$和$\boldsymbol{A}_0$具有相同的特征结构。

从这一点出发，待求解的模型匹配问题就可以描述如下。

问题 8.1 给定目标系统(8-1)和线性周期系统(8-2)，找到一个以T为周期的矩阵$\boldsymbol{K}(t)\in\mathbf{R}^{r\times n}, t\in\mathbf{Z}$，使得闭环系统(8-6)的单值性矩阵$\boldsymbol{\varPsi}_{\mathrm{c}}$满足如下条件。

(1) $\boldsymbol{\varPsi}_{\mathrm{c}}$的极点为$s_i(i=1,2,\cdots,n)$。

(2) $\boldsymbol{\varPsi}_{\mathrm{c}}$的特征向量尽可能地逼近$\boldsymbol{A}_0$的特征向量，即

$$\left\|\boldsymbol{v}_i-\boldsymbol{v}_i^0\right\|=\min,\ i=1,2,\cdots,n \tag{8-12}$$

8.2.2 控制器设计

利用提升技术，将周期线性系统(8-2)提升为如下提升 LTI 系统(见文献[64])：

$$\boldsymbol{x}^{\mathrm{L}}(t+1)=\boldsymbol{A}^{\mathrm{L}}\boldsymbol{x}^{\mathrm{L}}(t)+\boldsymbol{B}^{\mathrm{L}}\boldsymbol{u}^{\mathrm{L}}(t) \tag{8-13}$$

$$\boldsymbol{A}^{\mathrm{L}}=\boldsymbol{A}(T-1)\boldsymbol{A}(T-2)\cdots\boldsymbol{A}(0) \tag{8-14}$$

$$\boldsymbol{B}^{\mathrm{L}}=\begin{bmatrix}\boldsymbol{A}(T-1)\boldsymbol{A}(T-2)\cdots\boldsymbol{B}(0) & \cdots & \boldsymbol{A}(T-1)\boldsymbol{B}(T-2) & \boldsymbol{B}(T-1)\end{bmatrix} \tag{8-15}$$

系统(8-2)和系统(8-13)有这样的关系：如果$\boldsymbol{x}(t)$和$\boldsymbol{u}(t)$分别是系统(8-2)的状态向量和输入向量，则

$$\begin{aligned}&\boldsymbol{x}^{\mathrm{L}}(t)=\boldsymbol{x}^{\mathrm{L}}(tT)\\&\boldsymbol{u}^{\mathrm{L}}(t)=\begin{bmatrix}\boldsymbol{u}^{\mathrm{T}}(tT) & \boldsymbol{u}^{\mathrm{T}}(tT+1) & \cdots & \boldsymbol{u}^{\mathrm{T}}(tT+T-1)\end{bmatrix}^{\mathrm{T}}\end{aligned}$$

满足系统(8-13)。

根据第 4 章提到的多项式矩阵因式分解理论，由

$$\left(z\boldsymbol{I}-\boldsymbol{A}^{\mathrm{L}}\right)^{-1}\boldsymbol{B}^{\mathrm{L}}=\boldsymbol{N}(z)\boldsymbol{D}^{-1}(z) \tag{8-16}$$

和式(4-24)可得

$$\begin{cases} V(Z) = N_0 Z + N_1 ZF + \cdots + N_\omega ZF^\omega \\ W(Z) = D_0 Z + D_1 ZF + \cdots + D_\omega ZF^\omega \end{cases} \tag{8-17}$$

记

$$\Omega = \left\{ Z \left| \det\left(\sum_{i=0}^{\omega} N_i ZF^i\right) \neq 0 \right. \right\} \tag{8-18}$$

式中，Z 是适当维数的随机参数矩阵，F 是目标系统的实约当标准型。另外，定义如下集合：

$$\Gamma = \left\{ \begin{pmatrix} K(0) \\ K(0) \\ \vdots \\ K(T-1) \end{pmatrix} \left| \begin{array}{l} X(Z) = W(Z)V^{-1}(Z),\ Z \in \Omega \\ K(0) = X_1, \det\left(A_c(0)\right) \neq 0 \\ K(i) = X_{i+1} \prod_{j=0}^{i-1} A_c^{-1}(j), \det\left(A_c(i)\right) \neq 0, i \in \overline{1, T-1} \end{array} \right. \right\} \tag{8-19}$$

基于以上的准备工作，我们引用文献[4]中的一个结论。

引理 8.1　设离散线性周期系统(8-2)为完全能达的。则极点配置问题的全解可以表达为式(8-17)、式(8-18)和式(8-19)。

至此，所求得参数解满足了问题 8.1 的第(1)条件。利用解集中的自由参数从而满足问题 8.1 的第(2)条件也是十分方便的。为了满足条件(8-10)，直接的思路就是最小化如下指标：

$$J(Z) = \sum_{i=1}^{n} \left\| v_i - v_i^0 \right\|_F \tag{8-20}$$

式中，$v_i (i = 1, 2, \cdots, n)$ 是式(8-17)中给定的 $V(Z)$ 的第 i 列。

基于此，我们可以总结出问题 8.1 的解决方法。

定理 8.1　给定目标 LTI 系统(8-1)和完全能达的线性离散周期系统(8-2)，记如下约束优化问题：

$$\begin{aligned} &\text{Minimize}\ \ J(Z) \\ &\text{s.t.} \begin{cases} Z \in \Omega \\ \det\left(A_c(i)\right) \neq 0, i \in \overline{1, T-1} \end{cases} \end{aligned} \tag{8-21}$$

的解为 Z_{opt}，则问题 8.1 的周期反馈控制增益由式(8-19)给出，其中 $Z = Z_{\mathrm{opt}}$。

为清晰起见，在这里我们提供解决模型匹配问题的算法如下。

算法 8.1　(LTI 系统的模型匹配)

(1) 对于给定的目标矩阵 $\boldsymbol{A}_0$，计算其实约当标准型 $\boldsymbol{F}$ 及其相应的特征向量 $\boldsymbol{v}_i^0(i=1,2,\cdots,n)$。

(2) 根据式(8-14)和式(8-15)计算 $\boldsymbol{A}^{\mathrm{L}}$、$\boldsymbol{B}^{\mathrm{L}}$。

(3) 求右互质多项式矩阵 $\boldsymbol{N}(z)$ 和 $\boldsymbol{D}(z)$ 并获得矩阵 $\boldsymbol{N}_i$、$\boldsymbol{D}_i(i\in\overline{0,\omega})$。

(4) 根据式(8-17)计算 $\boldsymbol{V}(\boldsymbol{Z})$ 和 $\boldsymbol{W}(\boldsymbol{Z})$。

(5) 利用梯度搜索方法及显示公式(8-17)解决优化问题(8-21)。

(6) 将 $\boldsymbol{Z}=\boldsymbol{Z}_{\mathrm{opt}}$ 代入式(8-19)，计算矩阵 $\boldsymbol{K}(i)(i=\overline{0,T-1})$。

8.2.3　数值算例

例 8.1　给定一个目标 LTI 系统：

$$\boldsymbol{F}_{\mathrm{m}}(z)=\frac{1}{z^2} \tag{8-22}$$

和一个二阶线性离散周期系统：

$$\boldsymbol{x}(t+1)=\boldsymbol{A}(t)\boldsymbol{x}(t)+\boldsymbol{B}(t)\boldsymbol{u}(t)$$

其系统参数如下：

$$\boldsymbol{A}(t)=\begin{cases}\begin{bmatrix}1&0\\1&1\end{bmatrix}, & t=2k\\ \begin{bmatrix}1&0\\0&1\end{bmatrix}, & t=2k+1\end{cases},\quad \boldsymbol{B}(t)=\begin{cases}\begin{bmatrix}1\\0\end{bmatrix}, & t=2k\\ \begin{bmatrix}0\\1\end{bmatrix}, & t=2k+1\end{cases}$$

式中，$k\in\mathbf{Z}$。我们希望找到周期状态反馈律：

$$\boldsymbol{u}(t)=\begin{cases}\boldsymbol{K}(0)\boldsymbol{x}(t), & t=2k\\ \boldsymbol{K}(1)\boldsymbol{x}(t), & t=2k+1\end{cases}$$

使得闭环系统

$$\boldsymbol{x}(t+1)=\big(\boldsymbol{A}(t)+\boldsymbol{B}(t)\boldsymbol{K}(t)\big)\boldsymbol{x}(t)$$

可以充分地匹配系统(8-22)。

经过简单计算，系统(8-22)的状态空间形式如下：

$$\boldsymbol{x}(t+1)=\boldsymbol{A}_0\boldsymbol{x}(t)$$

式中，

$$\boldsymbol{A}_0=\begin{bmatrix}0 & 1\\ 0 & 0\end{bmatrix}$$

显然矩阵 $\boldsymbol{A}_0$ 为约当标准型。因此，其特征向量矩阵为

$$\boldsymbol{V}=\begin{bmatrix}1 & 0\\ 0 & 1\end{bmatrix}$$

记

$$\boldsymbol{v}_1^0=\begin{bmatrix}1\\ 0\end{bmatrix},\quad \boldsymbol{v}_2^0=\begin{bmatrix}0\\ 1\end{bmatrix}$$

根据右互质分解理论，我们可以得到右互质多项式矩阵：

$$\boldsymbol{N}(z)=\begin{bmatrix}1 & 0\\ 0 & 1\end{bmatrix},\ \boldsymbol{D}(z)=\begin{bmatrix}z-1 & 0\\ -1 & z-1\end{bmatrix}$$

及

$$\boldsymbol{N}(0)=\begin{bmatrix}1 & 0\\ 0 & 1\end{bmatrix}$$
$$\boldsymbol{D}(0)=\begin{bmatrix}-1 & 0\\ -1 & -1\end{bmatrix}$$
$$\boldsymbol{D}(1)=\begin{bmatrix}1 & 0\\ 0 & 1\end{bmatrix}$$

令

$$\boldsymbol{Z}=\begin{bmatrix}z_{11} & z_{12}\\ z_{21} & z_{22}\end{bmatrix}$$

根据(8-17)，我们有

$$\boldsymbol{V}(\boldsymbol{Z})=\begin{bmatrix}z_{11} & z_{12}\\ z_{21} & z_{22}\end{bmatrix}$$

$$W(Z)=\begin{bmatrix}-z_{11} & z_{11}-z_{12}\\ -z_{11}-z_{21} & -z_{12}-z_{22}+z_{21}\end{bmatrix}$$

进一步，根据算法 8.1，我们可以得到周期反馈控制增益：

$$K(0)=\begin{bmatrix}\dfrac{-z_{11}z_{22}-z_{11}z_{21}+z_{12}z_{21}}{z_{11}z_{22}-z_{12}z_{21}} & \dfrac{z_{11}^2}{z_{11}z_{22}-z_{12}z_{21}}\end{bmatrix} \tag{8-23}$$

$$K(1)=\begin{bmatrix}\dfrac{-a_3z_{11}z_{21}+a_4z_{11}z_{21}-a_3z_{11}^2+a_4z_{11}^2}{b^2} & \dfrac{a_3z_{11}^3z_{21}+a_3z_{11}^4+z_{11}^2z_{21}^2a_4+z_{11}^3z_{21}a_4}{b^3}\end{bmatrix}$$

另外，由于

$$V(Z)=\begin{bmatrix}z_{11} & z_{12}\\ z_{21} & z_{22}\end{bmatrix}$$

我们有

$$v_1=\begin{bmatrix}z_{11}\\ z_{21}\end{bmatrix},v_2=\begin{bmatrix}z_{12}\\ z_{22}\end{bmatrix}$$

根据本章所得理论，将目标函数定义为

$$J=\left\|v_1-v_1^0\right\|_F+\left\|v_2-v_2^0\right\|_F$$

求解优化问题(8-21)，得到最优解矩阵：

$$Z_{opt}=\begin{bmatrix}1.000 & -0.001\\ 0 & 1.000\end{bmatrix}$$

将式(8-23)代入式(8-24)，得到

$$K(0)=\begin{bmatrix}-1\\ 1\end{bmatrix},K(1)=\begin{bmatrix}0\\ -1\end{bmatrix}$$

在此控制律下，模型匹配误差为 $J=1.0\times10^{-4}$ 。

简单证明可以看出，设计的控制器可以精确地把闭环周期系统的极点配置到 0，且其特征向量的误差足够小至可被忽略。

在本节中，LTI 系统的模型匹配问题被转化为约束优化问题，并利用线性离散周期系统的参数化极点配置算法求解。最后的数值例子证明了该方法的有效性。

8.3　线性离散周期系统的模型匹配

8.3.1　问题提出

给定如下目标离散线性周期系统：

$$\boldsymbol{x}(t+1)=\boldsymbol{A}_0\boldsymbol{x}(t) \tag{8-24}$$

式中，$\boldsymbol{x}(t)\in\mathbf{R}^n$ 为系统的状态向量；$\boldsymbol{A}_0(t)$ 为系统矩阵，以 T 为周期，即

$$\boldsymbol{A}_0(t)=\boldsymbol{A}_0(t+T), t\in\mathbf{Z} \tag{8-25}$$

考虑离散周期系统：

$$\boldsymbol{x}(t+1)=\boldsymbol{A}(t)\boldsymbol{x}(t)+\boldsymbol{B}(t)\boldsymbol{u}(t) \tag{8-26}$$

式中，$t\in\mathbf{Z}$; $\boldsymbol{x}(t)\in\mathbf{R}^n$和$\boldsymbol{u}(t)\in\mathbf{R}^r$ 分别为系统的状态向量和输入向量；$\boldsymbol{A}_0(t)\in\mathbf{R}^{n\times n}$，$\boldsymbol{B}(t)\in\mathbf{R}^{n\times r}$ 为系统的系数矩阵，以 T 为周期，即

$$\boldsymbol{A}(t)=\boldsymbol{A}(t+T), \boldsymbol{B}(T)=\boldsymbol{B}(t+T), t\in\mathbf{Z} \tag{8-27}$$

目标系统(8-24)表达了控制系统的希望特性，希望找到周期状态反馈控制律：

$$\boldsymbol{u}(t)=\boldsymbol{K}(t)\boldsymbol{x}(t), \boldsymbol{K}(t)=\boldsymbol{K}(t+T), t\in\mathbf{Z} \tag{8-28}$$

使得系统(8-26)在周期控制律(8-28)的作用下得到的闭环系统

$$\begin{aligned}\boldsymbol{x}(t+1)&=\boldsymbol{A}_{\mathrm{c}}(t)\boldsymbol{x}(t)\\ \boldsymbol{A}_{\mathrm{c}}(t)&=\boldsymbol{A}(t)+\boldsymbol{B}(t)\boldsymbol{K}(t)\end{aligned} \tag{8-29}$$

与目标系统(8-24)充分接近。

经过简单计算可得，闭环系统(8-29)的单值性矩阵为

$$\boldsymbol{\varPsi}_{\mathrm{c}}=\boldsymbol{A}_{\mathrm{c}}(T-1)\boldsymbol{A}_{\mathrm{c}}(T-2)\cdots\boldsymbol{A}_{\mathrm{c}}(0) \tag{8-30}$$

对目标系统的单值性矩阵做如下实约当分解：

$$\boldsymbol{\varPsi}_0=\boldsymbol{A}_0(T-1)\boldsymbol{A}_0(T-2)\cdots\boldsymbol{A}_0(0)=\boldsymbol{V}_0\boldsymbol{F}\boldsymbol{V}_0^{-1} \tag{8-31}$$

式中，$\boldsymbol{V}_0$ 和 $\boldsymbol{F}$ 分别为目标系统的特征向量矩阵和实约当标准型，且

$$\boldsymbol{V}_0=\begin{bmatrix}\boldsymbol{v}_1^0 & \boldsymbol{v}_2^0 & \cdots & \boldsymbol{v}_n^0\end{bmatrix} \tag{8-32}$$

欲使闭环系统(8-29)能够匹配系统(8-24)，需要使得 $\boldsymbol{\Psi}_{\mathrm{c}}$ 和 $\boldsymbol{\Psi}_0$ 具有相同的特征结构，即

$$\boldsymbol{\Psi}_{\mathrm{c}}=\boldsymbol{V}\boldsymbol{F}\boldsymbol{V}^{-1} \tag{8-33}$$

$$\boldsymbol{V}=\begin{bmatrix}\boldsymbol{v}_1 & \boldsymbol{v}_2 & \cdots & \boldsymbol{v}_n\end{bmatrix} \tag{8-34}$$

并进一步使得 $\boldsymbol{V}$ 和 $\boldsymbol{V}_0$ 充分接近。

根据上述分析，离散线性周期系统的模型匹配问题可以描述如下。

问题 8.2 给定欲匹配的离散线性周期目标系统(8-24)和系统(8-26)，其中目标系统(8-24)的特征值和特征向量分别为 s_i 和 $\boldsymbol{v}_i^0(i\in\overline{i,n})$，求解一个周期状态反馈控制律 $\boldsymbol{K}(t)\in\mathbf{R}^{r\times n}$，使得闭环系统(8-29)的单值性矩阵 $\boldsymbol{\Psi}_{\mathrm{c}}$ 满足如下条件。

(1)矩阵 $\boldsymbol{\Psi}_{\mathrm{c}}$ 的特征值为 $s_i\ (i\in\overline{1,n})$。

(2)矩阵 $\boldsymbol{\Psi}_{\mathrm{c}}$ 的特征向量 $\boldsymbol{v}_i$ 和 $\boldsymbol{\Psi}_0$ 的特征向量 $\boldsymbol{v}_i^0$ 尽可能地接近，即

$$\left\|\boldsymbol{v}_i-\boldsymbol{v}_i^0\right\|=\min,\ i=\overline{1,n}$$

8.3.2 控制器设计

与离散线性周期系统(8-26)紧密相关的是其提升时不变系统：

$$\boldsymbol{x}^{\mathrm{L}}(t+1)=\boldsymbol{A}^{\mathrm{L}}(t)\boldsymbol{x}^{\mathrm{L}}(t)+\boldsymbol{B}^{\mathrm{L}}(t)\boldsymbol{u}^{\mathrm{L}}(t) \tag{8-35}$$

式中，

$$\boldsymbol{A}^{\mathrm{L}}=\boldsymbol{A}(T-1)\boldsymbol{A}(T-2)\cdots\boldsymbol{A}(0) \tag{8-36}$$

$$\boldsymbol{B}^{\mathrm{L}}=\begin{bmatrix}\boldsymbol{A}(T-1)\boldsymbol{A}(T-2)\cdots\boldsymbol{B}(0) & \cdots & \boldsymbol{A}(T-1)\boldsymbol{B}(T-2) & \boldsymbol{B}(T-1)\end{bmatrix} \tag{8-37}$$

$$\begin{aligned}&\boldsymbol{u}^{\mathrm{L}}(t)=\begin{bmatrix}\boldsymbol{u}^{\mathrm{T}}(tT) & \boldsymbol{u}^{\mathrm{T}}(tT+1) & \cdots & \boldsymbol{u}^{\mathrm{T}}(tT+T-1)\end{bmatrix}\\&\boldsymbol{x}^{\mathrm{L}}(t)=\boldsymbol{x}^{\mathrm{L}}(tT)\end{aligned}$$

即提升系统的状态和输入分别由原离散周期系统的状态和输入通过有规则地取样和排列构成。

作多项式矩阵分解如下：

$$\left(s\boldsymbol{I}-\boldsymbol{A}^{\mathrm{L}}\right)^{-1}\boldsymbol{B}^{\mathrm{L}}=\boldsymbol{N}(s)\boldsymbol{D}^{-1}(s) \tag{8-38}$$

式中，$\boldsymbol{N}(s)\in\mathbf{R}^{n\times Tr}$ 、$\boldsymbol{D}(s)\in\mathbf{R}^{Tr\times Tr}$ 为关于 s 的右互质多项式矩阵。

记

$$\begin{cases}\boldsymbol{V}(\boldsymbol{Z})=\boldsymbol{N}_0\boldsymbol{Z}+\boldsymbol{N}_1\boldsymbol{Z}\boldsymbol{F}+\cdots+\boldsymbol{N}_\omega\boldsymbol{Z}\boldsymbol{F}^\omega \\ \boldsymbol{W}(\boldsymbol{Z})=\boldsymbol{D}_0\boldsymbol{Z}+\boldsymbol{D}_1\boldsymbol{Z}\boldsymbol{F}+\cdots+\boldsymbol{D}_\omega\boldsymbol{Z}\boldsymbol{F}^\omega\end{cases} \tag{8-39}$$

和

$$\boldsymbol{\Omega}=\left\{Z\left|\det(\sum_{i=0}^{\omega}\boldsymbol{N}_i\boldsymbol{Z}\boldsymbol{F}^i)\neq 0\right.\right\} \tag{8-40}$$

式中，$\boldsymbol{Z}$ 是适当维数的随机参数矩阵，$\boldsymbol{F}$ 是目标系统的实约当标准型。另外，定义如下方程：

$$\boldsymbol{\Gamma}=\left\{\begin{pmatrix}\boldsymbol{K}(0)\\ \boldsymbol{K}(0)\\ \vdots\\ \boldsymbol{K}(T-1)\end{pmatrix}\left|\begin{array}{l}\boldsymbol{X}(\boldsymbol{Z})=\boldsymbol{W}(\boldsymbol{Z})\boldsymbol{V}^{-1}(\boldsymbol{Z}),\ \boldsymbol{Z}\in\boldsymbol{\Omega}\\ \boldsymbol{K}(0)=\boldsymbol{X}_1,\det\left(\boldsymbol{A}_{\mathrm{c}}(0)\right)\neq 0\\ \boldsymbol{K}(i)=\boldsymbol{X}_{i+1}\prod_{j=0}^{i-1}\boldsymbol{A}_{\mathrm{c}}^{-1}(j),\det\left(\boldsymbol{A}_{\mathrm{c}}(i)\right)\neq 0,\\ \qquad\qquad i\in\overline{1,T-1}\end{array}\right.\right\} \tag{8-41}$$

基于以上的准备工作，我们得到如下结论。

引理 8.2[4]　给定完全能达的离散线性周期系统(8-26)，采用周期状态反馈控制律(8-28)将系统(8-26)的极点配置到集合 $\left\{s_i,i\in\overline{1,n}\right\}$，其周期状态反馈增益可以由式(8-39)～式(8-41)进行刻画。

此时，问题 8.2 的第(1)个条件已经得到满足，并且为求解问题 8.2 的第(2)个条件提供了参数化解集。为了满足第(2)个条件，需要最小化

$$J(\boldsymbol{Z})=\alpha_i\sum_{i=1}^{n}\left\|\boldsymbol{v}_i-\boldsymbol{v}_i^0\right\|_{\mathrm{F}} \tag{8-42}$$

式中，$\boldsymbol{v}_i(i=1,2,\cdots,n)$ 是式(8-39)中给定的 $\boldsymbol{V}(\boldsymbol{Z})$ 的第 i 列，加权因子 $\alpha_i\geqslant 0$，表示各个特征向量对应的特征值对系统动态性能的影响。

综上所述，可以将问题 8.2 的解法总结成如下定理。

定理 8.2　给定目标 LTI 系统(8-24)和完全能达的线性离散周期系统(8-26)，记如下约束优化问题

$$
\begin{aligned}
&\text{Minimize}\ \ J(\boldsymbol{Z})\\
&\text{s.t.}\ \ \begin{cases}\boldsymbol{Z}\in\boldsymbol{\Gamma}\\ \det\left(\boldsymbol{A}_{\mathrm{c}}(i)\right)\neq 0,\ i\in\overline{1,T-1}\end{cases}
\end{aligned}
\tag{8-43}
$$

的解为 $\boldsymbol{Z}_{\mathrm{opt}}$，则问题 8.2 的周期反馈控制增益由式(8-41)给出，其中 $\boldsymbol{Z}=\boldsymbol{Z}_{\mathrm{opt}}$。

为了使所提出的方法便于实施，下面给出求解离散线性周期系统模型匹配问题的详细步骤。

算法 8.2 (离散周期系统的模型匹配)

(1) 对于给定的目标矩阵 $\boldsymbol{A}_0$，计算其实约当标准型 $\boldsymbol{F}$ 及其相应的特征向量 $\boldsymbol{v}_i^0(i=1,2,\cdots,n)$。

(2) 根据式(8-36)和式(8-37)计算 $\boldsymbol{A}^{\mathrm{L}}$、$\boldsymbol{B}^{\mathrm{L}}$。

(3) 求右互质多项式矩阵 $\boldsymbol{N}(s)$ 和 $\boldsymbol{D}(s)$ 并获得矩阵 $\boldsymbol{N}_i$、$\boldsymbol{D}_i(i\in\overline{0,\omega})$。

(4) 根据式(8-39)计算 $\boldsymbol{V}(\boldsymbol{Z})$ 和 $\boldsymbol{W}(\boldsymbol{Z})$。

(5) 利用梯度搜索方法及显式公式(8-42)求解优化问题(8-43)。

(6) 将 $\boldsymbol{Z}=\boldsymbol{Z}_{\mathrm{opt}}$ 代入式(8-41)，计算矩阵 $\boldsymbol{K}(i)(i=\overline{0,T-1})$。

注解 8.1 矩阵 $\boldsymbol{F}$ 为欲匹配周期系统单值性矩阵的实约当标准型，其中重根按重数计算。例如，欲匹配周期系统的单值性矩阵的特征值集合为 $\{a_1,a_2,a_2,a_3+jb_3,a_3-jb_3\}$，则

$$
\boldsymbol{F}=\begin{bmatrix} a_1 & & & & \\ & a_2 & 1 & & \\ & & a_2 & & \\ & & & a_3 & b_3 \\ & & & -b_3 & a_3 \end{bmatrix}
$$

经过验证，所提出的方法不要求单值性矩阵具有完全的特征向量系。例如，某周期系统的单值性矩阵为

$$
\boldsymbol{S}=\begin{bmatrix} 4.4 & 3.2 \\ -1.8 & -0.4 \end{bmatrix}
$$

其特征值为 $\{2,2\}$，其实约当标准型为

$$
\boldsymbol{F}=\begin{bmatrix} 2 & 1 \\ 0 & 2 \end{bmatrix}
$$

其特征向量矩阵为

$$V=\begin{bmatrix}0.8 & -0.8\\ -0.6 & 0.6\end{bmatrix}$$

此时，特征向量是线性相关的。经过验证，不完全特征向量和完全特征向量都可以实现运算，且没有任何影响。

8.3.3　数值算例

例 8.2　考虑一个周期为 3 的二阶离散线性周期时变系统：

$$\boldsymbol{x}(t+1)=\boldsymbol{A}(t)\boldsymbol{x}(t)+\boldsymbol{B}(t)\boldsymbol{u}(t) \tag{8-44}$$

该系统具有如下参数矩阵:

$$\boldsymbol{A}(t)=\begin{cases}\begin{bmatrix}3 & 0\\ 0 & 2\end{bmatrix}, & t=3k\\ \begin{bmatrix}0 & 1\\ 3 & 0\end{bmatrix}, & t=3k+1\\ \begin{bmatrix}1 & 1\\ 1 & 0\end{bmatrix}, & t=3k+2\end{cases}$$

式中，$k\in\mathbf{Z}$。目标是寻找周期状态反馈控制律:

$$\boldsymbol{u}(t)=\begin{cases}\boldsymbol{K}(0)\boldsymbol{x}(t), & k=3k\\ \boldsymbol{K}(1)\boldsymbol{x}(t), & k=3k+1\\ \boldsymbol{K}(2)\boldsymbol{x}(t), & k=3k+2\end{cases}$$

使得闭环系统 $x(t+1)=\left(\boldsymbol{A}(t)+\boldsymbol{B}(t)\boldsymbol{K}(t)\right)x(t)$ 和目标系统 $\boldsymbol{x}(t+1)=\boldsymbol{A}_0(t)\boldsymbol{x}(t)$ 实现模型匹配，其中：

$$\boldsymbol{A}_0(t)=\begin{cases}\begin{bmatrix}0 & 1\\ 2 & 1\end{bmatrix}, & t=3k\\ \begin{bmatrix}0 & 1\\ 1 & 1\end{bmatrix}, & t=3k+1\\ \begin{bmatrix}0 & 1\\ 3 & 0\end{bmatrix}, & t=3k+2\end{cases}$$

通过验证可知，系统(8-44)是完全能达的。此外，通过计算可以得到目标系统的实约当标准型和相应的特征向量矩阵为

$$\boldsymbol{F}=\begin{bmatrix}6 & 0\\0 & -1\end{bmatrix},\ \boldsymbol{V}_0=\begin{bmatrix}1 & 2\\2 & -3\end{bmatrix}$$

有

$$\boldsymbol{v}_1^0=\begin{bmatrix}1\\2\end{bmatrix},\ \boldsymbol{v}_2^0=\begin{bmatrix}2\\-3\end{bmatrix}$$

根据式(8-36)和式(8-37),求得系统(8-44)的提升系统矩阵为

$$\boldsymbol{A}^{\mathrm{L}}=\begin{bmatrix}9 & 2\\0 & 2\end{bmatrix},\ \boldsymbol{B}^{\mathrm{L}}=\begin{bmatrix}3 & 1 & 1\\0 & 0 & 0\end{bmatrix}$$

求右互质分解可得

$$\boldsymbol{D}(s)=\begin{bmatrix}0 & 0 & 1\\s-9 & -s & -3\\0 & s-2 & 0\end{bmatrix},\boldsymbol{N}(s)=\begin{bmatrix}1 & 0 & 0\\0 & 1 & 0\end{bmatrix}$$

进一步，可得到

$$\boldsymbol{D}_0=\begin{bmatrix}0 & 0 & 1\\-9 & 0 & -3\\0 & -2 & 0\end{bmatrix},\boldsymbol{D}_1=\begin{bmatrix}0 & 0 & 0\\1 & -1 & 0\\0 & 1 & 0\end{bmatrix}$$

$$\boldsymbol{N}_0=\begin{bmatrix}1 & 0 & 0\\0 & 1 & 0\end{bmatrix}$$

令 $\boldsymbol{Z}=\begin{bmatrix}z_{11} & z_{12}\\z_{21} & z_{22}\\z_{31} & z_{32}\end{bmatrix}$，根据式(8-39)，可得到

$$\boldsymbol{V}(\boldsymbol{Z})=\begin{bmatrix}z_{11} & z_{12}\\z_{21} & z_{22}\end{bmatrix}$$

$$\boldsymbol{W}(\boldsymbol{Z})=\begin{bmatrix}z_{31} & z_{32}\\-3z_{11}-3z_{31}-6z_{21} & -10z_{12}-3z_{32}+z_{22}\\4z_{21} & -2z_{32}-z_{22}\end{bmatrix}$$

进而有

$$\boldsymbol{v}_1 = \begin{bmatrix} z_{11} \\ z_{21} \end{bmatrix}, \boldsymbol{v}_2 = \begin{bmatrix} z_{12} \\ z_{22} \end{bmatrix}$$

根据上述所得，目标函数可以表示为

$$J = \left\| \boldsymbol{v}_1 - \boldsymbol{v}_1^0 \right\|_{\mathrm{F}} + \left\| \boldsymbol{v}_2 - \boldsymbol{v}_2^0 \right\|_{\mathrm{F}}$$

取式(8-42)中的 $\alpha_1 = \alpha_2 = 1$，利用 Matlab 优化工具箱进行优化，可以得到一个最优决策矩阵：

$$\boldsymbol{Z}_{\mathrm{opt}} = \begin{bmatrix} 1.0000 & 2.0000 \\ 2.0000 & -3.0000 \\ -0.3011 & 0.0223 \end{bmatrix}$$

将其代入式(8-41)，可得

$$\boldsymbol{K}(0) = \begin{bmatrix} -0.1227 & -0.0892 \end{bmatrix}$$
$$\boldsymbol{K}(1) = \begin{bmatrix} -4.3902 & -0.5620 \end{bmatrix}$$
$$\boldsymbol{K}(2) = \begin{bmatrix} -0.2500 & -1.5000 \end{bmatrix}$$

此时匹配误差 $J= 0$，即利用此控制器可以实现零误差匹配。由此可见，本书所提出的离散线性周期系统模型匹配的方法是有效的。

8.4 本 章 小 结

本章研究了基于周期状态反馈的离散线性周期系统的模型匹配问题。不同于已有结果中基于频域的考虑，从时域角度出发，采用参数化极点配置算法，将上述模型匹配问题转化为一个约束优化问题。其中,目标函数为目标系统特征向量和闭环系统特征向量匹配误差的加权范数之和，此外，由于参数化极点配置算法给出了无数个周期控制律，给优化问题的求解提供了极大的自由度，从而降低了设计的保守性。最后通过数值算例充分表明了所提出方法可以使得给定的离散线性周期系统和目标离散线性周期系统实现精确匹配。

第 9 章　鲁棒周期控制方法在卫星姿态控制中的应用

在轨运行的卫星都承担特定的探测、开发和利用空间的任务。比如，通信卫星可以为人们传递电视、电话信号，气象卫星携带的遥感设备俯瞰整个地球大气层，对地球上的风、云、雨以及森林火灾进行监测，地球资源卫星利用遥感仪器来发现在地面和低空难以发现的地理特征，利用它所获得的资料，可准确估计地球上各地区的植被、地质、水文、海水等方面的资源情况，导航卫星可以帮助海上航行的船只辨明方向和位置。为了完成这些任务，对卫星的姿态控制提出了各种要求。这些要求中最基本的就是对姿态稳定的要求。例如，通信卫星的定向天线要指向地面特定目标区，对地观测卫星的观测仪器应瞄准地球上某目标或按一定规则对目标扫描；空间探测卫星要求探测器指向空间某方位；等等[121]。为此，卫星需要捕获目标，并在捕获后保持跟踪和定向。这种克服内外干扰力矩使得卫星姿态保持对某参考方位定向的控制任务称为姿态稳定。

在轨运行的卫星，由于受到内外力矩的作用，其姿态总是在变化。卫星星体上受到的外力矩是指由卫星与周围环境通过介质接触或场的相互作用而产生的力矩，主要有太阳辐射压力矩、重力梯度力矩和地磁力矩等[122]。环境力矩是客观存在的，它可以成为卫星的干扰力矩，也可以用来实现姿态稳定。例如，重力梯度力矩可以用来实现卫星姿态的被动控制，除此之外，重力梯度力矩可以和固定转速的飞轮以及磁力矩器联合起来以实现对卫星姿态的控制。利用卫星上磁体的磁矩与卫星所处位置的地磁场相互作用产生的力矩，已经成功地应用于自旋卫星、双自旋卫星、重力梯度稳定卫星以及三轴稳定卫星的控制。例如，20 世纪 90 年代较成功的应用例证有 Ithaco 公司磁控——动量扫描轮组合控制以及 RCA 公司的 Satcom 同步轨道磁控与偏置动量轮组合控制，它们均获得较高的指向精度。磁控在救活失控的卫星时，曾做出过显著的贡献，例如，美国国防气象卫星 Block5D-1，中国的“风云一号”卫星在抢救过程中也充分利用了磁控[121]。因而目前长寿命应用卫星大都有磁控系统。由于磁力矩器具有成本低、重量轻、可靠性高等优点，它被广泛地应用于小卫星的姿态控制。但是通常在姿态控制中磁力矩器的主要作用只是消除章动或给动量轮去饱和。由于地磁场在轨道上周期变化，在磁执行器作用下的卫星滚动偏航动态系统本质上是周期的。因此，实现三轴稳定时，需要针对这种周期性，设计一个相应的控制规律，以保障系统的稳定性。

本章考虑设计一个周期时变控制器对卫星姿态进行三轴稳定控制的问题。本章共分四节，9.1 节给出了卫星滚动、偏航通道的线性周期模型；9.2 节通过对滚动、偏航通道的线性连续周期模型进行周期采样离散化，获得了其相应的线性离散周期模型，并为其设计了周期状态反馈控制器；9.3 节对目标函数进行优化，求得鲁棒控制器，并据此对卫星姿态控制系统进行数值仿真，以验证该控制器的有效性。

9.1　卫星姿态的线性周期模型

卫星的姿态的描述离不开坐标系，为了确定卫星的姿态，需要建立两个坐标系，即空间参考坐标系和卫星本体坐标系。姿态信息通过本体坐标系和参考坐标系之间的相对关系来描述。本章需要两个参考坐标系：一个是地心惯性坐标系 $O_I X_I Y_I Z_I$，一个是轨道坐标系 $OX_O Y_O Z_O$。这两个空间参考坐标系的示意图如图 9-1 所示。

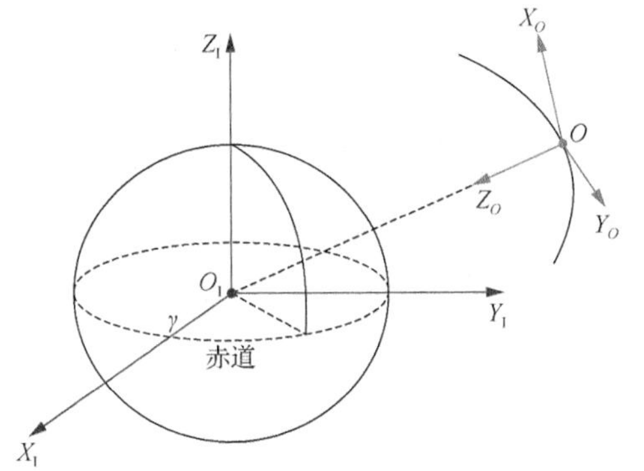

图 9-1　惯性坐标系和轨道坐标系

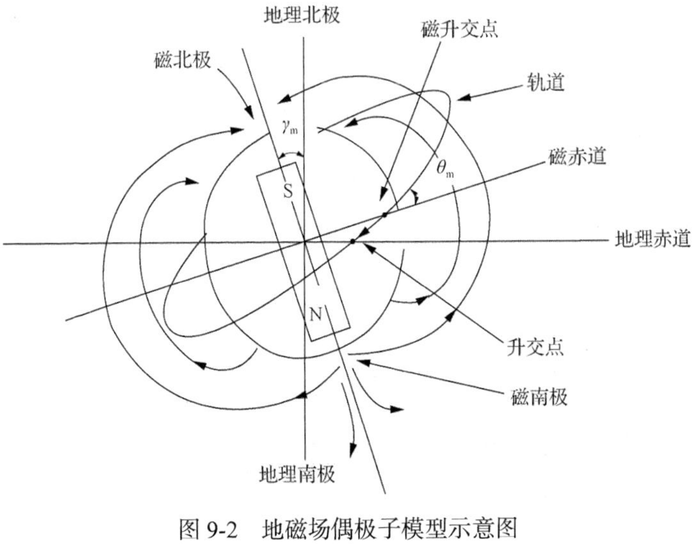

图 9-2　地磁场偶极子模型示意图

在轨道坐标系下考虑地球磁场的偶极子模型。在计算地磁场强度时，把地磁场近似为斜偶极子，偶极子相当于磁棒，磁棒轴方向相当于偶极矩的方向。地磁场偶极子模型的示意图如图 9-2 所示。其中 γ_{m} 为磁北极与地理北极之间的夹角，θ_{m} 为磁轨道倾角，即卫星轨道与磁赤道之间的夹角。

当卫星在极地轨道上工作时，用偶极子模型进行估算，地磁场强度可以由下式给出：

$$
{}^{O}B = b_{\mathrm{m}}\begin{pmatrix}\cos\lambda \\ 0 \\ 2\sin\lambda\end{pmatrix} = b_{\mathrm{m}}\begin{pmatrix}\cos\omega_0 t \\ 0 \\ 2\sin\omega_0 t\end{pmatrix}
$$

式中，$\lambda=\omega_0 t$ 是轨道纬度，$b_{\mathrm{m}}=\mu_{\mathrm{m}}/(r_{\mathrm{e}}+r_{\mathrm{a}})^3$ 是相对于地球平均半径 r_{e} 的轨道经度 r_{a} 处的磁场强度。

在平行于卫星的本体坐标系位置上放置三个正交的磁力矩器，令 ${}^{B}D=\begin{pmatrix}d_x & d_y & d_z\end{pmatrix}^{\mathrm{T}}$ 代表这三个磁力矩器产生的磁动量。在姿态偏差很小的情况下，三个磁力矩器和轨道坐标系之间的任何轻微的不平行可以忽略不计，也就是说，${}^{B}B\simeq {}^{O}\mathrm{B}$。磁动量 ${}^{B}D$ 和地球磁场强度 ${}^{B}B$ 的相互作用产生了一个控制力矩：

$$
\begin{aligned}
B_{\tau_{\mathrm{c}}} &= {}^{B}D\times {}^{B}B \\
B_{\tau_{\mathrm{c}}} &= \begin{pmatrix}T_1 \\ T_2 \\ T_3\end{pmatrix} = b_{\mathrm{m}}\begin{pmatrix}2d_y\sin\omega_0 t \\ d_z\cos\omega_0 t - 2d_z\sin\omega_0 t \\ -d_y\cos\omega_0 t\end{pmatrix}
\end{aligned}
\tag{9-1}
$$

由式(9-1)可以看出，卫星的俯仰通道控制力矩和滚动/偏航通道的控制力矩是解耦的，可以通过取滚动和偏航磁力矩器动量为 $d_x=-d\sin\omega_0 t$，$d_z=2d\cos\omega_0 t$ 来得到俯仰通道的时不变动态：

$$
T_2 = 2b_{\mathrm{m}}d \tag{9-2}
$$

式中，d 是俯仰姿态控制器的输出[122]。对于滚动和偏航通道而言，没有类似的变换可以将其变成时不变系统，因为式(9-1)中第一个和第三个元素都线性依赖于单个控制变量 d_y，且这种依赖是周期时变的。

卫星动力学方程的线性化模型可以写成[53]

$$
\begin{cases}
I_1\ddot{\phi}+\left[\omega_0^2(I_2-I_3)+\omega_0h_2\right]\phi-\left[\omega_0(I_1-I_2+I_3)-h_2\right]\dot{\psi}=T_1+T_{\mathrm{d1}}\\
I_2\ddot{\theta}=T_2+T_{\mathrm{d2}}\\
I_3\ddot{\psi}+\left[\omega_0^2(I_2-I_1)+\omega_0h_2\right]\psi-\left[\omega_0(I_1-I_2+I_3)-h_2\right]\dot{\phi}=T_3+T_{\mathrm{d3}}
\end{cases}
\tag{9-3}
$$

式中，ϕ、θ、ψ 分别表示滚动、俯仰、偏航角；I_1、I_2、I_3 是卫星相对于本体坐标系主轴的转动惯量；h_2 是俯仰轴上偏置动量轮的角动量；ω_0 是轨道角速率；T_1、T_2、T_3 是控制力矩，它们由磁力矩器产生；$T_{\mathrm{d}i}(i=1,2,3)$ 是干扰力矩，包括地磁场模型误差的影响。

将方程(9-1)中的 T_1 和 T_3 代入到方程(9-3)中的第一式和第三式可得如下的正规化的状态空间表示：

$$
\begin{bmatrix}\dot{\phi}\\ \dot{\psi}\\ \ddot{\bar{\phi}}\\ \ddot{\bar{\psi}}\end{bmatrix}=\begin{bmatrix}0&0&\omega_{\mathrm{n}}&0\\0&0&0&\omega_{\mathrm{n}}\\a_{31}&0&0&a_{34}\\0&a_{42}&a_{43}&0\end{bmatrix}\begin{bmatrix}\phi\\ \psi\\ \dot{\bar{\phi}}\\ \dot{\bar{\psi}}\end{bmatrix}+\begin{bmatrix}0\\0\\ \dfrac{2b_{\mathrm{m}}\sin\omega_0t}{\omega_{\mathrm{n}}I_1}\\ \dfrac{-b_{\mathrm{m}}\cos\omega_0t}{\omega_{\mathrm{n}}I_3}\end{bmatrix}d_y+\begin{bmatrix}0&0\\0&0\\ \dfrac{1}{\omega_{\mathrm{n}}}I_1&0\\0&\dfrac{1}{\omega_{\mathrm{n}}}I_3\end{bmatrix}\begin{bmatrix}T_{\mathrm{d1}}\\T_{\mathrm{d3}}\end{bmatrix}
$$

式中，

$$
\begin{aligned}
a_{31}&=\left[h_y\omega_0-4\omega_0^2(I_1-I_3)\right]\Big/(\omega_{\mathrm{n}}I_1)\\
a_{34}&=\left[h_y+\omega_0(I_1-I_2+I_3)\right]\Big/I_1\\
a_{42}&=\left[h_y\omega_0-\omega_0^2(I_y-I_x)\right]\Big/(\omega_{\mathrm{n}}I_3)\\
a_{43}&=-\left[h_y+\omega_0(I_1-I_2+I_3)\right]\Big/I_3
\end{aligned}
$$

容易看出姿态角速率被章动频率 $\omega_{\mathrm{n}}=-h_y\big/\sqrt{I_1I_3}$ 缩小致使 $\dot{\phi}=\omega_{\mathrm{n}}\dot{\bar{\phi}}$，$\dot{\psi}=\omega_{\mathrm{n}}\dot{\bar{\psi}}$。选取这种正规化的形式主要是为了提高控制器设计和分析中的数值计算方面的优越性。

如果不考虑干扰力矩、滚动和偏航轴的动力学方程可以用下面的状态方程表示：

$$
\dot{\boldsymbol{x}}=\boldsymbol{A}\boldsymbol{x}+\boldsymbol{B}(t)d_y \tag{9-4}
$$

式中，

$$\boldsymbol{x}=\begin{bmatrix}\phi\\ \psi\\ \dot{\phi}\\ \dot{\psi}\end{bmatrix},\ \boldsymbol{A}=\begin{bmatrix}0&0&\omega_{\mathrm{n}}&0\\ 0&0&0&\omega_{\mathrm{n}}\\ a_{31}&0&0&a_{34}\\ 0&a_{42}&a_{43}&0\end{bmatrix},\ \boldsymbol{B}(t)=b_{\mathrm{m}}\begin{bmatrix}0\\ 0\\ \dfrac{2\sin\omega_0 t}{\omega_{\mathrm{n}}I_1}\\ \dfrac{-\cos\omega_0 t}{\omega_{\mathrm{n}}I_3}\end{bmatrix}$$

由于 $\boldsymbol{B}(t)$ 是一个周期时变函数，所以系统(9-4)是一个线性周期系统。

由于俯仰通道的动态独立于滚动和偏航通道，是一个简单的时不变系统，非常容易控制，本书仅仅考虑滚动和偏航通道的控制器设计。下面给出对于某一特定的实验系统，其相应的系统参数：

$$\begin{aligned}&I_1=5746\mathrm{kg}\cdot\mathrm{m}^2, I_2=6147\mathrm{kg}\cdot\mathrm{m}^2\\ &I_3=10821\mathrm{kg}\cdot\mathrm{m}^2,\ \ h_y=-420\mathrm{Nm}\cdot\mathrm{s}\\ &\omega_0=0.00103448\,\mathrm{rad/s},\ \ b_{\mathrm{m}}=3.13\times10^{-5}\,\mathrm{T}\end{aligned}$$

由此可以求得系统(9-4)的系统矩阵：

$$\boldsymbol{A}=\begin{bmatrix}0&0&0.05318064&0\\ 0&0&0&0.05318064\\ -0.001352134&0&0&-0.07099273\\ 0&-0.0007557182&0.03781555&0\end{bmatrix}$$

$$\boldsymbol{B}=\begin{bmatrix}0\\ 0\\ 0.1389735\times10^{-6}\sin\omega_0 t\\ -0.3701336\times10^{-7}\cos\omega_0 t\end{bmatrix}$$

9.2　卫星姿态镇定控制器设计

由于潜在的数学理论和计算方面的困难，用连续时间的方法来解滚动偏航通道的控制问题相当复杂。然而，用本书提出的离散周期系统的方法可以获得该问题的一个比较简单的解。

令 K 代表在一个完整轨道上要采取控制的取样周期数目，令 T 代表相应的采样周期，显然有 $T=2\pi/(\omega_0 K)$。那么线性连续周期系统(9-4)的离散化系统为

$$\boldsymbol{x}(k+1)=\boldsymbol{A}(k)\boldsymbol{x}(k)+\boldsymbol{B}(k)d_y(k) \tag{9-5}$$

其系统矩阵可以显式地计算出来：

$$\boldsymbol{A}(k)=\mathrm{e}^{\boldsymbol{A}T},\boldsymbol{B}(k)=\int_{kT}^{(k+1)T}\mathrm{e}^{\boldsymbol{A}[(k+1)T-\tau]}\boldsymbol{B}(\tau)\mathrm{d}\tau$$

在本节，我们取 $K=24$ ，相应地有 $T=253.0734$ 。为了方便起见，给出离散化后相应的系统矩阵：

$$\boldsymbol{A}(k)=\begin{bmatrix} 0.9600 & 0.2415 & 0.9080 & -0.3796 \\ -0.2301 & 0.9631 & 0.2022 & 1.0507 \\ -0.0231 & 0.0054 & 0.6900 & -0.9706 \\ -0.0051 & -0.0149 & 0.5170 & 0.6932 \end{bmatrix} \triangleq \boldsymbol{A}^*,\ k=\overline{0,23}$$

$$\boldsymbol{B}(0)=10^{-4}\times\begin{bmatrix} 0.1261 \\ 0.0149 \\ 0.0031 \\ -0.0027 \end{bmatrix},\ \boldsymbol{B}(1)=10^{-4}\times\begin{bmatrix} 0.1280 \\ 0.0757 \\ 0.0085 \\ -0.0013 \end{bmatrix}$$

$$\boldsymbol{B}(2)=10^{-4}\times\begin{bmatrix} 0.1211 \\ 0.1313 \\ 0.0133 \\ -0.0002 \end{bmatrix},\ \boldsymbol{B}(3)=10^{-4}\times\begin{bmatrix} 0.1060 \\ 0.1780 \\ 0.0172 \\ -0.0016 \end{bmatrix}$$

$$\boldsymbol{B}(4)=10^{-4}\times\begin{bmatrix} 0.0836 \\ 0.2126 \\ 0.0200 \\ 0.0030 \end{bmatrix},\ \boldsymbol{B}(5)=10^{-4}\times\begin{bmatrix} 0.0556 \\ 0.2326 \\ 0.0214 \\ 0.0041 \end{bmatrix}$$

$$\boldsymbol{B}(6)=10^{-4}\times\begin{bmatrix} 0.0238 \\ 0.2368 \\ 0.0213 \\ 0.0050 \end{bmatrix},\ \boldsymbol{B}(7)=10^{-4}\times\begin{bmatrix} -0.0097 \\ 0.2249 \\ 0.0198 \\ 0.0055 \end{bmatrix}$$

$$\boldsymbol{B}(8)=10^{-4}\times\begin{bmatrix} -0.0425 \\ 0.1976 \\ 0.0169 \\ 0.0057 \end{bmatrix},\ \boldsymbol{B}(9)=10^{-4}\times\begin{bmatrix} -0.0724 \\ 0.1569 \\ 0.0129 \\ 0.0054 \end{bmatrix}$$

$$\boldsymbol{B}(10)=10^{-4}\times\begin{bmatrix}-0.0947\\0.1055\\0.0080\\0.0048\end{bmatrix},\ \boldsymbol{B}(11)=10^{-4}\times\begin{bmatrix}-0.1157\\0.0469\\0.0025\\0.0039\end{bmatrix}$$

$$\boldsymbol{B}(12)=10^{-4}\times\begin{bmatrix}-0.1261\\-0.0149\\-0.0031\\0.0027\end{bmatrix},\ \boldsymbol{B}(13)=10^{-4}\times\begin{bmatrix}-0.1280\\-0.0757\\-0.0085\\-0.0013\end{bmatrix}$$

$$\boldsymbol{B}(14)=10^{-4}\times\begin{bmatrix}-0.1211\\-0.1313\\-0.0133\\-0.0002\end{bmatrix},\ \boldsymbol{B}(15)=10^{-4}\times\begin{bmatrix}-0.1060\\-0.1780\\-0.0172\\-0.0016\end{bmatrix}$$

$$\boldsymbol{B}(16)=10^{-4}\times\begin{bmatrix}-0.0836\\-0.2126\\-0.0200\\-0.0030\end{bmatrix},\ \boldsymbol{B}(17)=10^{-4}\times\begin{bmatrix}-0.0556\\-0.2326\\-0.0214\\-0.0041\end{bmatrix}$$

$$\boldsymbol{B}(18)=10^{-4}\times\begin{bmatrix}-0.0238\\-0.2368\\-0.0213\\-0.0050\end{bmatrix},\ \boldsymbol{B}(19)=10^{-4}\times\begin{bmatrix}0.0097\\-0.2249\\-0.0198\\-0.0055\end{bmatrix}$$

$$\boldsymbol{B}(20)=10^{-4}\times\begin{bmatrix}0.0425\\-0.1976\\-0.0169\\-0.0057\end{bmatrix},\ \boldsymbol{B}(21)=10^{-4}\times\begin{bmatrix}0.0724\\-0.1569\\-0.0129\\-0.0054\end{bmatrix}$$

$$\boldsymbol{B}(22)=10^{-4}\times\begin{bmatrix}0.0974\\-0.1055\\-0.0080\\-0.0048\end{bmatrix},\ \boldsymbol{B}(23)=10^{-4}\times\begin{bmatrix}0.1157\\-0.0469\\-0.0025\\-0.0039\end{bmatrix}$$

容易计算连续系统(9-4)的开环极点为

$$\Gamma=\{0\pm0.0529\mathrm{i},\ 0\pm0.0010\mathrm{i}\}$$

显然该系统处于临界稳定状态，任何微小的扰动都可能导致系统发散，为此，我们针对线性离散周期系统(9-5)设计周期状态反馈控制律：

$$d_y(k) = \boldsymbol{K}(k)x(k),\ k \in \overline{0,23}$$

使得闭环系统的极点为

$$s_{1,2} = 0.6 \pm 0.3\mathrm{i},\quad s_{3,4} = 0.6 \pm 0.4\mathrm{i}$$

并且使其对系统中的扰动尽量不敏感。

根据第 4 章状态反馈极点配置的结果，对系统(9-5)做参数化极点配置，其步骤如下。

(1) 令 $\boldsymbol{A}^{\mathrm{L}} = \left(\boldsymbol{A}^*\right)^{24}$，$\boldsymbol{B}^{\mathrm{L}} = \left[\boldsymbol{A}(k)^{23}\boldsymbol{B}(0)\quad \boldsymbol{A}(k)^{22}\boldsymbol{B}(1)\quad \cdots \quad \boldsymbol{B}(23)\right]$；计算可得

$$\boldsymbol{A}^{\mathrm{L}} = \begin{bmatrix} 0.9883 & -0.1206 & 0.5626 & -0.3129 \\ 0.1150 & 0.9909 & 0.1667 & 0.4913 \\ -0.0143 & 0.0044 & 0.7658 & -0.8717 \\ -0.0042 & -0.0070 & 0.4643 & 0.7685 \end{bmatrix}$$

$$\boldsymbol{B}^{\mathrm{L}} = 10^{-4} \times \begin{bmatrix} \boldsymbol{B}_1^{\mathrm{L}} & \boldsymbol{B}_2^{\mathrm{L}} & \boldsymbol{B}_3^{\mathrm{L}} & \boldsymbol{B}_4^{\mathrm{L}} \end{bmatrix}$$

式中，

$$\boldsymbol{B}_1^{\mathrm{L}} = \begin{bmatrix} 0.1113 & 0.0501 & -0.0452 & -0.1428 & -0.2134 & -0.2415 \\ 0.0583 & 0.1342 & 0.1768 & 0.1754 & 0.1263 & 0.0383 \\ 0.0039 & 0.0080 & 0.0049 & -0.0053 & -0.0144 & -0.0138 \\ -0.0027 & -0.0044 & -0.0074 & -0.0059 & 0.0022 & 0.0126 \end{bmatrix}$$

$$\boldsymbol{B}_2^{\mathrm{L}} = \begin{bmatrix} -0.2266 & -0.1761 & -0.0999 & -0.0111 & 0.0698 & 0.1178 \\ -0.0656 & -0.1536 & -0.1981 & -0.1874 & -0.1286 & -0.0412 \\ -0.0037 & 0.0074 & 0.0107 & 0.0054 & -0.0010 & -0.0015 \\ 0.0175 & 0.0132 & 0.0032 & -0.0048 & -0.0065 & -0.0042 \end{bmatrix}$$

$$\boldsymbol{B}_3^{\mathrm{L}} = \begin{bmatrix} 0.1136 & 0.0561 & -0.0351 & -0.1296 & -0.2009 & -0.2353 \\ 0.0525 & 0.1325 & 0.1812 & 0.1846 & 0.1372 & 0.0482 \\ 0.0033 & 0.0060 & 0.0060 & -0.0087 & -0.0140 & -0.0089 \\ -0.0034 & -0.0057 & -0.0074 & -0.0034 & 0.0064 & 0.0157 \end{bmatrix}$$

$$\boldsymbol{B}_4^{\mathrm{L}} = \begin{bmatrix} -0.2302 & -0.1882 & -0.1151 & -0.0237 & 0.0626 & 0.1157 \\ -0.0572 & -0.1462 & -0.1922 & -0.1848 & -0.1307 & -0.0469 \\ 0.0029 & 0.0116 & 0.0105 & 0.0025 & -0.0036 & -0.0025 \\ 0.0174 & 0.0102 & -0.0002 & -0.0065 & -0.0064 & -0.0039 \end{bmatrix}$$

(2) 解右互质分解 $\left(s\boldsymbol{I} - \boldsymbol{A}^{\mathrm{L}}\right)^{-1}\boldsymbol{B}^{\mathrm{L}} = \boldsymbol{N}(s)\boldsymbol{D}^{-1}(s)$ 根据求得的 $\boldsymbol{N}(s)$ 和 $\boldsymbol{D}(s)$，进一步求得 $\boldsymbol{N}_0$、$\boldsymbol{D}_0$ 和 $\boldsymbol{D}_1$ 如下：

$$N_0 = \begin{bmatrix} 0_{4\times20} & N_{02} \end{bmatrix}$$

$$D_0 = \begin{bmatrix} D_{01} & D_{02} & D_{03} & D_{04} \end{bmatrix}$$

$$D_1 = 10^5 \times \begin{bmatrix} 0_{24\times20} & D_{12} \end{bmatrix}$$

式中，

$$N_{02} = \begin{bmatrix} 0 & 1 & 0 & 0 \\ 1 & 0 & 0 & 0 \\ 0 & 0 & 1 & 0 \\ 0 & 0 & 0 & 1 \end{bmatrix}$$

$$D_{01} = \begin{bmatrix}
-0.1486 & 0.0167 & -0.0090 & 0.2253 & -0.1644 & 0.0142 \\
0.0779 & -0.2378 & 0.3312 & 0.1687 & -0.1007 & 0.3537 \\
0.1552 & -0.215 & -0.0754 & -0.2195 & -0.0524 & -0.0098 \\
0.0039 & -0.2556 & -0.1899 & 0.2214 & 0.0974 & -0.294 \\
0.0184 & -0.0469 & 0.0439 & 0.0618 & 0.0524 & 0.0089 \\
0.0232 & 0.0229 & 0.0683 & -0.0124 & 0.0479 & 0.0536 \\
0.0434 & 0.0532 & 0.0371 & -0.1181 & 0.0330 & 0.0509 \\
0.0517 & 0.0363 & -0.0471 & 0.8325 & 0.0277 & -0.0245 \\
0.0282 & 0.0072 & -0.1273 & -0.1183 & 0.0347 & -0.1232 \\
-0.01601 & 0.0026 & 0.8563 & -0.0146 & 0.0379 & -0.1648 \\
-0.04726 & 0.0214 & -0.0891 & 0.0579 & 0.0212 & -0.1158 \\
0.9585 & 0.0280 & -0.0131 & 0.0558 & -0.0111 & -0.0209 \\
-0.0071 & -0.0056 & 0.0289 & 0.0144 & 0.9642 & 0.0431 \\
0.0251 & -0.0644 & 0.0280 & 0.0004 & -0.0327 & 0.0432 \\
0.0330 & 0.8989 & 0.0216 & 0.0347 & -0.0047 & 0.0161 \\
0.0242 & -0.0826 & 0.0444 & 0.0679 & 0.0253 & 0.0196 \\
0.0237 & -0.0238 & 0.0834 & 0.0352 & 0.0363 & 0.0636 \\
0.0440 & 0.0259 & 0.0881 & -0.0671 & 0.0291 & 0.0949 \\
0.0682 & 0.0309 & 0.0255 & -0.1669 & 0.0224 & 0.0540 \\
0.0664 & 0.0023 & -0.0784 & -0.1817 & 0.0305 & -0.0560 \\
0.0279 & -0.0180 & -0.1548 & -0.0980 & 0.0466 & -0.1622 \\
-0.0248 & -0.0038 & -0.1534 & 0.0155 & 0.0497 & 0.8129 \\
-0.0549 & 0.0273 & -0.0864 & 0.0754 & 0.0274 & -0.1195 \\
-0.0452 & 0.0335 & -0.0119 & 0.0611 & -0.0088 & -0.0218
\end{bmatrix}$$

$$
\boldsymbol{D}_{02}=\begin{bmatrix}
-0.141 & -0.0719 & -0.0912 & 0.2176 & 0.3372 & 0.0984 \\
0.0888 & 0.2640 & 0.2503 & 0.1680 & 0.0410 & 0.2896 \\
0.1900 & 0.2193 & 0.1457 & -0.3759 & 0.0397 & -0.2700 \\
0.0020 & -0.1993 & -0.1682 & 0.1350 & 0.2257 & 0.0014 \\
0.0106 & -0.0182 & 0.0058 & 0.0820 & -0.0450 & 0.0865 \\
0.0145 & 0.0159 & 0.0353 & 0.0279 & -0.1213 & 0.0635 \\
0.0411 & 0.0582 & 0.0584 & -0.0969 & 0.8469 & -0.0345 \\
0.0560 & 0.0470 & 0.0323 & -0.1863 & -0.1104 & -0.1377 \\
0.0330 & -0.0265 & -0.0384 & -0.1606 & -0.0219 & 0.8340 \\
-0.0164 & -0.1035 & -0.1002 & -0.0452 & 0.0511 & -0.1046 \\
-0.0521 & -0.1152 & 0.8978 & 0.0570 & 0.0703 & -0.0146 \\
-0.0447 & -0.0513 & -0.0447 & 0.0689 & 0.0499 & 0.0310 \\
-0.0037 & 0.0306 & 0.0220 & 0.0121 & 0.0318 & 0.0184 \\
0.0328 & 0.0642 & 0.0489 & -0.0263 & 0.0355 & -0.0020 \\
0.0380 & 0.0399 & 0.0351 & 0.0061 & 0.0371 & 0.0206 \\
0.0218 & 0.0087 & 0.0215 & 0.0673 & -0.0000 & 0.0751 \\
0.01673 & 0.0222 & 0.0412 & 0.0662 & -0.0773 & 0.0959 \\
0.0399 & 0.0724 & 0.0788 & -0.0347 & -0.1478 & 0.0337 \\
0.0716 & 0.0982 & 0.0850 & -0.1689 & -0.1560 & -0.0856 \\
0.07424 & 0.0501 & 0.0295 & 0.7760 & -0.0905 & -0.1766 \\
0.0326 & -0.0520 & -0.0607 & -0.1510 & 0.0032 & -0.1728 \\
-0.0276 & -0.1325 & -0.1220 & -0.0118 & 0.0644 & -0.0877 \\
-0.0620 & 0.8693 & -0.1124 & 0.0823 & 0.0702 & 0.0030 \\
0.9506 & -0.0577 & -0.0490 & 0.0782 & 0.0480 & 0.0374
\end{bmatrix}
$$

$$
\boldsymbol{D}_{03}=\begin{bmatrix}
0.1105 & 0.3154 & -0.1113 & 0.3600 & 0.3809 & 0.1811 \\
0.3111 & 0.0055 & -0.2107 & -0.1124 & -0.0530 & -0.2167 \\
-0.2994 & -0.1698 & -0.2480 & 0.1106 & 0.2461 & 0.0153 \\
-0.1439 & 0.2752 & -0.0260 & 0.1323 & -0.0314 & -0.3425 \\
0.0673 & 0.0087 & 0.0392 & -0.1109 & -0.1647 & -0.1504 \\
0.0748 & -0.0747 & 0.0652 & -0.1594 & 0.8182 & -0.0743 \\
-0.0083 & -0.1549 & 0.0451 & -0.1385 & -0.1127 & 0.0184 \\
-0.1271 & -0.1537 & 0.0139 & -0.0546 & -0.0134 & 0.0619 \\
-0.1866 & -0.0609 & 0.0095 & 0.0380 & 0.0466 & 0.0428 \\
-0.1420 & 0.0530 & 0.0320 & 0.0852 & 0.0471 & 0.0055 \\
-0.0403 & 0.1039 & 0.0453 & 0.0777 & 0.0264 & -0.0008 \\
0.0306 & 0.0722 & 0.0187 & 0.0494 & 0.0304 & 0.0237 \\
0.0296 & 0.0141 & -0.0366 & 0.0344 & 0.0577 & 0.0325 \\
-0.0034 & -0.0053 & 0.9247 & 0.0297 & 0.0610 & -0.0119 \\
-0.0004 & 0.0175 & -0.0629 & 0.0035 & 0.0028 & -0.0906 \\
0.0531 & 0.0249 & -0.0112 & -0.0614 & -0.0956 & 0.8597 \\
0.0971 & -0.0328 & 0.0334 & -0.1368 & -0.1653 & -0.115 \\
0.0601 & -0.1333 & 0.0364 & 0.8324 & -0.1519 & -0.0333 \\
-0.0592 & 0.8056 & 0.0080 & -0.123 & -0.0691 & 0.0380 \\
-0.1796 & -0.1534 & -0.0101 & -0.0281 & 0.0159 & 0.0484 \\
0.7900 & -0.0312 & 0.0086 & 0.0562 & 0.0466 & 0.0095 \\
-0.1346 & 0.0836 & 0.0463 & 0.0865 & 0.0269 & -0.0232 \\
-0.0240 & 0.1177 & 0.0595 & 0.0670 & 0.0070 & -0.0123 \\
0.0374 & 0.0762 & 0.0256 & 0.0456 & 0.0225 & 0.0223
\end{bmatrix}
$$

$$
\boldsymbol{D}_{04}=\begin{bmatrix}
0.3135 & 0.3226 & -2391 & -3209 & -54800 & -1512 \\
-0.1777 & -0.123 & -6271 & 1221 & -85460 & 85440 \\
0.1926 & 0.1812 & -6888 & 6428 & -29100 & 144400 \\
-0.1650 & -0.3366 & -4112 & 7964 & 65870 & 104100 \\
-0.1829 & 0.7959 & -458.5 & 5046 & 108100 & -10130 \\
-0.1583 & -0.1449 & 1425 & 1229 & 57250 & -97320 \\
-0.0614 & -0.0294 & 1229 & 601.9 & -34220 & -80580 \\
0.0355 & 0.0489 & 885.5 & 3512 & -74490 & 16330 \\
0.0718 & 0.0450 & 2120 & 6286 & -26550 & 95260 \\
0.0501 & -0.0011 & 4314 & 5217 & 55380 & 84750 \\
0.0226 & -0.0162 & 5008 & 613.2 & 84300 & 10660 \\
0.0276 & 0.0226 & 2534 & -3385 & 31800 & -36340 \\
0.0478 & 0.0632 & -1991 & -3027 & -43560 & -373 \\
0.0318 & 0.0373 & -5486 & 1192 & -60080 & 79050 \\
-0.0425 & -0.0598 & -5743 & 5093 & -814.5 & 109600 \\
-0.1337 & -0.1549 & -3406 & 5185 & 67760 & 47020 \\
0.8297 & -0.1660 & -1084 & 2234 & 66450 & -53950 \\
-0.1191 & -0.0844 & -575 & 305.6 & -11100 & -92540 \\
-0.0195 & 0.0162 & -1135 & 2283 & -88590 & -25920 \\
0.0534 & 0.0524 & -565 & 6631 & -84580 & 85170 \\
0.0589 & 0.0121 & 2093 & 8844 & 3100 & 137000 \\
0.0232 & -0.04065 & 5171 & 6116 & 94100 & 86910 \\
0.0032 & -0.0384 & 5850 & 342.7 & 106800 & -6181 \\
0.0213 & 0.0162 & 3010 & -3674 & 39850 & -46770
\end{bmatrix}
$$

$$
\boldsymbol{D}_{12}=\begin{bmatrix}
0.0301 & 0.0367 & 0.3986 & 0.4675 \\
0.0585 & -0.0034 & 1.0685 & 0.0613 \\
0.0517 & -0.0612 & 0.9407 & -0.8695 \\
0.0209 & -0.0884 & 0.0306 & -1.3695 \\
-0.0056 & -0.0663 & -0.8460 & -0.8513 \\
-0.0114 & -0.0228 & -0.8858 & 0.2596 \\
-0.0058 & -0.0031 & -0.1107 & 0.9255 \\
-0.0108 & -0.0223 & 0.6646 & 0.5392 \\
-0.0341 & -0.0519 & 0.6775 & -0.4705 \\
-0.0574 & -0.0509 & -0.0084 & -1.0965 \\
-0.0549 & -0.0119 & -0.6010 & -0.7902 \\
-0.0199 & 0.0303 & -0.4355 & 0.0039 \\
0.0253 & 0.0338 & 0.3181 & 0.3633 \\
0.0501 & -0.0061 & 0.8430 & -0.1070 \\
0.0431 & -0.0522 & 0.5536 & -0.8478 \\
0.0212 & -0.0629 & -0.2658 & -0.9525 \\
0.0089 & -0.0351 & -0.7450 & -0.1629 \\
0.0123 & -0.0060 & -0.3420 & 0.8060 \\
0.0142 & -0.0123 & 0.5728 & 0.9729 \\
-0.0046 & -0.0505 & 1.0814 & 0.1008 \\
-0.0411 & -0.0796 & 0.6584 & -1.0415 \\
-0.0689 & -0.0643 & -0.2913 & -1.4435 \\
-0.0627 & -0.0122 & -0.8548 & -0.8541 \\
-0.0239 & 0.0321 & -0.5480 & 0.0154
\end{bmatrix}
$$

(3) 选取

$$F=\begin{bmatrix}0.6 & -0.3 & 0 & 0\\ 0.3 & 0.6 & 0 & 0\\ 0 & 0 & 0.5 & -0.4\\ 0 & 0 & 0.4 & 0.5\end{bmatrix}$$

随机选取一个 24×4 的实矩阵 $\boldsymbol{Z}$ ，根据

$$\boldsymbol{V}=\boldsymbol{N}_0\boldsymbol{Z},\quad \boldsymbol{W}=\boldsymbol{D}_0\boldsymbol{Z}+\boldsymbol{D}_1\boldsymbol{Z}\boldsymbol{F}$$

求得矩阵 $\boldsymbol{V}, \boldsymbol{W}$ ，并进一步计算

$$\boldsymbol{X}=\boldsymbol{W}\boldsymbol{V}^{-1}$$

(4) 将 $\boldsymbol{X}$ 按列分块：

$$\boldsymbol{X}=\begin{bmatrix}\boldsymbol{X}_1^{\mathrm{T}} & \boldsymbol{X}_2^{\mathrm{T}} & \cdots & \boldsymbol{X}_{24}^{\mathrm{T}}\end{bmatrix}^{\mathrm{T}}$$

也就是说将 $\boldsymbol{X}$ 的第一行记为 $\boldsymbol{X}_1$，第二行记为 $\boldsymbol{X}_2$，以此类推，最后一行记为 $\boldsymbol{X}_{24}$。

(5) 根据关系式：

$$\boldsymbol{K}(0)=\boldsymbol{X}_1$$

$$\boldsymbol{K}(1)=\boldsymbol{X}_2(\boldsymbol{A}^*+\boldsymbol{B}(0)\boldsymbol{K}(0))^{-1}$$

$$\boldsymbol{K}(2)=\boldsymbol{X}_3(\boldsymbol{A}^*+\boldsymbol{B}(0)\boldsymbol{K}(0))^{-1}(\boldsymbol{A}^*+\boldsymbol{B}(1)\boldsymbol{K}(1))^{-1}$$

$$\vdots$$

$$\boldsymbol{K}(23)=\boldsymbol{X}_{24}(\boldsymbol{A}^*+\boldsymbol{B}(0)\boldsymbol{K}(0))^{-1}\cdots(\boldsymbol{A}^*+\boldsymbol{B}(22)\boldsymbol{K}(22))^{-1}$$

求得周期控制器 $\boldsymbol{K}(0),\boldsymbol{K}(1),\cdots,\boldsymbol{K}(23)$ 。

9.3　仿 真 结 果

当任意给定一组自由参数时，9.2 节给出的控制器设计算法可以求解出相应的控制器。由于这些控制器是基于离散模型得到的，因此它们都能用来控制离散化之后的系统(9-5)。但是由于卫星实际运行时，会存在一些不确定因素和外界干扰，加上离散化模型和原来连续模型之间的误差，随机选取的控制器往往控制效果不好。这就需要我们设计一个鲁棒控制器，使得闭环系统的极点对潜在的不确定扰

动尽可能地不敏感。

根据本书第 4 章的结果，鲁棒性指标可以选取

$$J_1(\boldsymbol{Z}) = \kappa(\boldsymbol{V})\sum_{k=0}^{23}\left\|\boldsymbol{A}^* + \boldsymbol{B}(k)\boldsymbol{K}(k)\right\|_{\mathrm{F}}^{23}$$

最小范数指标可以选取

$$J_2(\boldsymbol{Z}) = \sum_{k=0}^{23}\left\|\boldsymbol{K}(k)\right\|_{\mathrm{F}}^{2}$$

这里我们取优化指标为

$$J = 0.9J_1 + 0.1J_2$$

利用第 4 章鲁棒和最小范数极点配置算法，可以求得如下鲁棒控制器：

$$\boldsymbol{K}(0) = 10^4 \times [-2.1564 \quad 2.2744 \quad -4.5768 \quad -0.2240]$$
$$\boldsymbol{K}(1) = 10^4 \times [-2.7850 \quad 1.6110 \quad -5.0287 \quad -1.6497]$$
$$\boldsymbol{K}(2) = 10^4 \times [-2.2436 \quad 0.9365 \quad -4.4110 \quad -3.0939]$$
$$\boldsymbol{K}(3) = 10^4 \times [-1.2078 \quad 0.4372 \quad -2.8276 \quad -3.7048]$$
$$\boldsymbol{K}(4) = 10^4 \times [-0.7969 \quad 0.0750 \quad -1.5360 \quad -3.7833]$$
$$\boldsymbol{K}(5) = 10^4 \times [-0.5349 \quad -0.1692 \quad -0.5316 \quad -3.6528]$$
$$\boldsymbol{K}(6) = 10^4 \times [0.4678 \quad -0.1871 \quad 0.1173 \quad -3.3091]$$
$$\boldsymbol{K}(7) = 10^4 \times [1.7559 \quad 0.0697 \quad 0.0723 \quad -3.0570]$$
$$\boldsymbol{K}(8) = 10^4 \times [2.2431 \quad 0.7259 \quad -0.2580 \quad -3.4177]$$
$$\boldsymbol{K}(9) = 10^4 \times [1.8843 \quad 1.4634 \quad -0.0250 \quad -4.1616]$$
$$\boldsymbol{K}(10) = 10^4 \times [0.9276 \quad 1.6425 \quad 0.8351 \quad -4.6007]$$
$$\boldsymbol{K}(11) = 10^4 \times [-0.0567 \quad 0.5321 \quad 2.5294 \quad -4.2417]$$
$$\boldsymbol{K}(12) = 10^4 \times [0.0670 \quad -0.1831 \quad 4.7473 \quad -1.8727]$$
$$\boldsymbol{K}(13) = 10^4 \times [1.3802 \quad -0.4900 \quad 4.4063 \quad 1.4681]$$
$$\boldsymbol{K}(14) = 10^4 \times [2.0716 \quad 0.1429 \quad 2.0493 \quad 2.8084]$$
$$\boldsymbol{K}(15) = 10^4 \times [0.3407 \quad 0.5496 \quad 1.1659 \quad 2.2814]$$
$$\boldsymbol{K}(16) = 10^4 \times [-0.8293 \quad 0.5418 \quad 1.6038 \quad 1.9977]$$

$$K(17) = 10^4 \times [-1.3098 \quad 0.3954 \quad 2.0102 \quad 2.3001]$$

$$K(18) = 10^4 \times [-1.6424 \quad 0.1918 \quad 2.1612 \quad 2.7448]$$

$$K(19) = 10^4 \times [-1.3871 \quad -0.1701 \quad 2.3854 \quad 3.5059]$$

$$K(20) = 10^4 \times [-0.1802 \quad -0.2840 \quad 1.9691 \quad 4.7813]$$

$$K(21) = 10^4 \times [1.0890 \quad 0.4166 \quad 0.3379 \quad 5.7662]$$

$$K(22) = 10^4 \times [1.3343 \quad 1.7863 \quad -1.4630 \quad 5.6607]$$

$$K(23) = 10^4 \times [0.2741 \quad 2.5927 \quad -3.1233 \quad 4.7902]$$

将这组控制器产生的状态反馈控制律施加到线性离散周期系统(9-5)上，并取初始状态取为 $x(0) = [0.2 \quad 0.15 \quad 0.01 \quad 0.01]^{\mathrm{T}}$，得到的闭环系统状态响应如图 9-3 和图 9-4 所示，其中 x_1、x_3 的轨迹用实线表示，x_2、x_4 的轨迹用虚线表示。

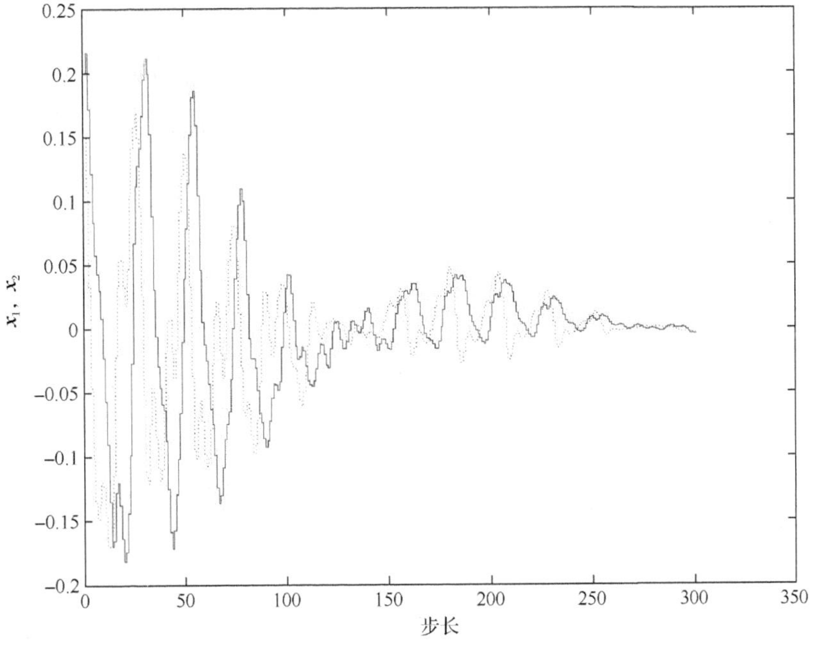

图 9-3　离散闭环系统状态 x_1、x_2 的响应曲线

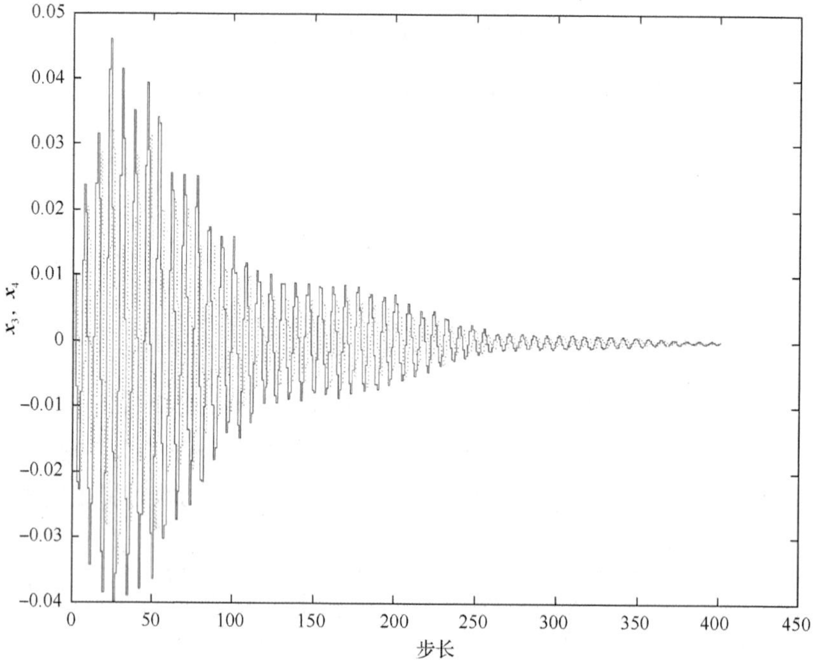

图 9-4　离散闭环系统状态 x_3、x_4 的响应曲线

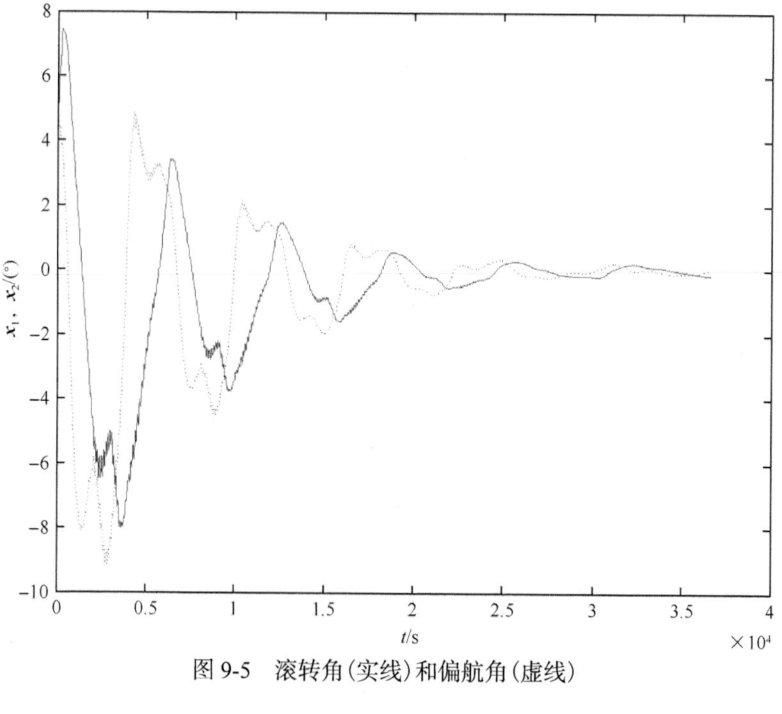

图 9-5　滚转角(实线)和偏航角(虚线)

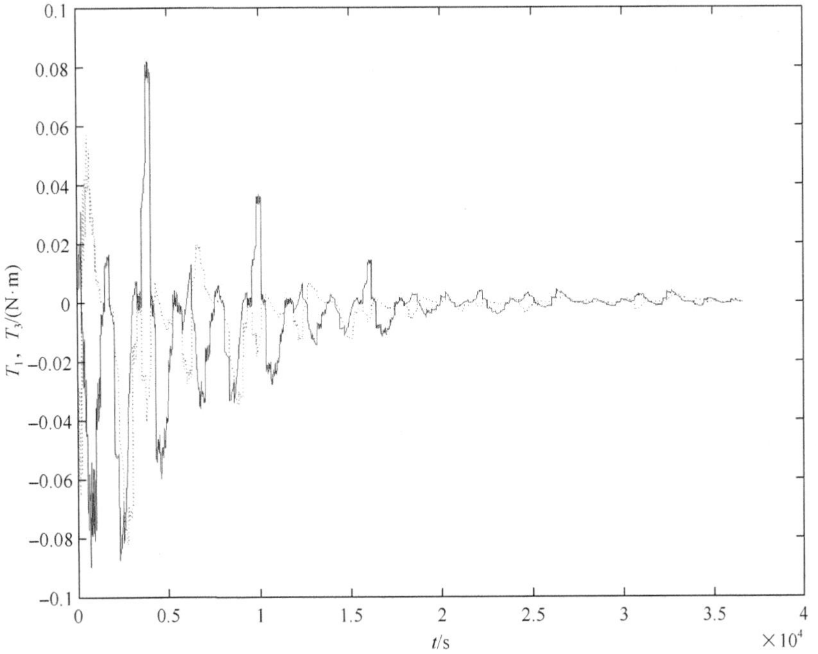

图 9-6　滚动(实线)和偏航(虚线)通道的磁力矩

为了测试这组周期状态反馈控制器的有效性，需要将该控制器代入到原始连续系统中进行仿真。在时间长度为 6 个周期的仿真中，取滚动和偏航轴的初始角度5°，初始角速度为 0.01(°)/s，仿真步长取为 0.01s，控制器采用零阶保持。图 9-5 给出了滚动角和偏航角的变化曲线；图 9-6 给出了滚动轴和偏航轴磁力矩的变化轨迹。

从仿真结果可以看到，周期状态反馈控制律能够很好地对卫星滚动偏航姿态进行镇定。

对于本章给出的卫星模型，文献[123]和文献[53]也分别考虑过。其中文献[123]采用优化周期控制律，对卫星的滚动和偏航角进行了控制。该优化控制律的获取需要在线求解一个微分 Riccati 方程，这就增加了计算复杂度。此外，该方法最终求得的控制律增益的量级均为 10^5，而本章求得的控制律的量级则为 10^4，这就意味着本章所提出的控制方法需要的磁力矩要比优化控制方法节省一个数量级的磁力矩，鉴于地磁力矩本就比较弱，这一点是很有意义的。文献[53]则是采用周期输出反馈律对卫星的滚动和偏航轴进行控制。该文给出了一个二次性能指标，通过优化这个二次型性能指标，对卫星转动一周取不同周期数时，闭环系统的谱半径进行了比较，发现卫星在一个圆轨道上运行时，取得周期数目越多，谱半径越小，性能也越好。遗憾的是，该文并没有进行数值仿真。本章通过仿真发现，取得周期数目越多，滚动角和偏航角在暂态时的抖动越大。这也是一个很容易理解的事实，由于该周期控制方法是硬切换，控制器切换得越频繁，自然抖动越大。但是如果取得周期数目过小，离散化后的模型也越不能逼近连续模型，得不到好的控制效果，本书采用的周期数目是一个比较折中的数目，取得了良好的控制效果。此外，由于本书给出的控制律是在指定极点下完全参数化的控制律，参数可以自由选择，而且控制律的获取不需要在线计算，因此，该方法可以对卫星方便地进行多目标控制，以实现其他性能。

9.4 本章小结

针对利用磁力矩器控制卫星姿态时滚动和偏航通道存在的周期时变动态，通过离散化处理，利用线性离散周期系统的鲁棒极点配置方法，给出了周期状态反馈控制律。采用零阶保持，对卫星的连续系统模型进行仿真，结果表明，利用该方法设计的状态反馈控制律能很好地将滚转角和偏航角调节到零。此外，由于这种方法给控制器设计提供了充分的自由度，因此在实现卫星姿态鲁棒镇定的同时，还可以实现其他性能目标。

参 考 文 献

[1] 郑育红, 王平. 一种用磁力矩器控制卫星姿态的新方法 [J]. 宇航学报,2000, 21(3): 94-99.

[2] Cole J W, Calico R A. Nonlinear oscillations of a controlled periodic system [J]. Journal of Guidance Control and Dynamics, 1992, 15(3): 627-633.

[3] Nie J B, Sheh E, Horowitz R. Optimal H1 control for hard disk drives with an irregular sampling rate [C]// Proceedings of 2011 American Control Conference. San Francisco, USA: IEEE, 2011: 5382-5387.

[4] Allen M S, Sracic M W, Chauhan S, et al. Output-only modal analysis of linear time-periodic systems with application to wind turbine simulation data [J]. Mechanical Systems and Signal Processing, 2011, 25(4): 1174-1191.

[5] Chauvin J, Corde G, Petit N, et al. Periodic input estimation for linear periodic systems: automotive engine applications [J]. Automatica, 2007, 43(6): 971-980.

[6] Vaidyanathan P P. Multirate digital filters, filter banks, polyphase networks, and applications: a tutorial [C]// Proceedings of the IEEE, 1990, 78(1): 56-93.

[7] Wornell G W. Emerging applications of multirate signal processing and wavelets in digital communications[C]// Proceedings of the IEEE, 1996, 84(4): 586-603.

[8] 苏晓明，张庆灵. 广义周期时变系统[M]. 北京：科学出版社, 2006.

[9] Marzollo A. Periodic Optimization[M]. Berlin: Springer, 1972.

[10] Yakubovich V A, Starzhinskii V M. Linear Differential Equations with Periodic Coefficients [M]. New York: Wiley, 1975.

[11] Feuer A, Goodwin G C. Sampling in Digital Signal Processing and Control[M]. New York: Birkhauser, 1996.

[12] Bittanti S, Colaneri P. Analysis of discrete-time linear periodic systems[J]. Control and Dynamic Systems, 1996, 78(96):313-339.

[13] Pittelkau M. Optimal periodic control for spacecraft pointing and attitude determination[J]. Journal of Guidance Control and Dynamics, 1993, 16(6):1078-1084.

[14] Isniewski R W, Blanke M. Fully magnetic attitude control for spacecraft subject to gravity gradient[J]. Automatica, 1999, 35(7):1201-1214.

[15] Lovera M. Optimal magnetic momentum control for inertially pointing spacecraft[J]. European Journal of Control, 2001, 7(1):30-39.

[16] Bittani S, Colaneri P. Periodic Control[M]. New York: Wiley, 1999.

[17] Tong L, Xu G, Kailath T. Blind identification and equalization based on second order statistics: a time domain approach[J]. IEEE Transacitons on Information Theory, 1994, 40(2):340-349.

[18] Kranc G M. Input-output analysis of multirate feedback systems [J]. IRE Transactions on Automatic Control, 1957, 3(1):21-28.

[19] Jury E I, Mullin F J. The analysis of sampled-data control systems with a periodically time-varying sampling rate [J]. IRE Transactions on Automatic Control, 1959, AC-4(1): 15-21.

[20] Rriedland B. Sampled-data control systems containing periodically varying members [C]//Proceedings of the 1st IFAC Congress. Moscow, U.S.S.R., 1960: 361-368.

[21] Meyer R A, Burrus C S. A unified analysis of multirate and periodically time-varying digital filters [J]. IEEE Transactions on Circuits and Systems, 1975, 22(3): 162-168.

[22] Park B, Verriest E I. Canonical forms on discrete linear periodically time-varying systems and a control application [C]//Proceedings of the 28th IEEE Conference on Decision and Control. Tampa, USA: IEEE, 1989: 1220-1225.

[23] Flamm D S. A new shift-invariant representation for periodic linear systems [J]. Systems and Control Letters, 1991, 17(1): 9-14.

[24] Colaneri P, Kucera V. The model matching problem for periodic discrete-time systems [J]. IEEE Transactions on Automatic Control, 1997, 42(10): 1472-1476.

[25] Bittanti S, Colaneri P. Invariant representations of discrete-time periodic systems [J]. Automatica, 2000, 36(12):1777-1793.

[26] Bittanti S, Bolzern P. On the structure theory of discrete-time linear systems [J]. International Journal of Systems Science, 1986, 17(1): 33-47.

[27] Bittanti S, Colaneri P, de Nicolao G. Discrete-time linear periodic systems: a note on the reachability and controllability interval length [J]. Systems & Control Letters, 1986, 8(1):75-78.

[28] Bittanti S, Colaneri P. Discrete-time linear periodic systems: Gramian and modal criteria for reachability and controllability [J]. International Journal of Control, 1985, 41(4): 909-928.

[29] Bittanti S, Guardabassi G, Maffezzoni C, et al. Periodic systems: controllability and the matrix Riccati equation [J]. SIAM Journal on Control and Optimization, 1978, 16(1): 37-40.

[30] Bittanti S, Bolzern P, Colaneri P. The extended periodic Lyapunov lemma [J]. Automatica, 1985, 21(5): 603-605.

[31] Colaneri P, Souza C D, Kucera V. Output stabilizability of periodic systems: necessary and sufficient conditions [C]//Proceedings of the 1998 American Control Conference. Philadelphia, USA: IEEE, 1998: 2795-2796.

[32] Desoer C A, Schulman J O. Zeros and poles of matrix transfer functions and their dynamical interpretation [J]. IEEE Transactions on Circuits and Systems, 1974, 21(1): 3-8.

[33] Francis B A, Wonham W M. The role of transmission zeros in linear multivariable regulators [J]. International Journal of Control, 1975, 22(5): 657-681.

[34] Macfarlane A G J, Karcanias N. Poles and zeros of linear multivariable systems: a survey of the algebraic, geometric and complex-variable theory [J]. International Journal of Control, 1976, 24(1): 33-74.

[35] Morse A S. Structural invariants of linear multivariable systems [J]. SIAM Journal on Control, 1973, 11(3): 446-465.

[36] Bolzern P, Colaneri P, Scattolini R. Zeros of discrete-time linear periodic systems [J]. IEEE Transactions on Automatic Control, 1986, 31(11): 1057-1058.

[37] Grasselli O M, Longhi S. Zeros and poles of linear periodic multivariable discrete-time systems [J]. Circuits, Systems and Signal Processing, 1988, 7(3): 361-380.

[38] Grasselli O M, Longhi S. Finite zero structure of linear periodic discrete-time systems [J]. International Journal of Systems Science, 1991, 22(10): 1785-1806.

[39] Varga A, van Dooren P. On computing the zeros of periodic systems [C]//Proceeding of the 41st IEEE Conference on Decision and Control. Las Vegas, USA: IEEE, 2002: 2546-2551.

[40] Colaneri P, Longhi S. The realization problem for linear periodic systems [J]. Automatica, 1995, 31(5): 775-779.

[41] Gohberg I, Kaashoek M A, Lerer L. Minimality and realization of discrete time-varying systems [J]. Operator Theory:Advances and Applications, 1992, 56: 261-296.

[42] Varga A. Balancing related methods for minimal realization of periodic systems [J]. Systems & Control Letters, 1999, 36(5): 339-349.

[43] Varga A. Computation of minimal periodic realizations of transfer-function matrices [J]. IEEE Transactions on Automatic Control, 2004, 49(1): 146-149.

[44] Varga A. Balanced truncation model reduction of periodic systems [C]//Proceedings of the 39th IEEE Conference on Decision and Control. Sydney, NSW: IEEE, 2000: 2379-2384.

[45] Farhood M, Beck C L, Dullerud G E. Model reduction of periodic systems: a lifting approach [J]. Automatica, 2005, 41(6): 1085-1090.

[46] Kleinman D L. Stabilizing a discrete, constant, linear system with application to iterative methods for solving the Riccati equation [J]. IEEE Transactions on Automatic Control, 1974, 19(3): 252-254.

[47] Kwon W H, Pearson A E. On the stabilization of a discrete constant linear system [J]. IEEE Transactions on Automatic Control, 1975, 20(6): 800-801.

[48] Kwon W H, Pearson A E. A modified quadratic cost problem and feedback stabilization of a linear system [J]. IEEE Transactions on Automatic Control, 1977, 22(5): 838-842.

[49] de Nicolao G, Strada S. On the stability of receding-horizon LQ control with zero-state terminal constraint [J]. IEEE Transactions on Automatic Control, 1997, 42(2): 257-260.

[50] de Nicolao G. Cyclomonotonicity and stabilizability properties of solutions of the difference periodic Riccati equation [J]. IEEE Transactions on Automatic Control, 1992, 37(9):1405-1410.

[51] de Nicolao G, Strada S. On the use of reachability Gramians for the stabilization of linear periodic systems [J]. Automatica, 1997, 33(4): 729-732.

[52] Bittanti S, Colaneri P, Nicolao G D. The difference periodic Riccati equation for the periodic prediction problem [J]. IEEE Transactions on Automatic Control, 1988, 33(8): 706-712.

[53] Varga A, Pieters S. Gradient-based approach to solve optimal periodic output feedback control problems [J]. Automatica, 1998, 34(4): 477-481.

[54] Zhou B, Duan G R, Lin Z L. A parametric periodic Lyapunov equation with application in semi-global stabilization of discrete-time periodic systems subject to actuator saturation [J]. Automatica, 2011, 47(2): 316-325.

[55] de Souza C E, Trofino A. An LMI approach to stabilization of linear discrete-time periodic systems [J]. International Journal of Control, 2000, 73(8): 696-703.

[56] Sun K, Xie G M. Analysis and control of a class of uncertain linear periodic discrete-time systems [J]. Applied Mathematics and Mechanics, 2009, 30(4): 475-488.

[57] Zhou B, Zheng W X, Duan G R. Stability and stabilization of discrete-time periodic linear systems with actuator saturation [J]. Automatica, 2011, 47(8): 1813-1820.

[58] Longhi S, Zulli R. A note on robust pole assignment for periodic systems [J]. IEEE Transactions on Automatic Control, 1996, 41(10): 1493-1497.

[59] Longhi S, Zulli R. A robust periodic pole assignment algorithm [J]. IEEE Transactions on Automatic Control, 1995, 40(5): 890-894.

[60] Sreedhar J, van Dooren P. Pole placement via the periodic Schur decomposition [C]//Proceedings of the American Control Conference. San Francisco, USA: IEEE, 1993: 1563-1567.

[61] Hernández V, Urbano A M. Pole-placement problem for discrete-time linear periodic systems [J]. International Journal of Control, 1989, 50(1): 361-371.

[62] Aeyels D, Willems J L. Pole assignment for linear periodic systems by memoryless output feedback [J]. IEEE Transactions on Automatic Control, 1995, 40(4): 735-739.

[63] Varga A. Robust and minimum norm pole assignment with periodic state feedback [J]. IEEE Transactions on Automatic Control, 2000, 45(5): 1017-1022.

[64] Lv L L, Duan G R, Zhou B. Parametric pole assignment and robust pole assignment for discrete-time linear periodic systems [J]. SIAM Journal on Control and Optimization, 2010, 48(6): 3975-3996.

[65] Lv L L, Duan G R, Su H B. Robust dynamical compensator design for discrete-time linear periodic systems [J]. Journal of Global Optimization, 2012, 52(2): 291-304 .

[66] Varga A. Computation of L1 norm of linear discrete-time periodic systems [C]//Proceedings of the 17th International Symposium on Mathematical Theory of Networks and Systems. Kyoto, Japan, 2006.

[67] Sreedhar J, van Dooren P, Bamieh B. Computing H1-norm of discrete-time periodic systems——A quadratically convergent algorithm [C]//Proceedings of the 1997 European Control Conference. Brussels, Belgium, 1997.

[68] Wisniewski R, Stoustrup J. Generalized H2 control synthesis for periodic systems [C]//Proceedings of the American Control Conference. Arlington, VA: IEEE, 2001: 2600-2605.

[69] Farges C, Peaucelle D, Arzelier D, et al. Robust H2 performance analysis and synthesis of linear polytopic discrete-time periodic systems via LMIs [J]. Systems & Control Letters, 2007, 56(2): 159-166.

[70] Peaucelle D, Ebihara Y, Arzelier D. Robust H2 perfomance of discrete-time periodic systems: LMIs with reduced dimensions [C]//Proceedings of the 17th World Congress the International Federation of Automatic Control. Seoul, Korea: IFAC, 2008: 1348-1353.

[71] Ebihara Y, Peacelle D, Arzelier D. Periodically time-varying dynamical controller synthesis for polytopic-type uncertain discrete-time linear systems [C]//Proceedings of the 47th IEEE Conference on Decision and Control. Cancun: IEEE, 2008: 5438-5443.

[72] Fadali M S, Gummuluri S. Robust observer-based fault detection for periodic systems [C]//Proceedings of the 2001 American Control Conference. Arlington, VA: IEEE, 2001: 464-469.

[73] Varga A. Design of fault detection filters for periodic systems [C]//Proceedings of the 43rd IEEE Conference on Decision and Control. Paradise Island, Bahamas: IEEE, 2004: 4800-4805.

[74] Zhang P, Ding S X, Wang G Z, et al. Fault detection of linear discrete-time periodic systems [J]. IEEE Transactions on Automatic Control, 2005, 50(2): 239-244.

[75] Zhang P, Ding S X. Disturbance decoupling in fault detection of linear periodic systems [J]. Automatica, 2007, 43(8):1410-1417.

[76] Djemili I, Aitouche A, Bouamama B O. Sensors FDI scheme of linear discrete-time periodic systems using principal component analysis [C]//Proceedings of 2010 Conference on Control and Fault-Tolerant Systems. Nice, France: IEEE, 2010: 203-208.

[77] Gondhalekar R, Colin N J. MPC of constrained discretetime linear periodic systems——A framework for asynchronous control: strong feasibility, stability and optimality via periodic invariance [J]. Automatica, 2011, 47(2): 326-333.

[78] van Paul D, Sreedhar J. When is a periodic discrete-time system equivalent to a time-invariant one? [J]. Linear Algebra and Its Applications, 1994, 212/213: 131-151.

[79] Hayakawa Y, Jimbo T. Floquet transformations for discrete time systems: equivalence between periodic systems and time-invariant ones [C]//Proceedings of the 47th IEEE Conference on Decision and Control. Cancun, Mexico: IEEE, 2008: 5140-5145.

[80] Dacunha J J, Davis J M. A unified Floquet theory for discrete, continuous, and hybrid periodic linear systems [J]. Journal of Differential Equations, 2011, 251(11): 2987-3027.

[81] Bittanti S, Colaneri P. Periodic Systems: Filtering and Control [M]. Berlin:Springer, 2009.

[82] Hu J. Discrete-time linear periodically time-varying systems: analysis, realization and model reduction [D]. Houston:Rice University, 2003.

[83] Jury E I, Mullin R J. A note on the operational solution of linear difference equations[J]. Journal of the Franklin Institute-Engineering and Applied Mathematics, 1958, 266(3):189-205.

[84] Zhou B, Lam J, Duan G R. Toward solution of matrix equation X=Af(X)B+C[J]. Linear Algebra and Its Applications, 2012,435(6): 1370-1398.

[85] Wu A G, Feng G, Duan G R, et al. Iterative solutions to the Kalman-Yakubovich-conjugate matrix equation[J]. Applied Mathematics & Computation, 2011, 217(9):4427-4438.

[86] Wu A G, Feng G, Liu W, et al. The complete solution to the Sylvester-polynomial-conjugate matrix equations [J]. Mathematical and Computer Modelling, 2011, 53(9-10): 2044-2056.

[87] Zhou B, Duan G R, Li Z Y. Gradient based iterative algorithm for solving coupled matrix equations [J]. Systems & Control Letters, 2009, 58(5): 327-333.

[88] Hajarian M. Developing CGNE algorithm for the periodic discrete-time generalized coupled Sylvester matrix equations[J]. Computational and Applied Mathematics, 2014, 34(2):1-17.

[89] Demmel J, Kägström B. Computing stable eigendecompositions of matrix pencils [J]. Linear Algebra and Its Applications, 1987, 88/89: 139-186.

[90] Wu A G, Duan G R. New iterative algorithms for solving coupled Markovian jump Lyapunov equations [J]. IEEE Transactions on Automatic Control, 2015,60(1):289-294.

[91] Borno I, Gajic Z. Parallel algorithm for solving coupled algebraic Lyapunov equations of discrete-time jump linear systems [J]. Computers and Mathematics with Applications, 1995, 30(7): 1-4.

[92] Costa O L V, Fragoso M D. Stability results for discrete-time linear systems with Markovian jumping parameters [J]. Journal of Mathematical Analysis and Applications, 1993, 179(1): 154-178.

[93] Wang Q, Lam J, Wei Y, et al. Iterative solutions of coupled discrete Markovian jump Lyapunov equations [J]. Computers and Mathematics with Applications, 2008, 55(4): 843-850.

[94] Zhou B, Lam J, Duan G R. Convergence of gradient-based iterative solution of coupled Markovian jump Lyapunov equations [J]. Computers and Mathematics with Applications, 2008, 56(12): 3070-3078.

[95] Chu K E. The solution of the matrix equations AXB−CXD = E and (YA−DZ, YC −BZ) = (E, F) [J]. Linear Algebra and Its Applications, 1987, 93(87): 93-105.

[96] Kägström M B, Westin L. Generalized Schur methods with condition estimators for sloving the generalized Sylvester equation [J]. IEEE Transactions on Automatic Control, 1989, 34(7): 745-751.

[97] Ding F, Chen T. Iteraive least-squares solutions of coupled Sylvester matrix equations [J]. Systems and Control Letters, 2005, 54(2): 95-107.

[98] Ding F, Chen T. On iterative solutions of general coupled matrix equations [J]. SIAM Journal on Control and Optimization, 2006, 44(6): 2269-2284.

[99] Ding F, Chen T. Gradient based iterative algorithms for solving a class of matrix equations [J]. IEEE Transactions on Automatic Control, 2005, 50(8): 1216-1221.

[100] Wu A G, Li B,Zhang Y, et al. Iterative solutions to coupled Sylvester-conjugate matrix equations [J]. Computers and Mathematics with Applications, 2011, 35(3): 54-66.

[101] Wu A G, Li B, Zhang Y, et al. Finite iterative solutions to coupled Sylvester-conjugate matrix equations [J]. Applied Mathematical Modelling, 2011, 35(3): 1065-1080.

[102] Varga A. Periodic Lyapunov equations: some applications and new algorithms [J]. International Journal of Control, 1997, 67(1):69-87.

[103] Zhou B, Duan G R. A new solution to the generalized sylvester matrix equation AV − EVF = BW[J]. Systems and Control Letters, 2006, 55(3):193-198.

[104] Kono M. Eigenvalue assignment in linear periodic discrete-time systems[J].International Journal of Control, 1980, 32(1):149-158.

[105] Khargonekar P P, Özgüler A B. Decentralized control and periodic feedback [J]. IEEE Transactions on Automatic Control, 1994, 39(4):877-882.

[106] Colaneri P. Output stabilization via pole placement of discrete-time linear periodic systems[J]. IEEE Transactions on Automatic Control, 1991, 36(6):739-742.

[107] Beelen T, Veltkamp G. Numerical computation of a coprime factorization of a transfer-function matrix[J]. Systems and Control Letters, 1987, 9(4):281-288.

[108] Duan G R. Polynomial right coprime factorizations using system upper hessenberg forms–the multi-input system cases[J]. IEE Proceedings Control Theory and Applications, 2001, 148(6):433-441.

[109] Zhang B. Parametric eigenstructure assignment by state feedback in descriptor systems[J]. IET Control Theory and Applications, 2008, 2(4):303-309.

[110] 龚德恩. 离散定常线性系统能达性与能控性的注记[J]. 华侨大学学报(自然科学版), 1995, 16(2):235-238.

[111] Lam J, Tso H K, Tsing N K. Robust deadbeat regulation[J]. International Journal of Control, 1997, 67(4):587-602.

[112] Duan G R. Solutions of the equation AV + BW = VF and their application to eigenstructure assignment in linear systems[J]. IEEE Transactions on Automatic Control, 1993, 38(2):276-280.

[113] Duan G R. Eigenstructure assignment by decentralized output feedback:a complete parametric approach[J]. IEEE Transactions on Automatic Control, 1994,39(5):1009-1014.

[114] Yan W Y, Bitmead R R. Control of linear discrete-time periodic systems: a decentralized control approach[J]. IEEE Transactions on Automatic Control, 1992,37(10):1644-1648.

[115] Aeyels D, Willems J L. Pole assignment for linear time-invariant systems by periodic memeoryless output feedback[J]. Automatica, 1992, 28(6):1159-1168.

[116] Duan G R. Robust eigenstructure assignment via dynamical compensators[J].Automatica, 1993, 29(2):469-474.

[117] Han Z Z. Eigenstructure assignment using dynamical compensator[J]. International Journal of Control, 1989, 49(1):233-245.

[118] Kolovos D S, Di Ruscio D, Pierantonio A, et al. Different models for model matching: an analysis of approaches to support model differencing[C]//Comparison and Versioning of Software Models. Washington DC: IEEE, 2009: 1-6.

[119] Moore B, Silverman L M. Model matching by state feedback and dynamic compensation[J]. IEEE Transactions on Automatic Control, 1972, 17(4): 491-497.

[120] Wang S, Desoer C A. The exact model matching of linear multivariable systems[J]. IEEE Transactions on Automatic Control, 1972, 17(3): 347-349.

[121] 屠善澄. 卫星姿态动力学与控制[M]. 北京：中国宇航出版社, 1999.

[122] 王庆观，刘敏，刘藻珍. 环境力矩在现代小卫星姿态控制中的应用综述[J].战术导弹控制技术，2005, 51(4):8-10.

[123] Pittelkau M E. Frequency weighted LQG control of spacecraft attitude[C]//Proceeding of the 1st IEEE Conference on Control Applications. New York, 1992:336-341.